Très peu de théorie. Beaucoup d'exercices.

Cours pratique
D'ARITHMÉTIQUE
DE SYSTÈME MÉTRIQUE ET DE GÉOMÉTRIE

Cours Moyen

PAR

A. MINET | **L. PATIN**
INSPECTEUR DE L'ENSEIGNEMENT PRIMAIRE | DIRECTEUR D'ÉCOLE PUBLIQUE
À LILLE | À LILLE

PARIS
LIBRAIRIE CLASSIQUE FERNAND NATHAN
18, RUE DE CONDÉ, 18

1904
Tous droits réservés

Tout exemplaire de cet ouvrage non revêtu de ma griffe sera réputé contrefait.

Fernand Nathan

PRÉFACE

Nous croyons rendre un réel service aux maîtres et aux élèves des écoles primaires élémentaires en leur offrant ce **Cours d'Arithmétique**.

La partie théorique, succincte, claire et précise, ne contient que les principales définitions et les notions indispensables pour résoudre, en connaissance de cause, toutes les questions posées.

En revanche, l'ouvrage renferme de nombreux exercices qui présentent tous un **caractère essentiellement pratique** et dont beaucoup ont été donnés dans les examens du certificat d'études primaires. Mais ce qui fait son originalité et lui donne une grande valeur pédagogique, c'est le groupement des problèmes par séries de même nature.

Le **problème-type** qui se trouve en tête de chaque série est suivi de questions présentant toutes les modifications et toutes les additions dont il est susceptible dans la réalité. Cette disposition évite aux maîtres, dans la préparation de leur classe, les recherches longues et fastidieuses pour trouver les applications de leurs leçons de calcul; elle permet de donner un enseignement **concentrique**; elle assure aux enfants les éléments de travail pour plusieurs années consécutives. En effet, les premiers problèmes de chaque leçon conviennent aux élèves qui viennent d'entrer dans le cours moyen; les suivants, à ceux qui se préparent à subir l'examen du certificat d'études primaires dans l'année, et les derniers, à ceux qui suivent le cours supérieur.

Nous espérons donc que notre modeste cours deviendra pour les professeurs un auxiliaire précieux et pour les enfants un guide pratique qui rendra leurs études plus faciles et plus agréables.

ARITHMÉTIQUE PRATIQUE

PREMIÈRE PARTIE

CHAPITRE I

1ʳᵉ LEÇON

Notions préliminaires

On appelle **grandeur** ou **quantité** tout ce qui peut être augmenté ou diminué : une pièce d'étoffe, un troupeau de moutons.

On appelle **unité** l'un des objets que l'on compte.

Un **nombre** est presque toujours la réunion de plusieurs unités : vingt-cinq.

Un nombre est **concret**, s'il désigne l'espèce d'unité. EXEMPLE : quarante soldats.

Un nombre est **abstrait**, si l'espèce d'unité n'est pas indiquée. EXEMPLE : quarante.

Un nombre est **entier**, quand il ne contient pas de parties d'unité. EXEMPLE : quatre-vingts kilogrammes, vingt noix.

Un nombre est **fractionnaire**, quand il contient des unités et des parties d'unité. EXEMPLE : trois mètres vingt centimètres, deux heures quinze minutes.

Exercices

1. Nommez cinq grandeurs qu'on peut compter. — **2.** Citez cinq grandeurs qu'on peut mesurer. — **3.** Quelle est l'unité quand on compte les élèves d'une classe, les soldats d'un régiment ? —

4. Quelle unité prend-on quand on mesure une pièce d'étoffe, un baril de vin ? — **5.** Exprimez cinq nombres concrets, cinq nombres abstraits. — **6.** Citez cinq nombres entiers, cinq nombres fractionnaires.

2ᵉ LEÇON

Numération des unités simples des dizaines et des centaines

La numération apprend à former les nombres, à les nommer, à les écrire et à les lire.

Les neuf premiers nombres sont les **unités simples**, ils forment le premier ordre. On les écrit au premier rang.

Les **dizaines** forment le deuxième ordre ; on les écrit au deuxième rang.

Les **centaines** forment les unités du troisième ordre ; on les écrit au troisième rang.

Les **unités simples**, les **dizaines** et les **centaines** forment la **classe des unités** ou la première classe.

Exercices

7. Qu'apprend la numération ? — **8.** Nommez les unités simples. — **9.** Quel rang occupent-elles dans un nombre ? — **10.** Nommez les dizaines. — **11.** Quel rang occupent-elles dans un nombre ? — **12.** Nommez les centaines. — **13.** Quel rang occupent-elles dans un nombre ? — **14.** Quels sont les ordres qui forment la première classe d'unités ?

15. Énoncez les nombres compris entre la première et la deuxième dizaine, entre la septième et la huitième dizaine, entre la neuvième et la dixième dizaine. — **16.** Nommez les nombres compris entre cent et deux cents, entre sept cents et huit cents. — **17.** Combien une centaine vaut-elle d'unités ? de dizaines ?

3ᵉ LEÇON

Les classes d'unités

Immédiatement après les centaines viennent les **mille**.

On compte par mille comme on compte par unités, par dizaines et par centaines. Il y a donc des **unités de mille**, des **dizaines de mille** et des **centaines de mille**, qui forment la deuxième classe ou la classe des mille.

La **troisième classe** est celle des **millions**; la quatrième classe, celle des **billions** ou **milliards**, etc.

Chaque classe se compose de **trois ordres** : les unités, les dizaines et les centaines.

Dans les calculs ordinaires, on emploie quatre classes : les unités simples, les mille, les millions et les billions.

4ᵉ classe Billions			3ᵉ classe Millions			2ᵉ classe Mille			1ʳᵉ classe Unités simples		
Centaines	Dizaines	Unités	Centaines	Dizaines	Unités	Centaines	Dizaines	Unités	Centaines	Dizaines	Unités

Notre numération est **décimale**, c'est-à-dire qu'une unité d'un ordre quelconque vaut **dix unités** de l'ordre immédiatement inférieur.

Exercices

I

18. Quels sont les ordres qui forment la classe des mille? — **19.** Dites le nom des quatre classes d'unités employées dans le calcul usuel. — **20.** De combien d'ordres se compose chaque classe? — **21.** Que comprend la 1ʳᵉ classe d'unités? la 2ᵉ? la 3ᵉ?

la 4ᵉ? — **22.** Comment s'appellent les unités du 4ᵉ ordre? du 6ᵉ? du 8ᵉ? du 10ᵉ? du 5ᵉ? du 7ᵉ? du 9ᵉ?

II

23. A quel ordre appartiennent : les dizaines de mille? les unités de millions? les centaines de mille? les dizaines de millions? les unités de billions? les centaines de millions? — **24.** Que représente le chiffre 3 placé au 4ᵉ rang? au 6ᵉ? au 9ᵉ? au 5ᵉ? au 7ᵉ? au 8ᵉ? au 10ᵉ? — **25.** Quelles sont les plus hautes unités d'un nombre composé de 3 chiffres? de 6? de 5? de 7? de 4? de 9? — **26.** Combien faut-il de chiffres pour représenter les dizaines de mille? les unités de millions? les centaines de mille? les dizaines de millions? — **27.** Nommez les ordres d'unités que comprend un nombre de 8 chiffres.

III

28. Quel est le nombre qui suit 59? 79? 99? 599? 999? 9.999? 3.789? 8.499? — **29.** Quel est le nombre qui précède 90? 100? 300? 880? 1.000? 4.000? 7.500? 40.000? — **30.** Combien y a-t-il de dizaines entre 10 et 90? entre 40 et 120? entre 70 et 20? entre 160 et 100? — **31.** Quel est le plus grand nombre de 2 chiffres? de 3? de 4? de 5? de 6? — **32.** Quel est le plus petit nombre de 2 chiffres? de 3? de 4? de 5? de 6?

4ᵉ LEÇON

Écriture et lecture des nombres

Pour écrire tous les nombres, on emploie **10 caractères** ou **chiffres** : 1, 2, 3, 4, 5, 6, 7, 8, 9, et le zéro (0) qui sert à remplacer les ordres d'unités manquant.

Tout chiffre placé à la gauche d'un autre représente des unités dix fois plus fortes que cet autre.

Pour **écrire** en chiffres un nombre quelconque, on écrit, à partir de la gauche, chaque classe, comme si elle était seule, et l'on a soin de remplacer par des zéros les ordres d'unités qui peuvent manquer.

Pour **lire** un nombre écrit en chiffres, on le partage, à partir de la droite, en tranches de trois chiffres, puis on énonce, en commençant par la gauche, chaque

ARITHMÉTIQUE PRATIQUE 9

tranche comme si elle était seule, en lui donnant le nom de l'unité de la classe qu'elle représente.

Chaque chiffre a deux **valeurs** dans un nombre : 1° la **valeur absolue**, qui est celle qu'il a par lui-même lorsqu'il est seul ; 2° la **valeur relative**, qui est celle qu'il a par le rang qu'il occupe. EXEMPLE : Dans 625, 6 a pour valeur absolue 6 et pour valeur relative 6 centaines.

Exercices écrits

I

33. Écrire en chiffres les nombres suivants :
Trente-cinq. — Quinze. — Quarante-deux. — Soixante-cinq. — Quatre-vingt-quatre. — Cinquante. — Soixante-dix-neuf. — Quatre-vingt-douze. — Vingt-neuf. — Quatre-vingt-seize.

34. Cent trois. — Deux cent trente. — Quatre cent un. — Trois cent soixante-quatre. — Six cent quatre-vingt-onze. — Cinq cent quatre. — Huit cent soixante-quatorze. — Neuf cent quatre-vingt-quinze. — Sept cent seize. — Quatre cent quatre-vingt-dix-neuf.

II

35. Cent huit mille soixante-dix-sept unités. — Trois millions cinq mille quatre unités. — Deux billions huit cent trente-quatre mille quatre cents unités. — Six millions soixante-douze unités. — Quatre billions neuf millions vingt-quatre mille trois unités. — Cinq millions huit cent deux mille. — Quarante-deux millions trois mille deux unités. — Deux cent mille vingt-quatre unités. — Deux millions quatre cent cinquante unités. — Trois billions cinq mille quatre cent quarante-sept unités.

III

36. Lire ou écrire en toutes lettres :
39. — 78. — 17. — 92. — 24. — 13. — 84. — 72. — 63. — 99. — 109. — 220. — 370. — 408. — 590. — 614. — 777. — 801. — 912. — 999.

IV

37. 403.045. — 6.358.903. — 3.024.269. — 35.209.800 — 1.209.643.200. — 7.403.009. — 304.005. — 9.284.000. — 9.246.367. — 495.260.304.

5ᵉ LEÇON
Les nombres décimaux

Une **fraction** est une ou plusieurs parties égales de l'unité. EXEMPLE : un décimètre de drap, les deux cinquièmes d'une pomme.

Une fraction est dite **décimale** quand l'unité est partagée en **10, 100, 1.000,** ... parties **égales.**

Une unité vaut **10 dixièmes,** ou **100 centièmes,** ou **1.000 millièmes,** etc.

Les dixièmes, les centièmes, les millièmes, etc., sont des parties de l'unité de **10** en **10** fois plus petites les unes que les autres.

Un **nombre décimal** est un nombre entier accompagné d'une fraction décimale. EXEMPLE : 4 mètres 35 centimètres.

Pour écrire un nombre décimal, on écrit d'abord la partie entière, puis la fraction décimale, et l'on a soin de séparer l'une de l'autre par une virgule. EXEMPLE : 24 unités 35 centièmes s'écrivent **24,35.**

Quand le nombre ne comprend pas d'unités, on remplace la partie entière par un zéro. EXEMPLE : 256 millièmes s'écrivent **0,256.**

		Unités simples	Dixièmes	Centièmes	Millièmes	Dix-millièmes	Cent-millièmes	Millionièmes	
.	.	,	.	.	.	.	.	.	.

Pour lire un nombre décimal, on énonce d'abord la partie entière, puis la partie décimale, comme s'il

s'agissait d'un nombre entier, mais on a soin d'indiquer l'ordre que représente le dernier chiffre décimal.
EXEMPLE : 52,395 ; on dit : 52 unités 395 millièmes.

Exercices théoriques

I

38. Qu'est-ce qu'une fraction ? — **39.** Qu'est-ce qu'une fraction décimale ? — **40.** Qu'est-ce qu'un nombre décimal ? — **41.** Combien une unité vaut-elle de dixièmes ? de centièmes ? de millièmes ? — **42.** Quel rapport existe-t-il entre les différentes parties décimales de l'unité ?

II

43. Comment écrit-on un nombre décimal ? — **44.** Dans quel cas met-on un zéro, à gauche, avant la virgule ? — **45.** Comment s'appellent les différentes unités décimales à droite de la virgule ? — **46.** A quel rang s'écrivent : les dixièmes ? les millièmes ? les centièmes ? les millionièmes ? les cent-millièmes ? les dix-millièmes ? — **47.** Quelles sont les unités décimales qui, après la virgule, occupent le 1ᵉʳ rang ? le 3ᵉ ? le 5ᵉ ? le 2ᵉ ? le 4ᵉ ? le 6ᵉ ?

III

48. A quel rang se placent les centièmes ? les dix-millièmes ? les dixièmes ? les millièmes ? les cent-millièmes ? — **49.** Comment lit-on un nombre décimal ? — **50.** Combien y a-t-il de centièmes dans : 1 unité ? 4 unités ? 5 unités 3 centièmes ? 7 dixièmes ? 8 dixièmes 9 centièmes ? 10 millièmes ? 80 millièmes ? — **51.** Combien y a-t-il de dixièmes dans : 1 unité ? 4 unités ? 6 unités 8 dixièmes ? 1 dizaine ? 5 dizaines ? 3 dizaines 2 unités ? 10 centièmes ? 60 centièmes ? — **52.** Combien y a-t-il de millièmes dans : 1 dixième ? 4 dixièmes ? 7 dixièmes 3 millièmes ? 1 centième ? 5 centièmes ? 9 centièmes 6 millièmes ? 1 unité ? 7 unités ? 8 unités 3 millièmes ?

IV

53. Dans 5 unités, combien de dixièmes ? de millièmes ? de centièmes ? de dix-millièmes ? — **54.** Dans 4 unités 7 dixièmes, combien de dixièmes ? de centièmes ? de millièmes ? — **55.** Dans 6 unités 3 centièmes, combien de centièmes ? de millièmes ? — **56.** Combien y a-t-il d'unités dans 80 dixièmes ? 65 dixièmes ? 300 centièmes ? 450 centièmes ? 2.000 millièmes ? 3.400 millièmes ? — **57.** Combien de fois la dizaine est-elle plus grande que le dixième ? la centaine que le centième ?

V

58. Lire ou écrire en toutes lettres :
4,07. — 9,3024. — 0,85367. — 36,0028. — 92,30047. — 24,00039. — 0,000152. — 0,38006. — 0,0608. — 68,0809.

6ᵉ LEÇON

Numération romaine

Les chiffres 1, 2, 3, 4, 5, 6, 7, 8, 9, 0 sont appelés **chiffres arabes.**

Mais les heures sur les cadrans d'horloge, les numéros des chapitres d'un livre, les dates dans les inscriptions de monuments, sont souvent marqués au moyen de **chiffres romains.**

Les chiffres romains sont :

I	V	X	L	C	D	M
un	cinq	dix	cinquante	cent	cinq cents	mille

La numération romaine est soumise aux conventions suivantes :

1° Plusieurs chiffres semblables écrits à la suite les uns des autres s'ajoutent :

II représente	2,	c'est-à-dire	1 plus 1 ;
XXX	—	30, —	10 plus 10 plus 10
CC	—	200, —	100 plus 100.

2° Tout chiffre placé à la gauche d'un chiffre plus fort se retranche de celui-ci :

IV représente	4,	c'est-à-dire	5 moins 1 ;
IX	—	9, —	10 moins 1 ;
XL	—	40, —	50 moins 10 ;
XC	—	90, —	100 moins 10.

ARITHMÉTIQUE PRATIQUE 13

3° Tout chiffre placé à la droite d'un chiffre plus fort s'ajoute à celui-ci :

    VI représente 6, c'est-à-dire 5 plus 1 ;
    XI   — 11,   — 10 plus 1 ;
    CX   — 110,   — 100 plus 10.

4° Tout chiffre placé entre deux autres plus forts se retranche de celui qui est à droite :

    XIV représente 14, c'est-à-dire 10 plus 5 moins 1 ;
    XXIX   — 29,   — 20 plus 10 moins 1 ;
    CXL   — 140,   — 100 plus 50 moins 10.

Exercices

59. Écrivez en chiffres ordinaires les nombres suivants :
1. VIII heures. — 2. XII heures. — 3. Chapitre XXV. — 4. Chapitre XXXIX. — 5. Chapitre LXIV. — 6. L'an DCCC. — 7. Anno MCCXIV. — 8. Anno MDCCCLXIII. — 9. Anno MDCCCXCVII. — 10. Anno CMIV.

60. Écrivez en toutes lettres les chiffres romains :
1. Louis IX. — 2. Louis XIV. — 3. Louis XVIII. — 4. Chapitre XXV. — 5. Chapitre XLVII. — 6. Chapitre LXXIX. — 7. MDCCLXIX, MDCCCXXI. — 8. MDCXXXVIII, MDCCXV. — 9. MDCCCIV. — 10. CMXCIX.

61. Écrivez en chiffres romains les nombres suivants :
1. 38, 50. — 2. 481, 511. — 3. 732. — 4. 1005. — 5. 1180, 1223. — 6. 1328, 1350. — 7. 1415. — 8. 1492. — 9. 1515. — 10. 1870.

7° LEÇON

Rendre un nombre 10, 100, 1,000, ... fois plus grand

On rend un nombre entier 10, 100, 1,000, ... fois **plus grand** en ajoutant 1, 2, 3, ... zéros à sa droite. EXEMPLE :
Le nombre 32 rendu 10 fois plus grand devient 320.

On rend un nombre décimal 10, 100, 1,000, ... fois

plus grand en avançant la virgule de 1, 2, 3, ... rangs vers la droite. Exemple : Le nombre 28,75 rendu 10 fois plus grand devient 287,5.

Lorsque les chiffres décimaux ne sont pas en assez grand nombre, on se sert de zéros. Exemple : 6,8 rendu 100 fois plus grand devient 680 ; rendu 1.000 fois plus grand, il devient 6.800.

Exercices théoriques

62. Comment multiplie-t-on par 100 : 1° un nombre entier ? Exemple : 68 ; 2° un nombre décimal ? Exemple : 8,4955. — **63.** Comment multiplie-t-on un nombre décimal par 1.000 ? Expliquez le procédé sur le nombre 0,72. — **64.** Expliquez la règle suivie pour multiplier un nombre décimal par 10, 100, 1.000. Appliquez cette règle sur le nombre 24,8. (Loiret.)

Exercices oraux ou écrits

65. Rendez 78 kg. 10 fois plus grand, puis 100 fois, puis 1.000 fois. — **66.** Rendez 14 fr. 75 10 fois plus grand, puis 100 fois, puis 1.000 fois. — **67.** Rendez 10 fois plus grands : 15 fr., — 225 l., — 75 kg., — 98 m., — 144. — **68.** Rendez 100 fois plus grands : $6^m,25$, — $0^l,85$, — $0^m,0144$, — 1 fr. 5, — 0 g., 29. — **69.** Rendez 1.000 fois plus grands : 12 francs, — 1 fr. 20, — 0 fr. 12, — 0 fr. 012.

Problèmes oraux. — **70.** Pendant une quinzaine où il n'y a eu que 10 jours de travail, un père a gagné 5 francs par jour, et son fils 2 francs. Trouver : 1° le gain du père ; 2° le gain du fils ; 3° le gain total du père et du fils ; 4° combien le père a gagné en plus que le fils.

71. Un voyageur reçoit une indemnité de 12 fr. par jour pour ses déplacements. Dans une tournée qui a duré 100 jours, il a dépensé en moyenne 10 fr. 50 par jour. Trouver : 1° son indemnité totale ; 2° sa dépense totale ; 3° l'économie réalisée.

72. Un commerçant achète 1.000 timbres-poste à 0 fr. 01 et donne en paiement une pièce de 20 francs. Combien lui rendra-t-on ?

Problèmes écrits. — **73.** Pendant une quinzaine de 10 jours de travail, un père a gagné 4 fr. 50 par jour et son fils 1 fr. 75. On demande le gain total du père et du fils, et combien le père a gagné en plus que son fils.

74. Un voyageur reçoit une indemnité de 11 fr. par jour pour ses déplacements. Pendant une tournée de

100 jours, il a dépensé par jour 5 fr. 25 pour sa nourriture, 2 fr. 25 pour le logement et 1 fr. 75 pour menus frais. On demande quelle économie il a réalisée sur l'indemnité reçue.

75. Un commerçant achète 10 timbres de 0 fr. 25, 10 de 0 fr. 15, 100 de 0 fr. 05 et 1.000 de 0 fr. 01. Pour payer, il donne une pièce de 20 francs. Combien lui rendra-t-on?

8º LEÇON

Rendre un nombre 10, 100, 1.000, ... fois plus petit

Pour rendre un nombre entier 10, 100, 1.000, ... fois **plus petit**, on sépare à sa droite, par une virgule, un chiffre, ou deux, ou trois, etc. EXEMPLE : Le nombre 4.325 rendu 10 fois, 100 fois, 1.000 fois plus petit devient 432,5, 43,25, 4,325.

Si les chiffres du nombre ne sont pas en quantité suffisante, on met à gauche autant de zéros qu'il en faut. Ex. : 25 rendu 1.000 fois plus petit devient 0,025.

Pour rendre un nombre décimal 10, 100, 1.000, ... fois plus petit, on avance la virgule vers la gauche de 1 rang, de 2, de 3, etc. Ex. : 4.256,8 rendu 10 fois, 100 fois, 1.000 fois plus petit devient 425,68, 42,568, 4,2568.

Si la partie entière du nombre ne contient pas assez de chiffres, on se sert de zéros. Ex. : 8,9 rendu 10 fois, 100 fois plus petit devient 0,89, 0,089.

Exercices théoriques

76. Comment divise-t-on :
1º Un nombre entier par 100 ? — 7.645;
2º Un nombre décimal par 10 ? — 68,7;
3º Un nombre décimal par 1.000 ? — 9,24.

77. Expliquer la règle suivie pour diviser un nombre décimal par 10, 100, 1.000. Appliquer cette règle sur 35,9.

Exercices oraux ou écrits

78. Rendez 10 fois plus petits : 86 m., — 225 l., — 35 fr. 40, — 223¹,5. — **79.** Rendez 100 fois plus petits : 700 fr., — 8.500 g., —3.548 fr. 50, — 24¹,5. — **80.** Rendez 1.000 fois plus petits : 2.485 kg., — 465 l., — 20ᵏᵐ,9, — 3 fr. 20, — 63 fr. 40.

Problèmes oraux. — **81.** 10 bouteilles de vin ont coûté 12 fr. 50. Quel est le prix d'une bouteille ?

82. Les bouteilles vides coûtent 15 fr. le 100. Quel est le prix d'une bouteille ?

83. Les bouchons coûtent 18 fr. le 1.000. Quel est le prix d'un bouchon ?

84. Dans 100 bouteilles on a mis pour 45 fr. de vin ; les bouteilles vides et les bouchons coûtent 15 fr. A combien revient une bouteille ?

85. Combien devra-t-on revendre une bouteille pour gagner 0 fr. 25 ?

Problèmes écrits. — **86.** Combien coûtent, à raison de 16 francs le 100, les bouteilles nécessaires pour vider un tonneau qui en contient 298 ?

87. Combien coûtent, à raison de 20 fr. le 1.000, les bouchons nécessaires pour boucher 304 bouteilles de vin ?

88. On met en bouteilles une pièce de vin qui en contient 350. Quelle dépense totale fera-t-on pour l'achat de bouteilles à 13 fr. le 100 et de bouchons à 21 fr. le 1.000 ?

89. On achète pour 160 fr. une pièce de vin qui contient 315 bouteilles. A combien reviendra ce vin si les bouteilles vides coûtent 14 fr. 50 le 100, et les bouchons 18 fr. 50 le 1.000 ?

90. Un débitant achète des bouteilles à 13 fr. 75 le 100 et des bouchons à 1 fr. 25 le 100. Combien doit-il vendre la bouteille pleine de vin, si le vin de chaque bouteille coûte 0 fr. 85 et s'il veut gagner 0 fr. 25 par bouteille ?

CHAPITRE II

9ᵉ LEÇON

L'Addition

L'addition est une opération qui a pour but de réunir plusieurs nombres de la même espèce en un seul qu'on appelle **somme** ou **total**.

L'addition s'indique par le signe **+**, qu'on énonce **plus** et qu'on place entre les nombres à additionner.

EXEMPLE : **24 + 9** (24 plus 9).

On fait la preuve de l'addition en **recommençant** l'opération de bas en haut. On doit retrouver la même somme.

Exercices oraux

I

91. 15 fr. + 10 fr. = | 34 fr. + 20 fr. = | 75 m. + 30 m. =
47 kg. + 50 kg. = | 68 m. + 50 m. = | 38 kg. + 70 kg. =
84 fr. + 70 fr. = | 93 l. + 30 l. = | 38 fr. + 90 fr. =
69 l. + 80 l. = | 28 kg. + 70 kg. = | 39 fr. + 80 fr. =
20 fr. + 35 fr. = | 40 fr. + 28 fr. = | 70 fr. + 18 fr. =
60 m. + 32 m. = | 50 m. + 48 m. = | 90 kg. + 45 kg. =
60 fr. + 67 fr. = | 110 m. + 48 m. =

II

92. 0 fr. 60 + 0 fr. 25 = | 2ᶠ,20 + 1ᶠ,15 = | 2 fr. 55 + 0 fr. 45 =
6 fr. + 3 fr. 75 = | 1ᵐ,40 + 0ᵐ,35 = | 3 fr. 50 + 0 fr. 75 =
4ᵐ,35 + 1ᵐ,30 = | 15 l. + 6ˡ,50 = | 2ˡ,20 + 4ˡ,40 =
4ᵐ,80 + 0ᵐ,25 = | 5ˡ,25 + 1ˡ,40 = | 35 m. + 9ᵐ,60 =

Exercices écrits

I

93. Additionnez 4 mille cinq cent vingt-quatre mètres + 48 mille 6 cent soixante-neuf mètres + 320 mille quinze mètres.

94. Additionnez 84 mille neuf francs + soixante-cinq francs +

2 cent quarante-six francs + 94 mille deux cents francs + 4 cent 37 francs.

95. Additionnez 459 mille trois cent vingt-sept francs + 6 cent quatre francs + 292 mille 6 cent quarante-cinq francs + 3 millions 24 mille francs.

96. Additionnez 4 cent vingt francs + 24 mille 6 cent trente-deux francs + 1 million 9 mille 24 francs + 642 mille francs.

II

97. 1. 985 fr. 85 + 3.908 fr. 40 + 85 fr. + 20.289 fr. 80 =
   2. 4.989 fr. + 69.502 fr. 60 + 6.845 fr. 75 + 237 fr. 45 =
   3. 24 m. + 8.775 m. + 2^m,50 + 147^m,75 + 75^m,60 =
   4. 45.069,63 + 965,045 + 3.765,08 + 64,685 =
   5. 40.009,8 + 3.785,07 + 485,045 + 85,0875 =

10⁰ LEÇON

PROBLÈMES SUR L'ADDITION

I

Problèmes oraux. — **98.** Dans une école, la 1re classe a 40 élèves et la 2e en a 15 en plus. Combien d'élèves dans la 2e classe?

99. Dans une école, la 1re classe a 50 élèves et la 2e en a 10 en plus. Combien d'élèves : 1° dans la 2e classe? 2° dans toute l'école?

100. Dans une école, la 1re classe a 35 élèves et la 2e en a 15 en plus. Combien d'élèves dans les deux classes?

Problèmes écrits. — **101.** Dans un partage, un héritier reçoit 4.825 fr. et un autre 3.450 fr. de plus. Quelle est la part du 2e héritier?

102. Dans un partage, un héritier reçoit 5.845 fr. et un autre 1.875 fr. de plus. On demande : 1° la part du 2e héritier; 2° la somme totale reçue par les deux héritiers.

103. Dans un partage, un héritier reçoit 8.575 fr. et un autre 2.680 fr. de plus. Quelle est la somme totale reçue par les deux héritiers?

104. Dans un partage, un héritier reçoit 4.680 fr., un 2e 1.275 fr. de plus que le 1er et un 3e 1.450 fr. de plus que le 2e. Quel est le montant total de l'héritage?

II

Problèmes oraux. — **105.** Jean a 5 fr. dans sa bourse, Léon a 7 fr. de plus que Jean, et Jules autant que Léon et Jean ensemble. Combien Jules a-t-il dans sa bourse?

106. Paul a 15 bons points, Louis en a 10 de plus que Paul, et Charles en a 10 de plus que Paul et Louis ensemble. Combien Charles a-t-il de bons points?

107. Dans une famille, le fils a gagné 8 francs, la mère 4 francs de plus que le fils, et le père autant que le fils et la mère ensemble. Quel est le gain total de cette famille?

108. Un cultivateur possède trois champs : dans le 1er champ, il a récolté 120 gerbes de blé ; dans le 2e, 30 gerbes de plus que dans le 1er, et dans le 3e, 50 gerbes de plus que dans les deux 1ers réunis. Combien le cultivateur a-t-il récolté de gerbes de blé en tout?

Problèmes écrits. — **109.** Une personne doit une certaine somme qu'elle acquitte en trois fois : le 1er paiement est de 578 fr. 50 ; le 2e surpasse le 1er de 385 fr. 75, et le 3e paiement est égal aux deux premiers réunis. Quel est le montant du 3e paiement?

110. On veut fumer trois champs : on répand sur le 1er 32.500 kg. de fumier ; sur le 2e, 6.500 kg. de plus que sur le 1er, et sur le 3e, 4.500 kg. de plus que sur le 1er et le 2e ensemble. Quelle est la quantité de fumier répandue sur le 3e champ?

111. On partage une somme entre trois personnes. La 1re reçoit 203 fr. 50 ; la 2e, 58 fr. 50 de plus que la 1re, et la 3e obtient autant que les deux premières ensemble. Quelle était la somme à partager?

112. On veut fumer trois champs : sur le 1er, on répand 24.000 kg. de fumier ; sur le 2e, 5.500 kg. de plus que sur le 1er, et sur le 3e, 7.000 kg. de plus que sur le 1er et le 2e ensemble. Quelle est la quantité de fumier répandue sur les trois champs?

CHAPITRE III

11ᵉ LEÇON

La Soustraction

La **soustraction** est une opération par laquelle on retranche un plus petit nombre d'un plus grand de la même espèce.

Le résultat de la soustraction s'appelle **reste**, **excès** ou **différence**.

La soustraction s'indique par le signe **—**, qui s'énonce **moins** et qu'on place entre les nombres à soustraire. Ex. : 34 — 9 (34 **moins 9**).

Pour faire la preuve de la soustraction, on **additionne le reste avec le plus petit nombre**. On doit retrouver le plus grand.

Exercices oraux

I

113. 40 fr. — 32 fr. = | 20 m. — 9 m. = | 80 l. — 47 l. =
40 g. — 29 g. = | 60 fr. — 44 fr. = | 30 m. — 15 m. =
90 l. — 63 l. = | 70 g. — 55 g. = | 70 fr. — 58 fr. =
50 m. — 25 m. = | 60 l. — 51 l. = | 30 g. — 17 g. =

II

114. 0 fr. 45 — 0 fr. 35 = | $4^{kg},60$ — $3^{kg},50$ = | 7 fr. 70 — 6 fr. 65 =
6^1 — $5^1,75$ = | $1^m,55$ — $0^m,55$ = | 5 fr. 50 — 4 fr. 40 =
$4^m,50$ — $4^m,25$ = | 12 m. — $11^m,30$ = | $1^1,40$ — $1^1,30$ =
$3^1,45$ — $3^1,30$ = | $5^m,75$ — $5^m,50$ = | 8 fr. — 6 fr. 50 =

Exercices écrits

I

115. Otez huit mille trois cent vingt francs de vingt mille sept cent cinq francs.

116. Ôtez quatorze mille sept cent quarante-huit mètres de trois cent mille vingt-quatre mètres.

117. Ôtez huit cent soixante-quinze mille neuf cent quarante-quatre kilogrammes de cinq millions vingt mille kilogrammes.

118. Ôtez cent quatre-vingt-quinze mille huit cent soixante-neuf francs de cinq cent quatre mille huit francs.

119. Ôtez deux cent quatre-vingt-huit mille sept cent soixante-quatorze mètres de un million quatre mille vingt-cinq mètres.

II

120. $8.904^m,35 - 6.268^m,45 =$ | 45.805 fr. $65 - 9.849$ fr. $75 =$
$649^m,5 - 278^m,75 =$ | 6.945 l. $- 1.897^l, 65 =$
$964^m,75 - 797$ m. $=$ | 12.856 fr. $- 999$ fr. $75 =$

12ᵉ LEÇON

PROBLÈMES SUR LA SOUSTRACTION

I

Problèmes oraux. — **121.** Un pantalon et une redingote valent 75 fr. Si le pantalon vaut 20 fr., quel est le prix de la redingote ?

122. Un pantalon et un gilet valent 25 fr. Le gilet vaut 8 fr. Quel est le prix du pantalon ? Combien le pantalon vaut-il de plus que le gilet ?

123. Une redingote et un gilet coûtent 65 fr. Si le gilet coûte 10 fr., combien la redingote coûte-t-elle de plus que le gilet ?

Problèmes écrits. — **124.** Une maison et une prairie coûtent ensemble 34.875 fr. La prairie coûte 7.975 fr. Combien vaut la maison ? Combien la maison vaut-elle de plus que la prairie ?

125. Un fermier achète un cheval et une vache pour 1.265 fr. Le cheval vaut 925 fr. Combien le cheval coûte-t-il de plus que la vache ?

II

Problèmes oraux. — **126.** Dans un bureau, le 1ᵉʳ employé gagne 225 fr. par mois, et le 2ᵉ, 25 fr. de moins que le 1ᵉʳ. Quel est le gain du 2ᵉ ?

127. Dans un bureau, le 1ᵉʳ employé gagne 2.000 fr. par an ; le 2ᵉ, 200 fr. de moins que le 1ᵉʳ, et le 3ᵉ, 200 fr. de moins que le 2ᵉ. Quel est le gain du 2ᵉ et du 3ᵉ ?

128. Un père de famille gagne 23 fr. par semaine ; la mère, 5 fr. de moins que le père, et le fils, 4 fr. de moins que la mère. Combien le fils gagne-t-il par semaine ?

Problèmes écrits. — **129.** Une prairie a donné deux coupes dans une année; la 1re pesait 5.850 kg., et la 2e, 980 kg. de moins. Quel est le poids de la 2e coupe?

130. Une prairie a donné trois coupes dans une année; la 1re pesait 6.760 kg.; la 2e, 1.250 kg. de moins que la 1re, et la 3e, 1.570 kg. de moins que la seconde. Cherchez le poids de la 2e et de la 3e coupe.

131. Une prairie a donné trois coupes dans une année : la 1re pesait 7.540 kg.; la 2e, 1.860 kg. de moins que la 1re, et la 3e, 2.200 kg. de moins que la 2e. Quel est le poids de la 3e coupe?

13e LEÇON

L'ADDITION ET LA SOUSTRACTION COMBINÉES

I

Problème oral. — **132.** Dans un tonneau, on a versé 180 l. de vin, puis 20 l. Enfin on en a tiré 75 l. Combien y a-t-il encore de litres de vin dans le tonneau ?

Opérations écrites. — **133.** De 225^l,5 + 114^l,2 + 228^l,6, ôtez 258^l,75.

Problème écrit. — **134.** Dans un tonneau, on a versé 114^l,50 de vin, puis 48^l,6, puis 75^l,4. Enfin on en a tiré 63^l,5. Combien y a-t-il encore de litres de vin dans le tonneau ?

II

Problème oral. — **135.** Une ménagère va au marché avec 10 fr.; elle achète pour 4 fr. 25 de viande et 3 fr. 50 de beurre. Combien lui reste-t-il ?

Opérations écrites. — **136.** De 689 fr., ôtez 235 fr. 5 + 148 fr. 75.

Problème écrit. — **137.** Une ménagère va au marché avec un billet de 50 fr. Elle achète pour 28 fr. 75 d'étoffe,

3 fr. 75 de viande, 1 fr. 00 de beurre et 1 fr. 55 d'œufs. Combien lui reste-t-il ?

III

PROBLÈME ORAL. — **138.** Un joueur avait 15 fr. dans sa bourse. Il gagne d'abord 6 fr.; mais il perd 7 fr., puis 3 fr. Combien lui reste-t-il ?

OPÉRATIONS ÉCRITES. — **139.** De 382 fr. 50 + 639 fr. 60, ôtez 292 fr. 80 + 195 fr. 50.

PROBLÈMES ÉCRITS. — **140.** Un caissier a dans sa caisse 245 fr. 65 et il reçoit 385 fr. 80; mais il paie 261 fr. 50, puis 192 fr. 25. Combien a-t-il en caisse ?

141. N'ayant plus assez d'argent chez moi, j'emprunte 216 fr. à Louis et 340 fr. à Jules. Je puis alors acquitter les dettes suivantes : 306 fr., 439 fr. et 845 fr., et il me reste encore 58 fr. Combien avais-je avant d'emprunter à Louis et à Jules ? (Oise.)

IV

PROBLÈMES ORAUX. — **142.** Pour payer 3 ouvriers, on a donné 75 fr. Le 1ᵉʳ a eu 30 fr. ; le 2ᵉ, 5 fr. de moins que le 1ᵉʳ, et le 3ᵉ, le reste. Quelle est la part du 2ᵉ ? Celle du 3ᵉ ?

143. Pour payer 3 ouvriers, on a donné 100 fr. Le 1ᵉʳ a eu 40 fr. ; le 2ᵉ, 10 fr. de moins que le 1ᵉʳ, et le 3ᵉ, le reste. Quelle est la part du 3ᵉ ?

OPÉRATIONS ÉCRITES. — **144.** De 850 fr. 75 — 145 fr. 80, ôtez 136 fr. 60 — 12 fr. 90.

PROBLÈMES ÉCRITS. — **145.** Pour payer 3 ouvriers, on a donné 333 fr. 80. Le 1ᵉʳ a eu 110 fr. 50 ; le 2ᵉ, 9 fr. 80 de moins que le 1ᵉʳ, et le 3ᵉ, le reste. Quelle est la part du 2ᵉ ? Celle du 3ᵉ ?

146. 3 ouvriers ont reçu ensemble une certaine somme. Le 1ᵉʳ a eu 215 fr. 80 ; le 2ᵉ, 38 fr. 50 de moins que le 1ᵉʳ, et le 3ᵉ, 15 fr. 25 de plus que le 2ᵉ. Quelle est la somme reçue : 1° par le second ouvrier ? 2° par le troisième ? Quelle somme totale ont reçue ces 3 ouvriers ?

V

PROBLÈMES ORAUX. — **147.** Pour payer 3 objets, on a donné 20 fr. Le 1ᵉʳ coûte 6 fr. ; le 2ᵉ, 3 fr. de plus que le 1ᵉʳ ; le reste représente la valeur du 3° objet. Quel est le prix du 2° objet ? Celui du 3° ?

148. Pour payer 3 objets, on a donné 25 fr. Le 1ᵉʳ coûte 8 fr. ; le 2°, 3 fr. de plus que le 1ᵉʳ ; le reste représente la valeur du 3° objet. Quel est le prix de ce dernier ?

OPÉRATIONS ÉCRITES. — **149.** De 12.850 kg. — 945ᵏᵍ,5, ôtez 945ᵏᵍ,5 + 145ᵏᵍ,5.

150. De 1.850 fr. 50 + 245 fr. 60, ôtez 2.096 fr. 10 — 105 fr. 40.

PROBLÈMES ÉCRITS. — **151.** Pour payer 3 objets, on a donné 299 fr. 10. Le 1ᵉʳ objet coûte 115 fr. 75 ; le 2°, 18 fr. 80 de plus que le 1ᵉʳ, le reste représente la valeur du 3° objet. Quel est le prix du 2° ? Celui du 3° ?

152. Pour payer 3 objets, on a déboursé 638 fr. 45. Le 1ᵉʳ objet coûte 225 fr. 50 ; le 2°, 38 fr. 60 de plus que le 1ᵉʳ ; le reste représente la valeur du 3° objet. Quel est le prix de cet objet ?

VI

PROBLÈMES DIVERS. — **153.** Une école se compose de 4 classes. La 1ʳᵉ a 9 élèves de moins que la 2° ; la 2°, 7 de moins que la 3° ; la 3°, 17 de moins que la 4°. Sachant que la 1ʳᵉ classe contient 38 élèves, combien y en a-t-il dans toute l'école ? (Pas-de-Calais.)

154. Quel est le montant de 4 paiements dont le 1ᵉʳ est de 2.580 fr. ; le 2°, de 350 fr. de moins que le 1ᵉʳ ; le 3°, de 375 fr. de plus que le 1ᵉʳ et le 2° réunis, et le 4°, de 150 fr. de moins que le 2° ?

155. On a acheté 4 objets différents pour un prix total de 1.265 fr. Le 1ᵉʳ vaut 287 fr. ; le 2° vaut 22 fr. de plus que le 1ᵉʳ, et le 3°, 345 fr. de moins que les deux premiers ensemble. Quelle est la valeur du 4° objet ? (Aveyron.)

CHAPITRE IV

14ᵉ LEÇON

La Multiplication

La **multiplication** est une opération par laquelle on répète un nombre appelé **multiplicande** autant de fois qu'il y a d'unités dans un autre nombre appelé **multiplicateur**.

Le résultat de la multiplication s'appelle **produit**.

Le multiplicande et le multiplicateur s'appellent les **facteurs du produit**.

La multiplication s'indique par le signe **X**, qui s'énonce **multiplié par** et qu'on écrit entre les nombres à multiplier. Ex : 9×5 (**9 multiplié par 5**).

Le produit exprime toujours des unités de même nature que le multiplicande.

Le produit de deux nombres ne change pas quand on intervertit l'ordre des facteurs. Ex : $4 \times 5 = 5 \times 4$.

On fait la preuve de la multiplication en recommençant l'opération après avoir changé l'ordre des facteurs. On doit retrouver le même produit.

Il y a encore une autre preuve de la multiplication dite « preuve par 9 ».

15° LEÇON
Étude de la table de multiplication

TABLE DE MULTIPLICATION

1 fois 1 fait 1 2 — 1 font 2 3 — 1 — 3 4 — 1 — 4 5 — 1 — 5 6 — 1 — 6 7 — 1 — 7 8 — 1 — 8 9 — 1 — 9 10 — 1 — 10	1 fois 2 fait 2 2 — 2 font 4 3 — 2 — 6 4 — 2 — 8 5 — 2 — 10 6 — 2 — 12 7 — 2 — 14 8 — 2 — 16 9 — 2 — 18 10 — 2 — 20	1 fois 3 fait 3 2 — 3 font 6 3 — 3 — 9 4 — 3 — 12 5 — 3 — 15 6 — 3 — 18 7 — 3 — 21 8 — 3 — 24 9 — 3 — 27 10 — 3 — 30
1 fois 4 fait 4 2 — 4 font 8 3 — 4 — 12 4 — 4 — 16 5 — 4 — 20 6 — 4 — 24 7 — 4 — 28 8 — 4 — 32 9 — 4 — 36 10 — 4 — 40	1 fois 5 fait 5 2 — 5 font 10 3 — 5 — 15 4 — 5 — 20 5 — 5 — 25 6 — 5 — 30 7 — 5 — 35 8 — 5 — 40 9 — 5 — 45 10 — 5 — 50	1 fois 6 fait 6 2 — 6 font 12 3 — 6 — 18 4 — 6 — 24 5 — 6 — 30 6 — 6 — 36 7 — 6 — 42 8 — 6 — 48 9 — 6 — 54 10 — 6 — 60
1 fois 7 fait 7 2 — 7 font 14 3 — 7 — 21 4 — 7 — 28 5 — 7 — 35 6 — 7 — 42 7 — 7 — 49 8 — 7 — 56 9 — 7 — 63 10 — 7 — 70	1 fois 8 fait 8 2 — 8 font 16 3 — 8 — 24 4 — 8 — 32 5 — 8 — 40 6 — 8 — 48 7 — 8 — 56 8 — 8 — 64 9 — 8 — 72 10 — 8 — 80	1 fois 9 fait 9 2 — 9 font 18 3 — 9 — 27 4 — 9 — 36 5 — 9 — 45 6 — 9 — 54 7 — 9 — 63 8 — 9 — 72 9 — 9 — 81 10 — 9 — 90

16ᵉ LEÇON
Calcul mental. — Multiplication par 5, 50, 25

Pour multiplier un nombre par 5, on prend la moitié du nombre et l'on multiplie le résultat par 10.
Ex. : $48 \times 5 = 24 \times 10 = 240$.
Pour multiplier un nombre par 50, on prend la moitié du nombre et l'on multiplie le résultat par 100.
Ex. : $28 \times 50 = 14 \times 100 = 1.400$.
Pour multiplier un nombre par 25, on prend le quart du nombre et l'on multiplie le résultat par 100.
Ex. : $32 \times 25 = 8 \times 100 = 800$.
(Pour obtenir le quart d'un nombre, il est quelquefois préférable de prendre la moitié du nombre, puis la moitié de cette moitié.
Ex. : le quart de $2.640 = \dfrac{1.320}{2} = 660$.)

Exercices oraux

156. 1. 36×5 82×5 76×5 122×5 242×5
     2. 42×50 62×50 82×50 320×50 560×50
     3. 28×25 52×25 68×25 100×25 420×25

Problèmes oraux. — Calculez de tête :
157. Le prix de 5 kg. de viande à 1 fr. 80 le kg., et dites comment vous avez procédé.
158. Le prix de 50 kg. de savon à 0 fr. 30 le kg.
159. Le prix total de 50 arbres à 32 fr. l'un, et de 25 autres à 48 fr.
160. Un ouvrier doit recevoir le prix de 5 journées de travail à 3 fr. 80 l'une. Combien lui restera-t-il quand il aura payé un tonneau de bière de 50 l. valant 0 fr. 18 le litre ? Indiquer la marche suivie.

17º LEÇON

Calcul mental. — Multiplication par 15, 75, 125

Pour multiplier un nombre par 15, on le multiplie par 10 et l'on ajoute au produit sa moitié.
Ex. : $24 \times 15 = 240 + 120 = 360$.

Pour multiplier un nombre par 75, on prend le quart du nombre et l'on multiplie le résultat par 300.
Ex. : $28 \times 75 = 7 \times 300 = 2.100$.

Pour multiplier un nombre par 125, on prend le huitième du nombre et l'on multiplie le résultat par 1.000.
Ex. : $32 \times 125 = 4 \times 1.000 = 4.000$.

Exercices oraux

161. 1. 16×15 30×15 44×15 68×15 86×15
2. 36×75 44×75 84×75 120×75 160×75
3. 24×125 48×125 64×125 160×125 240×125

PROBLÈMES ORAUX. — Dites comment vous feriez pour calculer de tête :

162. Ce que dépense dans un an, pour son tabac, un ouvrier qui en fume pour 15 centimes par jour. (Oise.)

163. Le poids total d'une caisse dans laquelle on met 75 morceaux de savon pesant chacun 1^k,600, sachant que, vide, la caisse pèse 5 kg.

164. La valeur, à 50 fr. l'are, d'un terrain rectangulaire de 125 m. de long sur 56 m. de large.

165. La valeur, à 15 fr. le quintal, de 24 hl. de seigle pesant 75 kg en moyenne.

166. La somme nécessaire au payement de 15 jours de travail à 125 ouvriers qui gagnent chacun 4 fr. 80 par jour.

18ᵉ LEÇON

Calcul mental. — Multiplication par 0,25; 0,50; 0,75; 0,125

Pour multiplier un nombre par **0,25**, on prend le quart du nombre. Ex. : $32 \times 0,25 = 8$.

Pour multiplier un nombre par **0,50**, on prend la moitié du nombre. Ex. : $28 \times 0,50 = 14$.

Pour multiplier un nombre par **0,75**, on prend le quart du nombre et l'on multiplie le résultat par 3. Ex. : $32 \times 0,75 = 8 \times 3 = 24$.

Pour multiplier un nombre par **0,125**, on prend le huitième du nombre. Ex. : $32 \times 0,125 = 4$.

Exercices oraux

167.
1. $24 \times 0,25$ $36 \times 0,25$ $48 \times 0,25$ $64 \times 0,25$ $84 \times 0,25$
2. $36 \times 0,50$ $46 \times 0,50$ $62 \times 0,50$ $120 \times 0,50$ $260 \times 0,50$
3. $28 \times 0,75$ $36 \times 0,75$ $44 \times 0,75$ $76 \times 0,75$ $88 \times 0,75$
4. $24 \times 0,125$ $56 \times 0,125$ $72 \times 0,125$ $96 \times 0,125$ $280 \times 0,125$

Exercices écrits

Trouver de tête :

168. Le prix de 0ᵐ,25 de soie à 8 fr. 80 le mètre;
Le prix de 0ᵐ,50 de toile à 1 fr. 50 le mètre;
Le prix de 0ᵐ,75 de drap à 16 fr. le mètre.

19ᵉ LEÇON

PROBLÈMES DIVERS SUR LE CALCUL MENTAL

Dites comment vous feriez pour trouver de tête :

169. Ce que doit toucher un ouvrier qui a travaillé pendant 26 jours à 1 fr. 25 par jour.

170. Ce qu'une fermière, qui vend 15 poulets à 2 fr. 60 la pièce, doit remettre sur un billet de 50 fr. qu'on lui donne en paiement.

171. Le prix de 120 m. de drap à 14 fr. 50 le mètre.

172. Ce que doit payer un marchand de bois qui achète 51 arbres à 32 fr. l'un et un autre lot de bois de 298 fr.

173. Ce que doit recevoir pour sa semaine un ouvrier qui gagne 0 fr. 45 par heure et travaille 10 heures par jour. Il a perdu 5 heures par sa faute et on lui retient 1 fr. 25 pour l'assurance.

20º LEÇON

PROBLÈMES SUR LA MULTIPLICATION

I

174. Quel est le prix de $35^{kg},8$ de crin à 3 fr. 65 le kg.?

175. Que valent ensemble 8 sacs de crin de chacun $6^{kg},75$, à raison de 4 fr. 25 le kg.? (Morbihan.)

II

176. La pièce de 50 fr. en or pèse $16^{g},129$. Quel est le poids et quelle est la valeur de 35 de ces pièces?

177. Une pièce de 20 fr. en or pesant $6^{g},4516$, quel est le poids de 48 rouleaux contenant chacun 25 pièces de 20 fr. et quelle est la valeur de ces 48 rouleaux? (Nord.)

III

178. Que coûtera, à raison de 1 fr. 35 le mètre, la toile nécessaire pour faire 6 douzaines de chemises, s'il faut $3^m,25$ de toile par chemise?

179. On brûle dans un atelier, qui n'est ouvert que 26 jours par mois en moyenne, $22^{hl},75$ de houille par jour. On demande la dépense d'une année, la houille coûtant 3 fr. 50 l'hectolitre. (Paris.)

180. Une mésange mange en moyenne 50 chenilles par jour. Des enfants ont déniché 5 nids de mésanges renfermant en moyenne chacun 12 petits. Combien ces cinq nichées auraient-elles détruit de chenilles par an? (Haute-Saône.)

181. Un ouvrier, qui gagne 3 fr. 75 par jour, travaille en moyenne 24 jours par mois. Il dépense tous les jours 2 fr. 25. On demande : 1º son gain annuel; 2º sa dépense annuelle.

182. Une rame de papier contient 20 mains; une main contient 25 feuilles et coûte 0 fr. 35. On demande : 1º le prix de 18 rames de papier ; 2° le nombre de feuilles qu'elles contiennent.

21ᵉ LEÇON

PROBLÈMES SUR L'ADDITION ET LA MULTIPLICATION COMBINÉES

I
LES DÉPENSES INUTILES

183. Un ouvrier dépense inutilement 0 fr. 10 d'eau-de-vie et 0 fr. 15 de tabac par jour. Quelle perte éprouve-t-il au bout d'un an ? (Eure.)

184. Un ouvrier consomme chaque matin un verre d'eau-de-vie de 0 fr. 15 et fume pour 0 fr. 20 de tabac par jour. Combien, en se privant d'eau-de-vie et de tabac, aurait-il pu économiser en 30 ans, sans compter les intérêts ? (Aisne.)

185. Un ouvrier gagne 6 fr. par jour ; mais, chaque lundi, il passe son temps à l'auberge, où il dépense 4 fr. 25 en moyenne. Il fume en outre pour 0 fr. 35 de tabac par jour. Combien ces déplorables habitudes lui feront-elles perdre pendant l'espace de 25 années ? (Ardennes.)

II
CALCUL DU PRIX DE REVIENT D'UN VÊTEMENT

PROBLÈMES ORAUX. — **186.** Pour faire un costume, on emploie 4 m. d'étoffe à 2 fr. La façon et les fournitures coûtent 5 fr. Quel est le prix de ce costume ?

186 bis. Pour faire une robe, on a employé 9 m. d'étoffe à 3 fr. et 4 m. de doublure à 1 fr. A combien revient la robe, si la façon et les fournitures coûtent 9 fr. ?

PROBLÈMES ÉCRITS. — **187.** Un tailleur achète $4^m,75$ de drap à 18 fr. 50 le mètre pour faire un costume. Dire le prix total de ce costume, si la façon et les fournitures coûtent 46 fr. 90.

188. Pour faire une robe, une couturière emploie 12 m. d'étoffe à 2 fr. 50 le mètre et $3^m,50$ de doublure à 1 fr. 50 le mètre. Quel est le prix de cette robe, si la façon et les fournitures coûtent 25 fr. ?

189. Pour faire une robe, une couturière emploie 13 m. d'étoffe à 2 fr. 75 le mètre, 3^m,75 de doublure à 1 fr. 70 le mètre, et pour 11 fr. 50 de fournitures diverses. Elle demande 18 fr. de façon. A combien revient la robe ? (Manche.)

22ᵉ LEÇON

PROBLÈMES SUR LA SOUSTRACTION ET LA MULTIPLICATION COMBINÉES

Problèmes oraux. — **190.** Un marchand vend 6 l. de cognac à 3 fr. On lui donne 15 fr. Combien lui redoit-on ?

191. J'achète 4 m. d'étoffe à 1 fr. 50 le mètre. En paiement, je donne une pièce de 10 fr. Combien me rendra-t-on ?

192. D'une pièce de vin de 225 l., on tire 125 l. Que vaut le reste à 0 fr. 50 le litre ?

193. Un cultivateur vend au marché 5 moutons à 30 fr. l'un et achète 6 quintaux d'engrais à 20 fr. le quintal. Combien lui reste-t-il ?

Problèmes écrits. — **194.** Une personne achète, à raison de 1 fr. 45 le mètre, une pièce de toile de 87^m,50. Elle donne 85 fr. Combien redoit-elle ?

195. Une personne a acheté dans un magasin 26 m. d'une étoffe à 3 fr. 75 le mètre et une robe toute faite. Elle a payé pour le tout 162 fr. 50. Quel est le prix de la robe ?

196. Un employé gagne 165 fr. par mois et dépense, en moyenne, 102 fr. 50. Combien économise-t-il par an ? Combien économisera-t-il au bout de 5 ans, sans tenir compte des intérêts ?

197. Un cultivateur a vendu 68 hl. de blé à raison de 18 fr. l'hectolitre, et il a acheté 23 moutons à 26 fr. la pièce. Combien lui restera-t-il d'argent après qu'il aura payé ses moutons ? (Paris.)

198. Un fermier a 6 vaches dont la nourriture lui coûte, en moyenne 0 fr. 38 par jour chacune. Pendant 55 jours, chaque vache a donné 5 l. de lait ; or, le lait s'est vendu à raison de 0 fr. 20 le litre. Quel a été le bénéfice du fermier au bout de ce temps ? (Loiret.)

199. Un marchand achète deux pièces de drap à raison de 14 fr. 50 le mètre. La 1re contient 54m,60, et la 2e, 6m,80 de moins. On demande : 1° le prix de chaque pièce; 2° combien la 1re pièce coûte de plus que la 2e.

23e LEÇON

PROBLÈMES DIVERS SUR L'ADDITION, LA SOUSTRACTION ET LA MULTIPLICATION COMBINÉES

200. Un marchand qui devait 1.500 fr. a donné en paiement 69 m. de toile à 1 fr. 65 le mètre, 135 m. de calicot à 0 fr. 95 le mètre, et 48 m. de drap à 8 fr. 60 le mètre. Combien doit-il encore ? (Seine-Inférieure.)

201. Combien faut-il payer à 25 ouvriers qui ont travaillé pendant 6 jours, à raison de 5 fr. 25 par jour pour 9 d'entre eux, et 4 fr. 75 pour les autres ? (Somme.)

202. Une diligence fait 2 voyages par jour et transporte chaque fois 15 personnes, dont 4 au prix de 3 fr. 25 chacune, 5 au prix de 2 fr. 85 chacune, et le reste au prix de 2 fr. 50. Quelle est la recette de cette voiture pour 31 jours ? (Paris.)

203. M. X... avait ce matin dans sa caisse 280 fr. Il a vendu au comptant 185 kg. d'une marchandise à raison de 2 fr. 50 le kilogramme. Il a acheté et payé 325 kg. d'une autre marchandise à 1 fr. 70 le kilogramme. Quelle somme doit-il avoir dans sa caisse le soir ? (Paris.)

204. Mme Y... achète 3m,25 d'étoffe à 9 fr. 75 le mètre, 3 chemises à 5 fr. 95 l'une, et un gilet de flanelle. Elle donne 50 fr. sur lesquels on lui rend 1 fr. 25. Combien coûte le gilet de flanelle ? (Gers.)

CHAPITRE V

24ᵉ LEÇON

La Division

Première définition. — La **division** est une opération qui a pour but de chercher combien de fois un nombre appelé **dividende** contient un autre nombre appelé **diviseur**.

Deuxième définition. — La **division** est une opération qui a pour but de partager un nombre appelé **dividende** en autant de parties égales qu'il y a d'unités dans un autre nombre appelé **diviseur**.

Le résultat de la division s'appelle **quotient**.

Le dividende et le diviseur s'appellent les **deux termes** de la division.

La division s'indique par le signe : ou $\div$, qui s'énoncent **divisé par** et qui s'écrivent ainsi : $24 : 3$ ou $\frac{24}{3}$ (24 divisé par 3).

Preuve. — On fait la preuve de la division en multipliant le quotient par le diviseur et en ajoutant le reste au produit; on doit retrouver le dividende.

Il y a encore une autre preuve de la division dite « preuve par 9 ».

Exercices écrits

I

205.	14022 : 41	10863 : 51	15624 : 31	43432 : 61
206.	9130 : 22	38812 : 62	15408 : 72	69044 : 82
207.	62415 : 63	48519 : 94	68963 : 85	28930 : 74
208.	38914 : 27	28917 : 46	72817 : 18	27211 : 39

ARITHMÉTIQUE PRATIQUE

II

Effectuer les divisions suivantes en donnant un quotient exact :

209.   693 : 28   4758 : 75   5899 : 68   4092 : 165
210.   7519 : 206   61773 : 885   8217 : 18   175427 : 266
211.   194261 : 395 10064 : 680 7865 : 275   1764 : 48

III

Calculer jusqu'aux centièmes :

212.   264,65 : 67   228,28 : 52   1238,60 : 44   281,25 : 75
213.   2297,6 : 80   923,08 : 94   67,86 : 78   74,61 : 829
214.   86,10 : 246   427,28 : 19   145,63 : 421   245,28 : 209

IV

215.   429 : 3,2   665 : 7,8   248 : 9,3   8842 : 4,7
216.   642 : 8,21   903 : 4,44   68 : 3,265   78 : 3,004
217.   225 : 0,78   449 : 0,87   88 : 0,069   82 : 0,088

V

218.   82,9 : 3,7   42,4 : 8,2   65,28 : 3,65   7,85 : 0,38
219.   43,24 : 5,7   17,65 : 4,9   3,843 : 0,28   6,265 : 0,34
220.   65,9 : 2,25   64,3 : 8,17   4,28 : 0,345   2,63 : 0,028

25ᵉ LEÇON

Calcul mental. — Division par 5, 50, 25, 125

Pour diviser un nombre par 5, on le multiplie par 2, et l'on divise le résultat par 10.

Ex. : $32 : 5 = \dfrac{64}{10} = 6,4$.

Pour diviser un nombre par 50, on le multiplie par 2 et l'on divise le résultat par 100.

Ex. : $32 : 50 = \dfrac{64}{100} = 0,64$.

Pour diviser un nombre par 25, on le multiplie par 4 et l'on divise le résultat par 100.

Ex. : $32 : 25 = \dfrac{128}{100} = 1,28$.

Pour diviser un nombre par 125, on le multiplie par 8 et l'on divise le résultat par 1.000.

Ex. : $32 : 125 = \dfrac{256}{1.000} = 0,256$.

Exercices oraux

221. 22 : 5   36 : 5   44 : 5   52 : 5   72 : 5
222. 18 : 50   24 : 50   38 : 50   56 : 50   82 : 50
223. 28 : 25   39 : 25   51 : 25   76 : 25   99 : 25
224. 12 : 125 23 : 125 44 : 125 65 : 125 79 : 125

Problèmes oraux. — Calculer de tête :

225. La longueur d'une chambre ayant 33 m² de surface et une largeur de 5 m.

226. La largeur d'un terrain rectangulaire ayant une surface de 2.000 m² et une longueur de 50 m.

227. La largeur d'une cour ayant une surface de 600 m² et une longueur de 25 m.

228. La largeur d'un terrain rectangulaire ayant une surface de 1 ha. et une longueur de 125 m.

Calculer mentalement :

229. Le prix de vente de 1 hl. de blé quand 50 hl. ont été achetés 725 fr. et revendus avec un bénéfice de 75 fr.

230. Le prix d'achat de 1 m. de drap quand 25 m. ont été revendus 380 fr. en réalisant un bénéfice de 30 fr.

231. Le bénéfice réalisé sur la vente d'un veau quand 5 veaux ont été achetés 350 fr. et revendus 440 fr.

26ᵉ LEÇON

Calcul mental. — Division par 0,5 0,25; 0,75; 0,125

Pour diviser un nombre par 0,5, on le multiplie par 2. Ex. : $32 : 0,5 = 32 \times 2 = 64$.

Pour diviser un nombre par 0,25, on le multiplie par 4. Ex. : $28 : 0,25 = 28 \times 4 = 112$.

Pour diviser un nombre par 0,75, on prend le tiers du nombre et l'on multiplie le résultat par 4.

Ex. : $33 : 0,75 = 11 \times 4 = 44$.

Pour diviser un nombre par 0,125, on le multiplie par 8. Ex. : 28 : 0,125 = 28 × 8 = 224.

Exercices oraux

232. 14 : 0,5   34 : 0,5   43 : 0,5   62 : 0,5   79 : 0,5
233. 15 : 0,25   19 : 0,25   29 : 0,25   61 : 0,25   81 : 0,25
234. 18 : 0,75   27 : 0,75   48 : 0,75   63 : 0,75   90 : 0,75
235. 12 : 0,125 21 : 0,125 32 : 0,125 48 : 0,125 51 : 0,125

PROBLÈMES. — **236.** Avec une balle de café de 45 kg., combien peut-on faire de paquets : 1° de 0 kg. 500? 2° de 0 kg. 250? 3° de 0 kg. 750? 4° de 0 kg. 125?

237. Quel est le prix d'un litre de liqueur :
Quand le flacon de 0¹,5 coûte 3 fr.?
Quand celui de 0¹,25 coûte 1 fr. 80?
Quand celui de 0¹,75 coûte 2 fr. 40?
Et quand celui de 0¹,125 coûte 0 fr. 75?

27ᵉ LEÇON

PROBLÈMES SUR LA DIVISION

238. Un sac de farine coûte 34 fr. 20. Quel est son poids sachant que le kilogramme coûte 0 fr. 36?

239. On vend 256 sacs de farine pour 7.884 fr. 50. Sachant qu'un kilogramme de farine vaut 0 fr. 35, dites quel est le poids d'un sac. (Nord.)

240. Un vitrier a demandé 5 fr. 10 pour mettre les carreaux d'une fenêtre. Combien cette fenêtre renferme-t-elle de carreaux, si chaque carreau coûte 0 fr. 85?

241. Le propriétaire d'une maison a 18 fenêtres à faire vitrer. Lorsque le travail est terminé, il paie 108 fr. Combien chaque fenêtre renferme-t-elle de carreaux, si chaque carreau coûte 0 fr. 75? (Paris.)

242. Un libraire achète 75 rames de papier pour 480 fr. A combien lui revient la rame et à combien la main, sachant qu'une rame vaut 20 mains? (Aisne.)

243. Dans une famille, on a dépensé 1.168 fr. dans

une année. Combien a-t-on dépensé : 1° par mois? 2° par jour?

244. 25 kg. de café ont coûté 97 fr. 50, et 45 kg. de chocolat ont coûté 130 fr. 50. On demande le prix de 1 kg. de café et celui de 1 kg. de chocolat.

245. On a acheté, à raison de 12 fr. le mètre, 2 pièces de drap. La première a coûté 696 fr., et la seconde, 780 fr. Quelle est la longueur de chaque pièce?

28ᵉ LEÇON

PROBLÈMES SUR L'ADDITION ET LA DIVISION COMBINÉES

Problèmes écrits

I

246. On achète, à raison de 2 fr. le litre, 2 fûts de genièvre valant l'un 30 fr. et l'autre 20 fr. Quelle est la contenance totale des 2 fûts?

247. On achète, à raison de 3 fr. 50 le litre, 2 fûts de cognac valant l'un 157 fr. 50 et l'autre 112 fr. Quelle est la contenance totale des 2 fûts?

248. On a acheté 4 pièces de vin : la 1ʳᵉ de 95 fr., la 2ᵉ de 115 fr., la 3ᵉ de 98 fr., la 4ᵉ de 120 fr. L'hectolitre valant 45 fr., combien a-t-on acheté de litres de vin? (Gard.)

II

249. On dépense 40 fr. pour acheter une égale quantité de satin à 4 fr. le mètre et de toile à 1 fr. Combien a-t-on de mètres de chaque étoffe?

250. Lorsque le mètre de drap vaut 11 fr. et le mètre de velours 4 fr., combien aura-t-on de mètres de chaque espèce d'étoffe pour 1.170 fr., en achetant autant de l'une que de l'autre?

251. On a dépensé 6.776 fr. pour acheter une égale quantité de satin et de velours. Le prix du mètre de satin étant de 7 fr. 85 et le prix du mètre de velours de 9 fr. 75, dites combien on a acheté de mètres de chaque étoffe. (Haute-Marne.)

III

252. On a partagé 638 pommes entre un certain nombre d'enfants; il manque 6 pommes pour pouvoir en donner 46 à chacun. Combien y a-t-il d'enfants? (Nord.)

253. On a payé 88 fr. 40 pour 3 coupons d'étoffe d'égale longueur. Le 1er coupon vaut 1 fr. 40 le mètre; le 2e, 0 fr. 90, et le 3e, 1 fr. 10. Calculer la longueur de chaque coupon.

254. Eugène achète une grammaire et une géographie. Combien doit-il payer, si les grammaires valent 7 fr. 20 la douzaine et les géographies 13 fr. 20 la douzaine? (Morbihan.)

29e LEÇON

PROBLÈMES SUR LA SOUSTRACTION ET LA DIVISION COMBINÉES

Problèmes

I

255. En achetant du drap à 12 fr. le mètre et en le vendant à 14 fr., on a gagné 50 fr. Combien a-t-on vendu de mètres?

256. Une mercière a vendu, à raison de 3 fr. 75 le mètre, du ruban qui lui coûte 2 fr. 90 le mètre. Elle gagne ainsi 15 fr. 70. On demande combien elle avait acheté de mètres.

257. 5 pièces de toile de même longueur, vendues à raison de 2 fr. 05 le mètre, ont produit un bénéfice de 45 fr. Quelle est la longueur de chaque pièce le mètre ayant coûté 1 fr. 90? (Charente-Inférieure.)

II

258. Deux bouchers ont acheté 10 moutons pour 200 fr. Le 1er a payé 120 fr., et le 2e, 80 fr. Combien chaque boucher avait-il de moutons dans son lot?

259. Deux marchands ont acheté un troupeau de 64 brebis pour la somme de 1.792 fr. Le 1er a payé 1.064 fr., et le 2e, 728 fr. Combien chaque marchand avait-il de brebis dans son lot? (Seine.)

260. Deux marchands ont acheté un troupeau de 42 brebis pour la somme de 903 fr. Le 1ᵉʳ a payé 322 fr. 50, et le 2°, le reste. Combien chaque marchand avait-il de brebis dans son lot? (Algérie.)

III

261. Une pièce de vin coûte 105 fr.; on demande quelle est la contenance de cette pièce, sachant qu'on l'a revendue 150 fr. 60 et que le bénéfice est ainsi de 0 fr. 20 par litre.

262. On achète du vin en bouteilles à raison de 1 fr. 50 la bouteille. Le marchand reprend les bouteilles à raison de 0 fr. 20 pièce; déduction faite du prix des bouteilles vides, la dépense ne s'élève qu'à 91 fr. Combien a-t-on acheté de bouteilles de vin ? (Paris.)

263. On achète une première fois pour 9 fr. 35 de marchandise et une deuxième fois pour 13 fr. 97 de la même marchandise. Combien coûte le kg., sachant qu'on a eu 1^{kg},68 de plus la deuxième fois que la première? (Nord.)

264. Deux ouvriers travaillent ensemble : le 1ᵉʳ gagne 1 fr. 25 par jour de plus que le 2°. Après avoir travaillé ensemble le même nombre de jours, le premier reçoit 102 fr. et le 2° 72 fr. On demande ce que chaque ouvrier gagnait par jour.

265. On a deux pièces de drap de même qualité. La 1ʳᵉ a coûté 294 fr. 50 ; la 2°, qui contient 4 m. de plus, a coûté 341 fr. Combien chaque pièce contient-elle de mètres ? (Seine-Inférieure.)

30ᵉ LEÇON

PROBLÈMES SUR LA MULTIPLICATION ET LA DIVISION COMBINÉES

Problèmes

I

266. On échange 4 hl. de blé à 15 fr. contre du seigle à 10 fr. Combien aura-t-on d'hectolitres de seigle?

267. Un marchand voudrait troquer du drap à 12 fr. 50 le mètre contre du cachemire à 4 fr. 50 le mètre. Combien devra-t-il recevoir de mètres de cachemire en échange de 350 m. de drap ? (Seine.)

268. Un propriétaire veut échanger 6 pièces de vin contenant chacune 212 l. à 0 fr. 50 le litre contre du cidre valant 0 fr. 15 le litre. Combien de litres de cidre devra-t-il recevoir ? (Nord.)

II

269. 25 kg. d'une marchandise ont coûté 650 fr. 75. 1° A combien revient le kilogramme ? 2° Combien coûteraient 384 kg. de la même marchandise ? (Morbihan.)

270. 480 m. de fil de fer pèsent 12 kg. ; le fil valant 0 fr. 52 le kilogramme, quel est le poids et le prix du mètre ? (Nord.)

271. Le puits de Grenelle à Paris donne 2.300 l. d'eau par minute. En supposant qu'une personne ait besoin de 18 l. d'eau par jour, on demande le nombre de personnes que fournira le puits artésien. (Vienne.)

31ᵉ LEÇON

PROBLÈMES SUR LES QUATRE OPÉRATIONS COMBINÉES

I

272. Un ouvrier a travaillé 19 journées à 4 fr. On lui donne 70 fr. Combien lui est-il redû ?

273. Un moissonneur a travaillé 30 jours dans une exploitation à 3 fr. par jour. On lui donne 75 fr. et du cidre à 0 fr. 15 le litre. Combien aura-t-il de litres de cidre ?

274. Un journalier a fait dans une ferme 42 journées à 2 fr. 75 l'une. On lui donne 60 fr. en argent et, pour le surplus, du beurre à 1 fr. 50 le demi-kilogramme. Combien de kilogrammes de beurre aura-t-il ? (Deux-Sèvres.)

II

275. Une personne achète, à raison de 2 fr. le mètre, deux coupons d'étoffe pour 30 fr. Si le 1ᵉʳ coupon a 10 m., quelle est la longueur du 2ᵉ ?

276. Un tailleur a acheté, au prix de 18 fr. le mètre, 3 pièces de drap pour 1.908 fr. La 1re pièce a 26 m.; la 2e, 32 m. Quelle est la longueur de la 3e ? (Charente-Inférieure.)

277. Un marchand a acheté 4 pièces de drap, à raison de 12 fr. le mètre, pour 1.675 fr. La 1re contient 25 m.; la 2e, 32 m.; la 3e, 36 m. Combien en contient la 4e ?

III

278. Pour payer son propriétaire auquel il doit 1.962 fr., un fermier vend 18 moutons à 34 fr. l'un, et un certain nombre d'hectolitres de blé à 18 fr. Combien a-t-il vendu d'hectolitres de blé ? (Haute-Marne.)

279. Une facture porte 128 kg. de sucre à 0 fr. 65 le kg., 62 kg. de café à 3 fr. 90 le kg. et du chocolat à 3 fr. le kg. Le montant total de la facture est de 370 fr. Combien y a-t-il de kg. de chocolat? (Seine.)

280. Une fermière porte au marché 27 kg. de beurre et 14 douzaines d'œufs. Elle vend le beurre 2 fr. 30 le kg. et les œufs 0 fr. 80 la douzaine. Elle emploie l'argent de cette vente à acheter 3m,75 de drap à 14 fr. le mètre, et le reste à l'acquisition de toile valant 1 fr. 90 le mètre. Dire combien elle peut acheter de mètres de toile. (Côte-d'Or.)

281. Un marchand a gagné 9 fr. 50 sur une pièce de vin vendue à raison de 0 fr. 75 le litre. Sachant qu'il aurait perdu 1 fr. 80 s'il avait vendu ce vin 0 fr. 70, calculer combien la pièce contenait de litres. (Loiret.)

282. 8 personnes devaient payer en commun 1.250 fr. Plusieurs étant insolvables, les autres ont payé chacune 93 fr. 75 de plus que leur part; combien de personnes étaient insolvables? (Doubs.)

32e LEÇON

CALCUL DU GAIN ANNUEL DES OUVRIERS

283. Un père de famille gagne 3 fr. 50 par jour et son fils 1 fr. 75. Combien auront-ils gagné dans l'année, s'ils ont travaillé 302 jours ?

284. Dans une famille, le père gagne 4 fr. 50 par jour, la mère 1 fr. 75 et sa fille aînée 1 fr. 25. Combien gagnent-ils ensemble par an, s'il se trouve 67 jours de chômage ? (Nord.)

285. Dans une famille, le père gagne 3 fr. 75 par jour, le fils 1 fr. 50 et la fille 1 fr. 25. Combien gagnent-ils ensemble par an, s'ils chôment 52 dimanches et 12 jours de fête ?

286. Un ouvrier dépense en moyenne 2 fr. 25 par jour pour sa nourriture et son entretien et il économise 278 fr. 75 par an. Quel est son gain annuel ? (Nord.)

287. Un père de famille dépense 2 fr. 80 par jour pour la nourriture de sa famille, 48 fr. par mois pour son logement et son entretien, et il parvient à économiser 302 fr. dans l'année. Quel est son traitement annuel ? (Aisne.)

288. Si je gagnais 281 fr. 25 de plus par an, je pourrais dépenser 6 fr. 25 par jour. Quel est mon traitement annuel ?

289. Si je gagnais 37 fr. de plus par an, je pourrais dépenser 3 fr. 20 par jour. Dites combien je gagne par mois.

33ᵉ LEÇON

CALCUL DE L'ÉCONOMIE ANNUELLE DES OUVRIERS

290. Un ouvrier gagne 5 fr. 70 par jour de travail. Combien économisera-t-il dans un an, sachant qu'il dépense 3 fr. 60 par jour et qu'il ne travaille que 302 jours par an ?

291. Un père de famille gagne 5 fr. 60 par jour; son fils, 1 fr. 80. Ils dépensent en moyenne 4 fr. 80 pour leur nourriture et leur entretien. Quelle sera leur économie annuelle, s'ils s'abstiennent de travailler 52 dimanches et 12 jours de fête ? (Marne.)

292. Une personne gagne 235 fr. par mois et dépense en moyenne 6 fr. 15 par jour. Combien a-t-elle économisé pendant l'année? (Finistère.)

293. Un ouvrier gagne 4 fr. 25 par jour et travaille en moyenne 23 jours par mois. Il dépense 2 fr. 75 par jour. Quelle est son économie annuelle ?

294. Un ouvrier qui ne travaille en moyenne que 25 jours par mois gagne 4 fr. 50 par jour. Il dépense 1 fr. 75 par jour pour sa nourriture, 12 fr. par mois pour sa chambre, 0 fr. 60 par jour en faux frais et 90 fr. par an pour son habillement. Quelles sont ses économies à la fin de l'année ?

34ᵉ LEÇON

CALCUL DE LA DÉPENSE PAR JOUR

295. Une personne gagne 2.500 fr. par an. Elle veut économiser 600 fr. dans son année. Combien peut-elle dépenser par jour ? (Finistère.)

296. Un ouvrier gagne 4 fr. 75 par jour. Dans une année, il a travaillé 300 jours et il a économisé 291 francs. Combien a-t-il dépensé par jour ? (Jura.)

297. Un ouvrier gagne 4 fr. 60 par jour, et travaille 302 jours par an. Il paie 15 fr. par mois de loyer et dépense 180 fr. par an pour son entretien. Il veut économiser 120 fr. par an. Combien peut-il dépenser journellement pour sa nourriture ? (Loire.)

298. Une famille composée de 4 personnes gagne en moyenne 12 fr. par jour et travaille 304 jours dans l'année. A la fin de l'année, on met 80 fr. à la Caisse d'épargne sur la tête de chacun des membres de la famille. A combien s'est élevée la dépense journalière ? (Seine.)

299. Une ouvrière gagne 2 fr. 75 par jour. Elle travaille 24 jours par mois. On demande combien elle a dépensé par jour en moyenne, si elle a pu mettre 190 fr. à la Caisse d'épargne au bout de l'année. (Nord.)

35ᵉ LEÇON

CALCUL DU GAIN PAR JOUR

I

300. Dans une année, un ouvrier a dépensé 1.050 fr. 60, et économisé 375 fr. Sachant qu'il a travaillé 297 jours, combien a-t-il gagné par jour en moyenne ?

ARITHMÉTIQUE PRATIQUE 45

301. Un ouvrier dépense 2 fr. 60 par jour en moyenne. Au bout de l'année 1900, il avait économisé 363 fr. Combien gagnait-il par jour ? Il a eu dans l'année 284 jours de travail. (Nord.)

302. Un ouvrier qui travaille 298 jours par an dépense 1 fr. 85 par jour pour sa nourriture, 45 fr. par mois pour son logement et son entretien. A la fin de l'année, il a économisé 275 fr. Combien a-t-il gagné par jour de travail ?

II

303. Un ouvrier, en travaillant 25 jours par mois, gagne 1.170 fr. par an. Combien gagne-t-il par jour de travail ?

304. Un ouvrier, en travaillant 26 jours par mois, dépense 1.388 fr. 40 dans un an, et économise 410 fr. pendant le même temps. Combien gagne-t-il par jour ?

305. Un ouvrier dépense 3 fr. 40 par jour pour l'entretien de son ménage ; il travaille 25 jours par mois, et, au bout de l'année, il a économisé 165 fr. Combien a-t-il gagné par jour de travail ? (Charente.)

36ᵉ LEÇON

CALCUL DU NOMBRE DE JOURS DE TRAVAIL

306. Un ouvrier dont la journée est payée 3 fr. 85 a gagné 1.108 fr. 80 dans un an. Combien a-t-il travaillé de jours par mois ?

307. Un ouvrier dont la journée est payée 5 fr. 20 dépense par an 997 fr. 40, et économise 645 fr. pendant le même temps. Combien travaille-t-il de jours par mois ?

308. Un ouvrier gagne 4 fr. 25 par jour de travail et sa dépense journalière est de 2 fr. 50. Combien doit-il travailler de jours par mois pour économiser 270 fr. par an ? (Seine-et-Oise.)

309. Dans une année, un ouvrier a dépensé 867 fr. 75, et économisé 420 fr. Sachant qu'il gagnait 4 fr. 25 par jour, combien a-t-il travaillé de jours dans l'année ?

310. Un ouvrier reçoit 4 fr. 80 par chaque jour de travail, et il dépense 2 fr. 75 tous les jours. Au bout de l'année, il a économisé 388 fr. 25. Combien a-t-il travaillé de journées ? (Meurthe-et-Moselle.)

311. Un ouvrier dépense 2 fr. 25 par jour pour sa nourriture, et 42 fr. par mois pour son entretien et son logement. Il économise 118 fr. 75 par an. Sachant qu'il gagne 4 fr. 75 par jour de travail, combien a-t-il travaillé de jours dans l'année ?

37ᵉ LEÇON

CALCUL DU PRIX DE VENTE TOTAL

Le prix de vente d'une marchandise est égal au prix d'achat augmenté du bénéfice ou diminué de la perte.

$$V = A + B;$$
$$V = A - P.$$

PROBLÈMES ORAUX. — **312.** Une pièce d'étoffe a été achetée 75 fr. Combien doit-on la revendre pour gagner 25 fr. ?

313. On achète 4 m. de drap à 10 fr. Combien doit-on les revendre pour gagner 12 fr. sur le marché ?

314. On achète 5 m. d'étoffe pour 30 fr. Combien doit-on les revendre pour gagner 2 fr. par mètre ?

315. On achète un coupon de drap de 12 m. à 8 fr. 50 le mètre. Combien doit-on le revendre pour gagner 1 fr. 50 par mètre ?

316. On achète 25 m. d'étoffe à 2 fr. 25 le mètre. Combien les revendra-t-on si l'on perd 0 fr. 25 par mètre ?

PROBLÈMES ÉCRITS. — **317.** Un marchand achète 372 m. de drap à 8 fr. le mètre. A quel prix doit-il vendre le tout pour faire un bénéfice de 455 fr. sur son achat ? (Seine.)

318. On achète une pièce d'étoffe de 74 m. pour 107 fr. 30. Combien doit-on la revendre pour gagner 0 fr. 35 par mètre ?

319. Un marchand achète 450 m. de soie à raison de 4 fr. 75 le mètre. Combien revendra-t-il le tout, s'il veut gagner 4 fr. 50 par mètre ? (Eure.)

320. On achète une pièce de drap de 64 m. à raison

de 9 fr. 50 le mètre. Combien la revendra-t-on, si l'on perd 0 fr. 75 par mètre ?

321. Un négociant achète 14 pièces d'étoffe de chacune 85 m., à raison de 221 fr. la pièce. Combien devra-t-il revendre le tout pour gagner 0 fr. 40 par mètre ? (Calvados.)

322. Une pièce d'étoffe de 11^m,25 a coûté 170 fr. au marchand. Combien doit-il vendre 6^m,30 de cette même étoffe, sachant qu'il veut gagner 2 fr. 20 par mètre ?

323. Un négociant achète une pièce d'étoffe de 68 m. à 2 fr. 75 le mètre. Il estime que les frais de magasinage et autres sont de 15 0/0 de la valeur de l'étoffe. Il gagne, en revendant cette étoffe, 0 fr. 75 par mètre. Que paiera un client pour un coupon de 32 m. ?

38° LEÇON

CALCUL DU PRIX DE VENTE DE L'UNITÉ

PROBLÈMES ORAUX. — **324.** On achète un chapeau pour 11 fr. Combien doit-on le vendre pour gagner 2 fr. 50 ?

325. On achète 6 chapeaux pour 30 fr. Combien faut-il vendre chaque chapeau pour gagner 12 fr. sur le tout ?

326. On achète 8 chapeaux pour 72 fr. Combien faut-il vendre chaque chapeau pour gagner 3 fr. par chapeau ?

327. On achète 10 chapeaux à 11 fr. l'un. Combien faut-il vendre chaque chapeau pour gagner 15 fr. sur le tout ?

PROBLÈMES ÉCRITS. — **328.** On achète 72 chapeaux pour 612 fr. Combien faut-il vendre chaque chapeau pour gagner 180 fr. sur le tout ?

329. Un chapelier achète 48 chapeaux pour 576 fr. Si sur un chapeau il veut gagner 2 fr. 50, combien doit-il revendre chaque chapeau ? (Pas-de-Calais.)

330. Un chapelier achète 54 chapeaux à 8 fr. 50 l'un. Il veut, en les revendant, faire un bénéfice total de 78 fr. 30. Quel doit être le prix de vente d'un chapeau ?

331. Des chapeaux, achetés à raison de 9 fr. l'un, ont coûté 972 fr. Si l'on veut gagner 156 fr. 60 sur le tout, combien devra-t-on revendre chaque chapeau ?

332. Un chapelier achète 96 chapeaux pour 600 fr. Il en revend d'abord 52 à 7 fr. l'un. Combien a-t-il vendu chacun de ceux qui lui restent, sachant qu'il a gagné 84 fr. sur le tout ?

333. Un chapelier reçoit 150 casquettes qu'il paie 1 fr. 60 l'une avec un escompte 3 0/0. Il fait 3 lots de ses casquettes : les 38 du 1er lot sont vendues 2 fr. 25 l'une ; les 56 du 2e sont vendues 1 fr. 95. Il veut gagner 50 fr. sur son marché. Combien doit-il vendre chaque casquette du 3e lot ?

39e LEÇON

CALCUL DU BÉNÉFICE TOTAL

Le bénéfice est égal au prix de vente diminué du prix d'achat.

$$B = V - A.$$

Problèmes oraux. — **334.** On achète une marchandise pour 850 fr. On la revend pour 900 fr. Quel bénéfice réalise-t-on ?

335. 4 bœufs ont été achetés pour 1.500 fr. Combien a-t-on gagné en tout en les revendant 400 fr. l'un ?

336. On achète 9 moutons à 20 fr. l'un. On les revend tous pour 200 fr. Quel bénéfice réalise-t-on ?

337. On achète 6 porcs à 25 fr. l'un. On les revend 30 fr. l'un. Combien gagne-t-on ?

Problèmes écrits. — **338.** On achète 36 poules pour 81 fr. On les revend 2 fr. 75 l'une. Quel bénéfice réalise-t-on ?

339. Un marchand a acheté 85 moutons à 26 fr. 50 l'un. Il les a tous revendus pour 2.380 fr. Quel bénéfice a-t-il réalisé ?

340. Un marchand a acheté 65 lapins à 1 fr. 85 l'un. Il les a revendus 2 fr. 50 l'un. Quel a été son bénéfice total, si les frais de transport et autres se sont élevés à 13 fr. ?

341. Un marchand a acheté 36 couples de pigeons à 0 fr. 95 le couple. Il revend 28 pigeons à 0 fr. 65 l'un, et les autres à 0 fr. 75 l'un. Quel a été son bénéfice ?

342. Dans une bergerie, on compte 950 moutons achetés 35 fr. l'un. Au bout de trois mois, on en revend 460 pour 18.600 fr. et les autres à 45 fr. chacun. Quel est le bénéfice, si les frais se sont élevés à 430 francs ? (Nord.)

343. Un marchand achète un lot de 125 moutons à 26 fr. l'un. Il en revend 18 à 29 fr. 50, puis 45 à 31 fr.; il en perd 5 de maladie et revend ceux qui lui restent à 33 fr. l'un. Quel a été son bénéfice total, si les frais divers se sont élevés à 375 fr. ?

40° LEÇON

CALCUL DU BÉNÉFICE PAR UNITÉ

PROBLÈMES ORAUX. — **344.** Un coupon de drap de 3 m. a été acheté 30 fr. et vendu 36 fr. Quel a été le bénéfice par mètre ?

345. 8 m. d'étoffe, achetés à raison de 2 fr. le mètre, ont été revendus pour 20 fr. Quel a été le bénéfice par mètre ?

346. 5 m. d'étoffe, achetés pour 40 fr., ont été revendus à 9 fr. le mètre. Quel a été le bénéfice par mètre ?

PROBLÈMES ÉCRITS. — **347.** Une pièce de drap de 32 m. a été achetée 416 fr. et revendue pour 512 fr. Quel a été le bénéfice par mètre ? (Finistère.)

348. Une pièce de drap de 25 m. a coûté 12 fr. 50 le mètre. Le tout est revendu 390 fr. Quel est le bénéfice par mètre ? (Seine.)

349. Une pièce de toile de 118 m. a été payée 147 fr. 50. Sachant que le mètre a été revendu 1 fr. 60, quel a été le bénéfice par mètre ? (Oise.)

350. Un tailleur achète 5^m,80 de drap à 12 fr. le mètre et pour 43 fr. 25 de fournitures pour faire 7 gilets qu'il revend 15 fr. l'un. Quel est son bénéfice par gilet ? (Meuse.)

351. Un marchand achète 6 pièces d'étoffe de chacune 48 m. pour 820 fr. 80. Il revend cette étoffe à raison de 2 fr. 50 le mètre. Quelle a été la perte par mètre ?

352. Un marchand achète une pièce de drap de 72 m. à 9 fr. 50 le mètre. Il en revend 35 m. à 12 fr. le mètre ; puis 6 m. à un client qui ne le paie pas, et enfin le reste à

11 fr. 75 le mètre. Calculer quel a été, en moyenne, le bénéfice par mètre de drap acheté.

41ᵉ LEÇON

CALCUL DU PRIX D'ACHAT TOTAL

Pour trouver le prix d'achat :
1° On retranche le bénéfice du prix de vente quand le vendeur a réalisé un bénéfice :

$$A = V - B.$$

2° On ajoute la perte au prix de vente quand le vendeur a éprouvé une perte :

$$A = V + P.$$

Problèmes oraux. — 353. Un négociant vend un coupon d'étoffe pour 48 fr. et fait un bénéfice de 18 fr. Combien l'avait-il payé ?

354. Un marchand vend un coupon d'étoffe de 4 m. pour 24 fr. et fait ainsi un bénéfice de 2 fr. par mètre. Combien l'avait-il payé ?

355. Un marchand vend un coupon d'étoffe de 12 m. à 5 fr. le mètre et réalise ainsi un bénéfice de 12 fr. Combien avait-il payé le coupon ?

356. Un négociant vend un coupon d'étoffe de 5 m. pour 55 fr. Combien l'avait-il payé, sachant qu'il fait ainsi une perte de 2 fr. par mètre ?

Problèmes écrits. — 357. Un marchand a vendu 87 m. de drap pour 1.218 fr. Dites quel était le prix d'achat total, s'il a fait un bénéfice de 2 fr. 50 par mètre. (Tarn.)

358. Un négociant a vendu 875 m. de toile à raison de 1 fr. 65 le mètre. Cherchez le prix d'achat total, sachant que le négociant a réalisé un bénéfice de 131 fr. 15.

359. Un négociant vend 275 m. de drap pour 3.272 fr. 50 et fait ainsi une perte de 0 fr. 60 par mètre. Combien avait-il payé tout le drap ?

360. Un négociant achète 12 pièces de mérinos ayant chacune 104 m. Il revend ce mérinos à raison de 4 fr. 25 le

mètre et fait ainsi un bénéfice de 78 fr. par pièce. Quel était le prix d'achat total?

361. Un marchand a acheté une pièce de drap de 60 m. Combien a-t-il payé cette pièce, sachant qu'en revendant 15 m. de ce drap pour 187 fr. 50, il gagne 1 fr. 50 par mètre? (Tarn.)

362. Un négociant a acheté 208 m. de drap. Il en a vendu 45 m. à 14 fr. le mètre, 85 m. à 14 fr. 50 et le reste à 13 fr. 75. Il a ainsi réalisé un bénéfice de 231 fr. Combien avait-il payé les 208 m. de drap?

42ᵉ LEÇON

CALCUL DU PRIX D'ACHAT DE L'UNITÉ

PROBLÈMES ORAUX. — **363.** En revendant 5 chapeaux pour 50 fr., un chapelier fait un bénéfice de 10 fr. Combien avait-il payé chaque chapeau?

364. Une modiste revend 8 chapeaux pour 64 fr., et elle gagne ainsi 2 fr. par chapeau. Combien avait-elle payé pour un chapeau?

365. Un chapelier vend 8 chapeaux pour 88 fr., et fait ainsi une perte de 1 fr. par chapeau. Combien avait-il payé pour un chapeau?

366. Une modiste achète 6 chapeaux qu'elle revend 12 fr l'un, et elle fait ainsi un bénéfice de 18 fr. Combien avait-elle payé pour un chapeau?

PROBLÈMES ÉCRITS. — **367.** En revendant 85 chapeaux pour 807 fr. 50, un chapelier fait un bénéfice de 102 fr. Combien avait-il payé pour un chapeau? (Marne.)

368. Une modiste achète 36 chapeaux qu'elle revend 9 fr. l'un. Elle fait ainsi un bénéfice total de 90 fr. Combien avait-elle payé chaque chapeau? (Meuse.)

369. Une modiste achète en fabrique 65 chapeaux qu'elle revend 552 fr. 50 en faisant un bénéfice de 1 fr. 75 par chapeau. Combien lui coûtait chaque chapeau? (Nièvre.)

370. Un chapelier a acheté en fabrique 4 douzaines de chapeaux de paille qu'il a revendues 309 fr. 60. Combien avait-il payé le chapeau, sachant qu'il a fait sur chacun un bénéfice de 1 fr. 75? (Aisne).

371. Un chapelier achète en fabrique 3 douzaines de chapeaux qu'il revend 432 fr. en faisant une perte de 1 fr. 25 par chapeau. Combien avait-il payé la pièce?

372. Un chapelier a vendu 432 chapeaux pendant une saison. La vente des 324 premiers chapeaux lui avait rapporté la somme totale de 3.807 fr. A partir de ce moment, il a cédé chaque chapeau au prix de 10 fr. 75. Son bénéfice moyen ayant été de 1 fr. 50 par chapeau, déterminer le prix d'achat d'un chapeau. (Nièvre.)

43° LEÇON

ACHAT ET VENTE A LA DOUZAINE

Exercices oraux. — **373.** Faire les produits de 12 par les 12 premiers nombres et apprendre ces produits par cœur.

374. Combien de crayons dans : 1 douzaine? 2 douzaines? 3? 4? 5? 10? 15?

375. Combien de douzaines dans : 48? 144? 60? 300? 480?

Problèmes écrits. — **376.** A raison de 0 fr. 05 la douzaine, quelle est la valeur de 1536 noix?

377. Un libraire vend au détail, à raison de 5 centimes pièce, une grosse de crayons (12 douzaines) qui lui coûte 3 francs. Quel est son bénéfice?

378. Un libraire donne 4 plumes pour 5 centimes. Dans une année, il en a vendu 65 boîtes contenant chacune 12 douzaines de plumes et lui coûtant 0 fr. 85 chacune. Quel est son bénéfice?

379. Un libraire achète 25 boîtes de plumes pour 18 fr. 75. Chaque boîte contient 12 douzaines de plumes. Si ce libraire veut gagner 17 fr. 25 sur son marché, combien pourra-t-il donner de plumes pour 5 centimes?

44ᵉ LEÇON

ACHAT ET VENTE A LA DOUZAINE
(13ᵉ EN SUS)

I

380. Un libraire achète 15 douzaines de livres. Combien en reçoit-il, sachant qu'on lui en donne 13 pour 12?

381. Un libraire a reçu 234 volumes achetés à raison de 13 pour 12. Combien a-t-il acheté de douzaines de livres?

382. Un libraire a reçu 78 volumes achetés à raison de 13 pour 12. Combien doit-il payer si la douzaine lui coûte 13 fr. 20?

383. Un coutelier achète 533 couteaux qu'il paie 11 fr. 20 la douzaine avec le treizième gratis. Combien gagne-t-il sur le tout en revendant ses couteaux 1 fr. 05 pièce? (Yonne.)

384. Un libraire achète 84 livres qu'on lui vend 3 fr. 25 l'un. Il les vend 3 fr. 75. Combien a-t-il gagné, sachant que, sur chaque douzaine de livres, on lui en donne un en plus qu'il n'a pas payé? (Meurthe-et-Moselle.)

385. Un marchand coutelier achète 50 douzaines de couteaux qu'il a payés 50 fr. la grosse (144), et on lui en donne 13 pour 12. S'il les revend 0 fr. 50 pièce, combien gagnera-t-il par couteau et combien en tout? (Manche.)

II

386. Un libraire achète une douzaine de livres pour 10 fr. 20. On lui a donné 13 volumes pour 12. Sachant qu'il revend chaque volume 1 fr. 25, quel est son bénéfice?

387. Une mercière achète une douzaine de paires de gants à 2 fr. 15 la paire. On lui a donné la treizième paire en sus. Si elle revend chaque paire de gants 2 fr. 50, quel est son bénéfice?

388. Une mercière achète 6 douzaines de paires de gants à 24 fr. 50 la douzaine. On lui donne la treizième en sus. Elle vend ces gants 2 fr. 80 la paire au détail. Combien gagne-t-elle en tout? (Nord.)

389. Un libraire achète 8 douzaines de livres à raison de 2 fr. 50 le volume; on lui en donne 13 pour 12. Il les revend 3 fr. 25. Quel est son gain? (Seine-Inférieure.)

390. Une marchande achète 27 douzaines de pêches à 1 fr. 50 la douzaine. On lui en donne 13 pour 12 ; elle en offre gratuitement 15 à des enfants. Quel est son bénéfice, si elle vend le reste 0 fr. 175 pièce ? (Seine-et-Oise.)

45ᵉ LEÇON

ACHAT ET VENTE A LA DOUZAINE ET A LA CENTAINE

391. Un marchand achète 900 assiettes à 1 fr. 50 la douzaine. Quelle est sa dépense ?

392. Un marchand achète 18 douzaines d'assiettes à 14 fr. le 100. Quelle est sa dépense ?

393. Avec le prix de 15 douzaines d'œufs à 7 fr. 50 le 100, une ménagère a acheté de l'étoffe valant 1 fr. 75 le mètre. Combien en a-t-elle eu de mètres ? (Creuse.)

394. Un faïencier a acheté des assiettes à raison de 13 fr. 50 le 100, et il les a revendues à raison de 2 fr. 25 la douzaine. Combien a-t-il gagné sur 200 assiettes ? (Loiret.)

395. Un marchand achète 180 couteaux à 7 fr. 20 la douzaine et 150 autres à 65 fr. le 100. Il revend le tout 0 fr. 80 la pièce. Combien gagne-t-il ? (Nord.)

396. J'ai acheté des pommes à 4 fr. le 100. Je les revends 1 fr. la douzaine et je réalise un bénéfice de 10 fr. 40. Combien ai-je vendu de douzaines ? (Côte-d'Or.)

397. Une marchande a acheté des œufs pour 142 fr. 50 à 9 fr. 50 le 100. Combien en a-t-elle eu de douzaines et combien doit-elle vendre la douzaine pour gagner 13 fr. 75 sur son marché ? (Aube).

46ᵉ LEÇON

PROBLÈMES SUR LES AVARIES

1° Calcul du bénéfice

398. Un faïencier achète 60 vases à fleurs pour 24 fr. Il en trouve 7 cassés et il revend les autres 0 fr. 60 la pièce. Quel bénéfice réalise-t-il ? (Côtes-du-Nord.)

399. Un faïencier achète 10 douzaines de vases à fleurs pour 50 fr. Il trouve 15 vases cassés et il revend les autres 0 fr. 65 la pièce. Quel bénéfice réalise-t-il?

400. Un faïencier achète 46 douzaines d'assiettes à 3 fr. 10 la douzaine. En route, 27 assiettes se sont cassées. Quel sera son bénéfice, s'il revend les autres 0 fr. 35 l'une? (Nord.)

401. Un marchand avait acheté 120 moutons à 24 fr. l'un; il en a perdu 17 et a revendu les autres 35 fr. 50 l'un. Calculez son bénéfice, sachant que les frais de nourriture et d'entretien des moutons se sont élevés à 215 fr.

402. Un marchand avait acheté 135 moutons à 18 fr. l'un; il en a perdu 22 et a revendu les autres 46 fr. 50 la paire. Calculez le bénéfice, sachant que les frais de nourriture et d'entretien des moutons se sont élevés à 117 fr. (Finistère.)

403. Une fermière a acheté 5 douzaines de jeunes poussins à 0 fr. 30 la pièce. Elle a dépensé 24 fr. pour les élever; 16 ont péri et les poulets ont été vendus 3 fr. la paire. Quel a été son bénéfice? (Nord.)

2° Calcul du prix de vente

404. Un marchand a acheté 130 vases de porcelaine pour 585 fr. 11 de ces vases se sont brisés. Combien doit-il revendre chacun de ceux qui restent pour gagner 25 fr.?

405. Un marchand a acheté 100 vases de porcelaine pour 475 francs. 8 de ces vases se sont brisés. Il veut revendre le tout 525 fr. Combien doit-il vendre chaque vase?

406. Un marchand a acheté 480 vases de porcelaine à 25 fr. 50 la douzaine. Deux douzaines et demie de ces vases se sont brisés. Combien doit-il revendre la paire de vases pour retirer 1.200 fr. de sa vente?

407. Une marchande achète 175 douzaines d'œufs à 1 fr. 25 la douzaine. Combien doit-elle revendre la douzaine pour gagner 12 fr. 50, sachant qu'il s'est cassé 24 œufs? (Oise.)

408. Un négociant achète 12 douzaines de verres qu'il paie 6 fr. la douzaine. Dans le transport, il en casse 28. Combien doit-il vendre chacun de ceux qui lui restent pour gagner 10 fr. sur le tout? (Orne.)

409. Un marchand achète 786 moutons à 45 fr. la paire; il en perd 17 par suite de maladie. Combien devra-t-il revendre chacun des moutons restants pour gagner 2.000 fr. ? (Gard.)

110. Un marchand achète 2.400 assiettes au prix de 19 fr. le cent. Les frais de transport se sont élevés à 12 fr. ; à l'arrivée, 42 assiettes étaient cassées. Combien devra-t-on vendre la douzaine pour faire un bénéfice de 48 fr. ? (Aube.)

47ᵉ LEÇON

PROBLÈMES SUR LES PARTAGES INÉGAUX

I

411. On veut couper un fil de fer de 32 m. en deux parties, de manière que l'une ait 6 m. de plus que l'autre. Quelle sera la longueur de chaque partie ? (Vendée.)

112. Une personne achète pour 18 fr. 70 un parapluie et une canne. Le parapluie a coûté 5 fr. 20 de plus que la canne. Quel est le prix de chacun de ces objets ? (Ardèche.)

113. Deux personnes achètent 450 fagots à 25 fr. le 100 ; l'une prend 70 fagots de plus que l'autre. Combien chacune doit-elle payer ? (Aveyron.)

114. On a payé 887 fr. 25 pour 2 pièces de drap de même qualité à 10 fr. 50 le mètre. Sachant que la 1ʳᵉ pièce a 14ᵐ,50 de plus que la 2ᵉ, trouver la longueur de chacune d'elles. (Seine.)

415. Deux couturières ont acheté en commun 54 m. de soie pour 688 fr. 50. Au partage, l'une paie 6 fr. 50 de plus que l'autre. Dites combien chaque couturière avait acheté de mètres de soie. (Paris.)

416. On a 2 pièces d'étoffe qui contiennent chacune 30 m. ; la 1ʳᵉ coûte 90 fr. de plus que la 2ᵉ et les 2 coûtent 570 fr. Quel est le prix du mètre de chaque pièce ? (Lot.)

417. On a payé 151 fr. 30 pour 34 m. de calicot et 68 m. de toile. Le mètre de toile coûte 1 fr. 40 de plus que le mètre de calicot. Quel est le prix du mètre de chaque tissu ? (Indre.)

II

418. Trois tonneaux contiennent ensemble 242 l. Sachant que l'un contient 17 l. de plus que les autres, dites la contenance de chacun. (Meurthe-et-Moselle.)

419. Partager une somme de 2.600 fr. entre 3 personnes, de façon que la 1re ait 450 fr. de plus que la 2e et celle-ci 400 fr. de plus que la 3e. (Corse.)

420. On veut partager une somme de 6.490 fr. entre 4 personnes de manière que la 1re ait 160 fr. de plus que la 2e, que celle-ci ait 240 fr. de plus que la 3e et que la 3e ait 350 fr. de plus que la 4e. Quelle est la part de chaque personne? (Alpes-Maritimes.)

421. Partager 3.828 fr. 45 entre 2 personnes, de manière que la 2e ait le double de la 1re. (Haute-Marne.)

48e LEÇON

PROBLÈMES SUR LA CONFECTION DES CHEMISES

1° Calcul du prix de revient d'une chemise

422. Pour faire une chemise, on a acheté $3^m,50$ de toile à 1 fr. 45 le mètre. Les fournitures et la façon coûtent 1 fr. 85. Quel est le prix de revient de cette chemise? (Nièvre.)

423. Pour faire 1 douzaine de chemises, il faut 30 m. de calicot à 1 fr. 25 le mètre. Si la façon est de 16 fr. 50 par douzaine, à combien revient la chemise?

424. Pour faire confectionner 1 douzaine de chemises d'homme, une couturière achète 40 m. de toile à 1 fr. 40 le mètre; le fil et les boutons lui coûtent 5 fr. 60 et la couturière chargée du travail lui demande 0 fr. 80 par chemise. A combien revient une chemise? (Ardennes.)

425. Une lingère achète $249^m,75$ de toile qui lui coûtent 2 fr. 75 le mètre; elle fait avec cette toile 88 chemises qu'une ouvrière confectionne en 90 journées payées à 1 fr. 30 la journée. A combien revient la chemise à la lingère?

426. Une ménagère a acheté 144 m. de toile à 2 fr. 45 le mètre. Elle a employé cette toile à faire des chemises et elle a payé 1 fr. 75 pour la façon de chaque chemise. Sachant qu'elle a mis 3 m. de toile par chemise, on demande : 1° combien elle a fait de douzaines de chemises ; 2° à combien revient une chemise. (Ardèche.)

2° Calcul du prix de vente des chemises

427. Pour faire une chemise, il faut $2^m,60$ de toile à 1 fr. 35 le mètre ; la façon et les fournitures coûtent 1 fr. 45. Combien doit-on revendre une chemise pour gagner 1 fr. 45 ?

428. Pour confectionner une chemise, on emploie $2^m,80$ de toile à 1 fr. 25 le mètre et l'on paie 1 fr. 45 de façon. Combien devra-t-on revendre la douzaine de chemises pour gagner 1 fr. 15 sur chaque chemise ? (Seine.)

429. Pour confectionner une chemise, il faut $2^m,45$ de toile à 1 fr. 15 le mètre ; la façon et les fournitures coûtent 1 fr. 95. Combien devra-t-on revendre la douzaine de chemises pour gagner 1/5 du prix de revient ? (Ardèche.)

430. Pour faire une chemise, on emploie $2^m,85$ de cretonne à 0 fr. 85 le mètre. Sachant qu'il faut 0 fr. 15 de fil et 0 fr. 10 de boutons par chemise, on demande ce qu'un chemisier qui paie 1 fr. 75 de façon pour chacune doit revendre la douzaine pour gagner 18 0/0 du prix de revient.

431. Pour confectionner une certaine quantité de chemises, une personne a acheté du calicot à 1 fr. 35 le mètre et des fournitures diverses pour 5 fr. 60. Elle a dépensé en tout 92 fr. 55. Sachant qu'il lui faut $2^m,30$ de calicot par chemise, on demande combien elle doit vendre la chemise pour gagner 2 fr. 40 sur chacune. (Seine-Inférieure.)

3° Calcul du bénéfice

432. Pour faire une chemise, on emploie $3^m,20$ de toile à 1 fr. 50 ; la façon et les fournitures coûtent 1 fr. 85. Combien gagne-t-on en revendant la chemise 7 fr. 50 ?

433. Quelle économie réalisera une mère de famille qui, au lieu d'acheter une douzaine de chemises pour 78 fr., les fera faire par une ouvrière à qui elle fournira $28^m,50$ de toile à 1 fr. 50 le mètre, et qui lui demandera 2 fr. 50 de façon par chemise ? (Pas-de-Calais.)

434. Quelle économie réalise une mère de famille qui, au lieu d'acheter une douzaine de chemises toutes confectionnées à 7 fr. 50 l'une, les fait faire par une couturière à qui elle fournit $25^m,50$ de toile à 1 fr. 70 le mètre, et qui est payée 2 fr. 40 par chemise ? (Morbihan.)

435. Une ménagère a fait confectionner 2 douzaines de chemises avec de la toile à 1 fr. 60 le mètre. Chaque chemise a nécessité 3^m,25 d'étoffe et a coûté 2 fr. 30 de façon. Les chemises, achetées toutes faites, auraient coûté 8 fr. 50 'une. Quel bénéfice a-t-elle réalisé en les faisant confectionner ? (Nord.)

436. Une lingère achète 495 m. de toile à 1 fr. 15 le mètre. Elle confectionne avec cette toile des chemises qu'elle vend 5 fr. 25 chacune. On sait qu'elle a employé 2^m,25 de toile par chemise, et donné 1 fr. 10 de façon à l'ouvrière qui a exécuté le travail. Calculer son bénéfice.

49ᵉ LEÇON

PROBLÈMES RÉCAPITULATIFS SUR LES QUATRE OPÉRATIONS

437. Dans une famille, on mange tous les jours 4 pains de 2 kg. à 0 fr. 32 le kilogramme ; on boit 2 l. de bière à 0 fr. 25 le litre. Combien cette famille dépense-t-elle par semaine en pain et en bière ? (Seine.)

438. Lorsque le kilogramme de sucre vaut 0 fr. 65 et celui de café 3 fr. 95, combien aura-t-on de kilogrammes de chaque espèce pour 368 fr., en achetant autant de l'un que de l'autre ? (Drôme.)

439. On a 2 pièces de drap de même qualité : la 1ʳᵉ coûte 174 fr. et la 2ᵉ, qui contient 2^m,50 de plus, a coûté 217 fr. 50. Combien chaque pièce contient-elle de mètres ?

440. Une personne emploie 232 fr. 06 à acheter 50^m,40 de toile à 1 fr. 65 le mètre et du drap à 14 fr. 50 le mètre. Quelle longueur de drap a-t-elle dû avoir ? (Orne.)

441. En revendant le vin contenu dans un tonneau à 0 fr. 65 le litre, un marchand ferait un bénéfice de 35 fr. 75 ; en revendant le litre 0 fr. 50, il ferait une perte de 5 fr. 50. Quelle est la contenance du tonneau ? (Meuse.)

442. Une ouvrière gagne 20 fr. par semaine ; elle dépense 1 fr. 70 par jour pour sa nourriture, 15 fr. de loyer par mois et 120 fr. par an pour son entretien. Quelles sont ses économies à la fin de l'année ? (Aube.)

443. Un employé gagne 1.900 fr. par an, subit une retenue de 95 francs pour sa retraite et paie 345 fr. de loyer. Combien peut-il dépenser par jour? (Nord.)

444. Un ouvrier dépense journellement 2 fr. 75 pour son entretien et travaille 25 jours par mois. Au bout d'un an, il a économisé 196 fr. 25. Combien a-t-il gagné par chaque jour de travail? (Charente.)

445. A la fin de l'année, un ouvrier constate qu'il a économisé 106 fr. 75. Sachant qu'il dépensait en moyenne 2 fr. 80 tous les jours et qu'il gagnait 3 fr. 75 chaque jour, on demande combien de jours il a travaillé dans l'année.

446. Un marchand a 237 m. de toile qui lui ont coûté 423 fr. ; il en revend d'abord 102 m. à 1 fr. 55 le mètre. Combien doit-il vendre le mètre de ce qui lui reste pour n'avoir ni perte ni bénéfice? (Meuse.)

447. Avec 25 bottes d'osier à 9 fr. 50 la botte, un vannier a fabriqué 200 paniers qu'il a vendus pour la somme de 600 fr. On demande son bénéfice sur chaque panier.

448. Partager 6.487 fr. 50 entre deux personnes de manière que la 1re ait 578 fr. 35 de moins que la 2e.

449. 12^m,50 de toile et 8^m,75 de drap coûtent 146 fr. 50; 12^m,50 de toile et 12 m. de drap coûtent 293 fr. 95. Quel est le prix d'un mètre de drap?

450. Une personne a payé 35 fr. pour 5 kg. de chocolat et 3 kg. de café. Une autre a payé 40 fr. pour 5 kg. de chocolat et 4 kg. de café. On demande : 1° le prix du kilogramme de café; 2° le prix du kilogramme de chocolat. (Orne.)

451. Un père, pour 21 jours de travail, et son fils, pour 24 jours, ont reçu 163 fr. 50. Une autre fois, pour 25 jours du père et 24 jours du fils, ils ont reçu 185 fr. 50. Combien chacun d'eux gagne-t-il par jour? (Morbihan.)

452. Dans une usine, on coule 480 pièces de fonte : les unes pèsent 12 kg. ; les autres, 20 kg. ; le poids total des pièces est 720 kg. ; on demande le nombre de pièces de chaque espèce. (Isère.)

453. Il y a, dans une bourse, 65 pièces de 2 fr. et de 5 fr. formant la somme totale de 232 fr. Déterminer le nombre de pièces de chaque espèce. (Haute-Saône.)

DEUXIÈME PARTIE

LE SYSTÈME MÉTRIQUE

CHAPITRE VI

50ᵉ LEÇON

Notions préliminaires

Le système métrique est l'ensemble des mesures usitées en France et qui dérivent du mètre.

Les huit unités principales du système métrique sont :

Le mètre   (m), pour les longueurs ;
Le mètre carré (m^2), pour les surfaces ;
L'are   (a), pour les surfaces agraires ;
Le mètre cube   (m^3), pour les volumes ;
Le stère   (s), pour le bois de chauffage ;
Le litre   (l), pour les capacités ;
Le gramme   (g), pour les poids ;
Le franc   (fr), pour les monnaies.

Les unités principales ont des **multiples** et des **sous-multiples** décimaux qu'on appelle **unités secondaires**.

Pour former les multiples, on se sert des mots suivants que l'on place avant l'unité principale :

Déca (da), qui veut dire dix ;
Hecto (h),   —   cent ;
Kilo (k),   —   mille ;
Myria (M),   —   dix mille.

Pour énoncer les sous-multiples, on emploie les

mots suivants que l'on place devant l'unité principale :

Déci (d), qui veut dire dixième partie ;
Centi (c), — centième partie ;
Milli (m), — millième partie.

Exercices

LES MULTIPLES

454. Combien d'unités dans : 5 kilo ? 2 myria ? 6 déca ? 8 hecto ?

455. Dans 320.000 unités, combien de kilo ? de déca ? de myria ? d'hecto ?

456. Combien 4 kilo font-ils de déca ? d'hecto ? d'unités ?

457. Combien de kilo dans : 20 hecto ? 300 déca ? 12.000 unités ?

458. Combien de déca dans : 1 hecto ? 1 myria ? 1 kilo ? 40 unités ?

459. Dites le nom du multiple qui vaut : 10 kilo ; 10 hecto ; 10 déca ; 10 unités.

460. Combien d'hecto pour former : 1 kilo ? 1 myria ? une dizaine de déca ?

461. Quel est le multiple qui vaut 100 litres ? 1.000 grammes ? 10.000 mètres ? 10 mètres ?

LES SOUS-MULTIPLES

462. Combien 7 unités valent-elles de déci ? de milli ? de centi ?

463. Quel est le sous-multiple qui vaut : 10 centi ? 10 milli ? 100 milli ?

464. Combien d'unités dans 40 déci ? 600 centi ? 7.000 milli ?

465. Combien 1 déci fait-il de centi ? de milli ?

466. Combien 40 déci font-ils d'unités ? de centi ? de milli ?

467. Comment appelle-t-on le dixième du déci ? le dixième du centi ?

468. Quel est le sous-multiple qui vaut le dixième du litre ? le centième du gramme ? le millième du mètre ?

51ᵉ LEÇON

Les mesures de longueur

Les **mesures de longueur** servent à mesurer les lignes. L'unité des mesures de longueur est le **mètre**.

ARITHMÉTIQUE PRATIQUE

Le mètre est la quarante-millionième partie du méridien terrestre ; autrement dit, le méridien terrestre mesure quarante millions de mètres.

Les multiples décimaux du mètre sont :

Le **décamètre** (dam), qui vaut   10 mètres ;
L'**hectomètre** (hm),   —   100 mètres ;
Le **kilomètre** (km),   —   1.000 mètres ;
Le **myriamètre** (Mm),   —   10.000 mètres

Les sous-multiples décimaux du mètre sont :

Le **décimètre** (dm), qui égale la dixième partie du mètre ;

Le **centimètre** (cm), qui égale la centième partie du mètre ;

Le **millimètre** (mm), qui égale la millième partie du mètre.

Les mesures effectives de longueur sont :

1° Le décimètre ; 2° le double décimètre ; 3° le demi-mètre ; 4° le mètre ; 5° le double mètre ; 6° le demi-décamètre ; 7° le décamètre ; 8° le double décamètre.

Les mesures **itinéraires** sont celles qui servent à évaluer les distances sur les routes, le long des canaux et des chemins de fer.

L'hectomètre, le kilomètre et le myriamètre sont les mesures itinéraires. L'unité principale est le kilomètre.

Sur les routes, les bornes kilométriques indiquent les kilomètres ; des bornes plus petites marquent les hectomètres.

Le méridien terrestre, qui mesure 40.000.000 de mètres, est divisé en 360 degrés.

Chaque degré vaut :

$$\frac{40.000.000}{360} = 111.111 \text{ mètres.}$$

La lieue métrique vaut 4 kilomètres.

La lieue terrestre, qui est la 25ᵉ partie d'un degré, vaut :

$$\frac{111.111^m}{25} = 4.444 \text{ mètres.}$$

La lieue marine, de 20 au degré, a une longueur de :

$$\frac{111.111^m}{20} = 5.555 \text{ mètres.}$$

Le mille marin est le tiers d'un degré ou $1^{km},852$.

52ᵉ LEÇON

EXERCICES SUR LES MESURES DE LONGUEUR

I

469. Combien y a-t-il de mètres dans 3 km ? dans 2 Mm. ? dans 6 dam. ? dans 8 hm. ?

470. Combien le Mm. vaut-il d'hm.? de dam.? de km.? de m.?

471. Combien le km. vaut-il de m. ? d'hm. ? de dam. ?

472. Combien faut-il de dam. pour avoir : 1 km. ? 1 hm. ? 1 Mm. ?

473. Combien la chaîne d'arpenteur de 10 m. peut-elle être portée de fois dans : 3 km. ? 4 hm. ? 1 Mm. ? 300 m. ?

474. Par combien faut-il multiplier 5 m. pour avoir 5 hm. ? 5 Mm. ? 5 dam. ? 5 km. ?

II

475. Combien 4 m. valent-ils de cm. ? de dm. ? de mm. ?

476. Si 1 m. de drap coûte 10 fr., combien coûtent : 1 dm. ? 5 dm. ? 50 cm. ?

477. Exprimez 400 cm. en mètres ; en dm. ; en mm.

478. Exprimez en m. : 50 dm. ; 300 cm. ; 6.000 mm.

479. Indiquez une mesure 10 fois plus grande que le cm. ; le dm. ; le mm.

480. Une règle a 30 cm. ; dites sa longueur en dm. ; en mm.

481. Un morceau de ruban de 25 cm. vaut 25 centimes ; que valent : 1 m. ? 4 m. ? 2 dm. ? 16 cm. ?

III

Quelle est la longueur :

482. 1° D'une ligne sur laquelle on a pu porter 3 fois le double-décimètre ?

483. 2° De 7 coupons d'étoffe d'un demi-mètre chacun ?
484. 3° De 4 coupons d'étoffe d'un double mètre chacun ?
485. 4° D'une partie d'un mètre pliant divisé en 5 parties égales ?
486. 5° D'un des 50 chaînons de la chaîne d'arpenteur ?
487. Combien y a-t-il de marches d'un double décimètre dans un escalier de 10 m. de hauteur? dans un autre de 8 m.? dans un troisième de 5 m.?

IV

Ramener les nombres suivants à l'unité indiquée :

488. Au mètre : $4^{dam},09$; — $12^{km},42$; — $865^{cm},8$; — $0^{Mm},856$; — $16^{hm},364$.

489. Au km. : $6^{Mm},24$; — $0^{Mm},365$; — $28^{hm},35$; — 12.659 m. ; — $46^{dam},3$.

490. Au décimètre : $3^{m},15$; — $2^{dam},58$; — $853^{cm},8$; — $0^{m},397$; — $0^{hm},4068$.

491. Au décamètre : $0^{Mm},8675$; — $2^{hm},324$; — $6^{km},029$; — 4.637 m. ; — $0^{m},572$.

492. Au centimètre : $3^{m},24$; — $0^{m},037$; — 865 dm. ; — 4.875 mm. ; — $0^{dam},0385$.

V

493. Combien de kilomètres dans une lieue métrique ? dans 3 lieues ? dans 5 lieues ? dans 2 lieues et demie ? dans 6 lieues un quart ? dans une demi-lieue ? dans trois quarts de lieue ?

494. Combien de lieues dans 16 km. ? dans 28 km. ? dans 22 km. ? dans 29 km. ?

495. Combien de mètres dans 2 lieues ? dans 4 lieues ? dans 7 lieues ? dans 1 lieue et demie ? dans trois quarts de lieue ?

496. Combien le méridien terrestre mesure-t-il de lieues ?

497. Quelle est la longueur d'une route sur laquelle on compte 9 bornes kilométriques et 4 bornes hectométriques ?

498. Combien de bornes kilométriques sur une route de 4 Mm. de longueur ?

499. Quelle est la différence en mètres entre la lieue métrique et la lieue terrestre ? entre la lieue métrique et la lieue marine ? entre la lieue terrestre et la lieue marine ?

53° LEÇON

1° Le mètre trop court

500. Une pièce de toile de $78^{m},50$ a été mesurée avec un mètre trop court de $0^{m},012$. Quelle est, en réalité, la longueur de cette pièce de toile ?

501. Une personne achète 37 m. de toile à 1 fr. 25 le mètre. Le mètre avec lequel on a mesuré était trop court de $0^m,015$. On demande quelle est la perte subie par cette personne. (Oise.)

502. Une personne a acheté pour 133 fr. une pièce de toile de 95 m., mais qui avait été mesurée avec un mètre trop court de $0^m,014$. On demande : 1° combien cette personne a eu de mètres de toile en réalité ; 2° quelle perte elle a éprouvée de ce fait. (Seine-et-Oise.)

2° La chaîne d'arpenteur trop longue

503. Un arpenteur reconnaît que sa chaîne de 10 m. est trop longue de $0^m,038$; il s'en sert néanmoins pour mesurer une longueur qu'il trouve égale à 28 fois la longueur de sa chaîne. Quelle est la longueur réelle de la distance mesurée ?

504. Un arpenteur reconnaît que sa chaîne de 10 m. est trop longue de 32 mm. ; il s'en sert néanmoins pour mesurer une longueur qu'il trouve égale à 24 fois et demie la longueur de sa chaîne. Quelle est la longueur réelle de la distance mesurée ? (Charente.)

505. Un arpenteur reconnaît que sa chaîne de 20 m. est trop longue de 42 mm. ; il s'en sert néanmoins pour mesurer la base d'un rectangle qu'il trouve égale à 28 fois la longueur de sa chaîne, et la hauteur, qui contient 16 fois cette longueur. Quelle est la surface réelle de ce rectangle ?

54° LEÇON

CALCUL DU TEMPS EXPRIMÉ EN HEURES ET MINUTES

EXERCICES ORAUX. — **506.** Combien de minutes dans 2 heures ? 4 heures ? 5 heures ? 10 heures ?

507. Combien de minutes dans 1 quart d'heure ? 3 quarts d'heure ? 5 quarts d'heure ? 1 h. 1/4 ? 1 h. 3/4 ?

508. Combien de minutes dans 1 demi-heure ? 1 h. 1/2 ? 2 h. 1/2 ? 10 h. 1/2 ?

509. Combien de minutes dans 1 h. 5 minutes ? 1 h. 24 minutes ? 1 h. 35 minutes ? 2 h. 10 minutes ? 3 h. 20 minutes ?

510. Combien d'heures dans 90 minutes? 75 minutes? 98 minutes? 270 minutes? 135 minutes?

Quel temps s'écoule-t-il :

511. De 5 heures à 11 heures? de 9 heures à midi? de 4 heures à midi? de 6 heures du matin à 2 heures du soir? de 8 heures du soir à 4 heures du matin?

512. De 8 h. 15 minutes à 10 h. 15 minutes? de 7 h. 1/2 à 11 h. 1/2? de 9 h. 10 minutes à 10 heures? de 4 h. 3/4 à 9 h. 3/4? de 6 h. 20 à 7 heures?

513. De 8 h. 1/4 à 9 h. 1/2? de 9 h. 1/2 à 11 heures? de 8 h. 5 minutes à 9 h. 20 minutes? de 10 h. 45 minutes à 11 h. 55 minutes?

514. De 11 h. 1/2 du matin à 2 h. 1/2 du soir? de 10 h. 1/4 du soir à 3 h. 1/4 du matin? de 9 h. 35 minutes du matin à 2 h. 35 minutes du soir?

515. De 11 h. 50 minutes du soir à 4 heures du matin? de 10 h. 40 minutes du matin à 3 h. 30 minutes du soir?

EXERCICES ÉCRITS. — **516.** Traduisez en minutes : 2 h. 25 minutes; 3 h. 1/4; 4 h. 1/2; 5 h. 3/4; 6 h. 40 minutes; 8 h. 49 minutes.

517. Traduisez en heures et minutes : 265 minutes; 7 quarts d'heure; 478 minutes; 12 fois 28 minutes; 6 h. 3/4.

Effectuez les opérations suivantes :

518. 1 h. 15 minutes + 2 h. 28 minutes + 3 h. 38 minutes; 1/4 d'heure + 2 h. 1/2 + 3 h. 3/4.

519. 4 h. 48 minutes — 2 h. 35 minutes; 5 h. 18 minutes — 3 h. 42 minutes.

520. 1 h. 25 minutes × 6; 2 h. 1/2 × 14; 3 h. 12 minutes × 17.

521. 42 h. 35 minutes : 7; 7 h. 28 minutes : 9; 435 h. 37 minutes : 28.

55ᵉ LEÇON

PROBLÈMES SUR LE CHEMIN PARCOURU PAR LES PIÉTONS

522. Un enfant parcourt 25 m. par minute. Dites quelle distance il aura parcourue en 2 heures. (Vosges.)

523. Une personne fait 90 pas à la minute. Chaque pas mesure 0^m,80. Quel chemin aura-t-elle parcouru en 3 heures?

524. Une personne fait 85 pas à la minute. Chaque pas

mesure $0^m,82$. Quel chemin aura-t-elle parcouru en 4 h. 35 minutes ?

525. Un piéton fait en 1 minute 80 pas de $0^m,70$ chacun. Combien mettra-t-il de temps pour parcourir 36 km. ? (Seine.)

526. Pour se rendre à son travail, un ouvrier fait 2.750 pas de $0^m,75$ en allant et autant en revenant. Combien a-t-il de kilomètres à parcourir dans une année s'il chôme 65 jours et s'il se rend à son travail 2 fois par jour ?

527. Un père marche avec son fils ; le fils est obligé de faire 5 pas pendant que le père en fait 4. Au bout de $2^{km},700$, le fils a fait 1.000 pas de plus que le père. Dites en centimètres la longueur d'un pas du père et la longueur d'un pas du fils. (Vendée.)

56ᵉ LEÇON

CALCUL DE LA DISTANCE PARCOURUE PAR DES TRAINS

528. Un train parcourt 795 m. par minute. Dites en kilomètres la distance qu'il parcourt en 3 heures.

529. Un train parcourt $569^m,4$ par minute. Quelle distance parcourt-il en 8 h. 45 minutes ? (Côte-d'Or.)

530. Un train roule pendant 8 h. 57 minutes en parcourant 780 m. par minute et 3 h. 25 minutes en parcourant 615 m. par minute. Quel espace a-t-il parcouru en tout ?

531. Un train faisant 790 m. par minute roule de 6 h. 25 minutes à 9 h. 47 minutes du matin. Quelle distance a-t-il parcourue ?

532. Un train faisant 700 m. par minute est parti de Lyon à 9 h. 40 minutes du matin et il est arrivé à Marseille à 5 h. 30 minutes du soir. Évaluez la distance entre ces 2 villes.

533. Le train omnibus qui part de Dijon à midi 24 minutes arrive à Paris à 10 h. 16 minutes du soir. Il s'arrête à 35 gares et chaque arrêt est en moyenne de 2 minutes et demie. On demande : 1° la distance de Dijon à Paris, sachant que le train en marche a une vitesse de 533 m. par minute ; 2° avec cette vitesse, à quelle heure le train arriverait à Paris, s'il ne s'arrêtait pas. (Côte-d'Or.)

ARITHMÉTIQUE PRATIQUE

57º LEÇON

CALCUL DE LA VITESSE DES TRAINS

534. En 48 minutes, une locomotive parcourt $40^{km},8$. Combien parcourt-elle de kilomètres à l'heure ?

535. En 1 h. 22 minutes, une locomotive parcourt $62^{km},32$. Combien parcourt-elle de kilomètres à l'heure ?

536. En 5 h. 1/4, une locomotive parcourt $178^{km}5$ hm. Combien parcourt-elle de km. à l'heure ? (Nord.)

537. Un train part d'une ville à 8 h. 10 minutes du matin et arrive à destination à 11 h. 23 minutes. La distance entre le point de départ et le point d'arrivée étant de $150^{km},54$, on demande quelle est, par heure, la vitesse de ce train.

538. De 10 h. 38 minutes du matin à 5 h. 47 minutes du soir, un train a franchi une distance de 314 kilomètres. On demande sa vitesse moyenne par heure. (Allier.)

539. De 8 h. 15 minutes du matin à 2 h. 48 minutes du soir, un train a franchi une distance de $353^{km},7$. Sachant qu'il a fait 8 haltes de 3 minutes et demie chacune, on demande sa vitesse à l'heure lorsqu'il était en marche.

58ᵉ LEÇON

CALCUL DU TEMPS NÉCESSAIRE POUR PARCOURIR UNE DISTANCE DÉTERMINÉE

540. Une locomotive parcourt $72^{km},5$ par heure. Combien met-elle de temps pour parcourir $253^{km},75$?

541. Un train parti à 8 heures du matin doit parcourir une distance de 245 km. à raison de 49 km. à l'heure. Quand arrivera-t-il ? (Indre.)

542. Un train franchit 45 km. en 40 minutes. Combien mettra-t-il de temps pour franchir la distance de Paris à Lyon, qui est de 507 km. ? Si le départ a lieu de Paris à 6 heures du matin, à quelle heure le train arrivera-t-il à Lyon ? (Nord.)

543. Un laboureur doit tracer 180 sillons de 51 m. chacun ; il parcourt 17 m. à la minute. A quelle heure aura-t-il fini son travail, s'il commence à 5 heures du matin et s'il prend 2 h. 1/2 de repos dans la journée ? (Seine.)

544. Un marcheur fait 35 km. en 7 h. 1/2. Combien mettra-t-il de temps, aller et retour, pour se rendre à une localité située à 50 km., en supposant qu'au milieu de sa course il prenne un repos de 2 h. 1/4 ? (Rhône.)

545. Une locomotive fait 1 km. par minute ; un cheval au trot fait 1 km. en 3 minutes, et un bon marcheur, 1 km. en 12 minutes. Au bout de combien d'heures la locomotive, le cheval au trot et le bon marcheur auront-ils parcouru 129 km. ? (Deux-Sèvres.)

59ᵉ LEÇON

1° Les trains qui vont à la rencontre l'un de l'autre

PROBLÈMES ORAUX. — **546.** Deux trains vont à la rencontre l'un de l'autre. Le 1ᵉʳ parcourt 60 km. à l'heure, et le 2ᵉ, 40 km. De combien de km. se rapprochent-ils en une heure ?

547. Si, au départ, ils sont éloignés de 400 km., au bout de combien d'heures se rencontreront-ils ?

548. Deux trains vont à la rencontre l'un de l'autre. Le 1ᵉʳ parcourt 70 km. à l'heure, et le 2ᵉ, 50 km. Si, au départ, ils sont éloignés de 240 km., au bout de combien d'heures se rencontreront-ils ?

PROBLÈMES ÉCRITS. — **549.** Deux trains vont à la rencontre l'un de l'autre. Le 1ᵉʳ parcourt 65 km., et le 2ᵉ, 58 km. à l'heure. La distance qui les sépare étant de 492 km., au bout de combien de temps se rencontreront-ils ?

550. Deux trains vont à la rencontre l'un de l'autre. Le 1ᵉʳ parcourt 50 km., et le 2ᵉ, 37 km. à l'heure. La distance qui les sépare est de 89^{Mm},5. Au bout de combien de temps se rencontreront-ils ? (Seine-Inférieure.)

551. Deux trains partent à 5 heures du matin, l'un de Paris, l'autre de Marseille ; le 1ᵉʳ fait 54 km. à l'heure, et le 2ᵉ, 36 km. On demande : 1° à quelle heure ; 2° à quelle distance de Paris aura lieu la rencontre. On sait que ces deux villes sont distantes de 864 km. (Ardèche.)

ARITHMÉTIQUE PRATIQUE

2° Les trains qui se dirigent en sens contraire

PROBLÈMES ÉCRITS. — **552.** Deux trains partent en même temps d'une ville et se dirigent en sens contraire. Le 1er parcourt 45 km. à l'heure, et le 2°, 56 km. A quelle distance seront-ils l'un de l'autre au bout de 3 heures?

553. Deux trains partent en même temps d'une ville et se dirigent en sens contraire. Le 1er parcourt 62 km., et le 2°, 58 km. à l'heure. A quelle distance seront-ils l'un de l'autre au bout de 2 h. 45 minutes?

554. Deux trains partent de Dijon en sens contraire, l'un vers Paris, l'autre vers Lyon. Au bout de 7 heures, ils se sont éloignés de 480 km. Sachant que le train de Paris fait 47 km. à l'heure, combien celui de Lyon en fait-il? (Seine.)

3° Les trains qui vont à la suite l'un de l'autre

PROBLÈMES ÉCRITS. — **555.** Un train qui ne fait que 51 km. à l'heure a une avance de 40 km. sur un autre train qui le suit et qui fait 67 km. à l'heure. Au bout de combien de temps le 2° train aura-t-il rejoint le 1er?

556. Un train part à 2 heures du soir et fait 45 km à l'heure; il est suivi par un autre train qui part 2 heures plus tard et fait 60 km. à l'heure. Au bout de combien de temps le 2° atteindra-t-il le 1er?

557. Un train de chemin de fer part à 5 heures du matin et fait 50 km. à l'heure; il est suivi par un autre train qui, partant 2 heures et demie plus tard, fait 75 km. à l'heure. A quelle heure le 2° train atteindra-t-il le 1er?

558. Un train de chemin de fer part à 6 h. 15 minutes du matin et fait 10 km. en 11 minutes; il est suivi par un autre train qui, partant 2 h. 57 minutes plus tard, fait 25 km. en 20 minutes. A quelle distance du point de départ le 2° train atteindra-t-il le 1er? (Nord.)

60° LEÇON

PROBLÈMES DIVERS SUR LES MESURES DE LONGUEUR

559. Avec $95^m,60$ de fil de fer, on fait des pointes de $2^{cm},5$ qui sont vendues 5 centimes la douzaine. Quelle somme en retirera-t-on ? (Meuse.)

560. Un cantonnier chef est chargé de veiller à l'entretien d'une route desservant 3 villages; le 1ᵉʳ est à 1 lieue 1/2 de son habitation; le 2ᵉ, à $4^{km},5$ du 1ᵉʳ, et le 3ᵉ, à $2^{km},7$ du 2ᵉ. Quelle distance ce cantonnier a-t-il parcourue lorsqu'il rentre chez lui après avoir inspecté complètement cette route?

561. De chaque côté d'une route de $12^{km},750$, on plante des arbres distants de 25 m. Combien y aura-t-il d'arbres?

562. L'Administration des Ponts et Chaussées a vendu les arbres d'une route de 16 km. de longueur à raison de 52 fr. 75 pièce en moyenne. Quelle somme retirera-t-elle, sachant qu'il y a de chaque côté de la route un arbre tous les 18 m. ? (Ardennes.)

563. Deux villes sont séparées par une distance de 13 km. et unies par une route sur les bords de laquelle on veut planter des arbres de 20 m. en 20 m. Combien coûtera cette plantation, si chaque pied revient à 0 fr. 75 et la main-d'œuvre à 0 fr. 35 par pied? (Drôme.)

564. Une locomotive parcourt 2 km. en 2 minutes 1/2. Quelle distance parcourra-t-elle de 7 h. 3/4 du matin à 11 h. 12 minutes du matin? (Jura.)

565. Un vélocipédiste, parti à 5 h. 1/2 du matin, est arrivé à 8 h. 40 minutes après avoir parcouru 51 km. Sachant qu'il s'est reposé 10 minutes en route, dites quelle a été sa vitesse à l'heure. (Nord.)

CHAPITRE VII

61ᵉ LEÇON

Les mesures de surface ou de superficie

Les mesures de surface ou de superficie sont celles qui servent à mesurer l'étendue considérée sous deux dimensions : la longueur et la largeur.

L'unité principale des mesures de surface est le mètre carré (m^2).

Le mètre carré est un carré dont chaque côté a 1 mètre de longueur.

Les multiples du mètre carré sont :

Le **Décamètre carré (dam^2)**, qui est un carré de 1 Décamètre de côté ;

L'**Hectomètre carré (hm^2)**, qui est un carré de 1 Hectomètre de côté ;

Le **Kilomètre carré (km^2)**, qui est un carré de 1 Kilomètre de côté ;

Le **Myriamètre carré (Mm^2)**, qui est un carré de 1 Myriamètre de côté.

Les sous-multiples du mètre carré sont :

Le **décimètre carré (dm^2)**, qui est un carré de 1 décimètre de côté ;

Le **centimètre carré (cm^2)**, qui est un carré de 1 centimètre de côté ;

Le **millimètre carré (mm^2)**, qui est un carré de 1 millimètre de côté.

62ᵉ LEÇON

EXERCICES SUR LES MESURES DE SURFACE

566. Combien y a-t-il de m^2 dans 1 dam^2 ? dans 5 dam^2 ? dans 1 hm^2 ? dans 3 hm^2 ? dans 1 km^2 ? dans 7 km^2 ? dans 1 Mm^2 ? dans 2 Mm^2 ?

Décimètre carré divisé en 100 centimètres carrés

Mm²	km²	hm²	dam²	m²	dm²	cm²	mm²
D. U.	D. U.	D. U.	D. U.	D. U.	D. U.	D. U.	D. U.
. .	. .	. .	. .	. .	. .	. .	. .

ARITHMÉTIQUE PRATIQUE

567. Combien le Mm^2 vaut-il : de km^2 ? d'hm^2 ? de dam^2 ? de m^2 ?
567 bis. Combien 4 km^2 valent-ils de m^2 ? de dam^2 ? d'hm^2 ?
568. Combien y a-t-il de dm^2, de cm^2, de mm^2 dans 1 m^2 ? dans 5 m^2 ?
569. Combien y a-t-il de cm^2, de mm^2 dans 1 dm^2 ? dans 4 dm^2 ?
570. Exprimez en m^2 : 100 dm^2 ; — 600 dm^2 ; — 10.000 cm^2 ; — 70.000 cm^2 ; — 1.000.000 de mm^2 ; — 9.000.000 de mm^2.
571. Exprimez en dm^2 : 100 cm^2 ; — 8.000 cm^2 ; — 100.000 mm^2 ; — 300.000 mm^2.
572. Lire et écrire en toutes lettres les nombres suivants : 24^{m^2},093507 ; — 18^{dm^2},0643 ; — 5^{dm^2},2404 ; — 12^{bm^2},250008 ; — 0^{hm^2},032405.
573. Écrire les nombres suivants : $5m^2 35cm^2 8mm^2$; — $6hm^2 42m^2 5dm^2$; — $4dm^2 30mm^2$; — $7Mm^2 8hm^2 42m^2$; — $43dam^2 5m^2 9dm^2$.
574. $8549 m^2 = .. dam^2, .. = .. hm^2, .. = .. dm^2.$
$367^{dam^2},85 = .. hm^2, .. = .. m^2, = .. dm^2.$
$7648^{dm^2},7 = .. m^2, .. = .. dam^2, .. = .. cm^2.$
$7^{km^2},368 = .. hm^2, .. = .. Mm^2, .. = .. dam^2.$
$243^{hm^2},59 = .. km^2, .. = .. dam^2, .. = .. m^2.$

Ramener les nombres suivants à l'unité indiquée :
575. Au m^2 : $0^{dam^2},25$; — 865 dm^2 ; — $2^{hm^2},47$; — 18,965 cm^2 ; — 17 dam^2.
576. Au dam^2 : 375 m^2 ; — $7^{hm^2},24$; — $0^{km^2},643$; — $17^{m^2},28$; — $0^{hm^2},0465$.
577. A l'hm^2 : 419 dam^2 ; — 8.935 m^2 ; — $2^{km^2},8$; — $0^{Mm^2},0495$; — $0^{km^2},047$.
578. Au km^2 : 8.996 dam^2 ; — 777 hm^2 ; — $2^{Mm^2},8463$; — $65^{hm^2},90$; — $0^{Mm^2},649$.
579. Au dam^2 : $3^{m^2},43$; — $0^{hm^2},0365$; — $7^{dam^2},28$; — 9.765 cm^2 ; — $0^{m^2},47$.

Effectuez les opérations suivantes :
580. 4 km^2 + 5 hm^2 + 3 dam^2 = ... dam^2 ;
7 hm^2 + 8 dam^2 + 25 m^2 = .. m^2.
581. 3 m^2 + 80 dm^2 + 275 cm^2 = .. cm^2 ;
32 dm^2 + 365 cm^2 + 242 mm^2 = .. mm^2.
582. 2359 m^2 + $75^{dam^2},9$ + $0^{hm^2},845$ = .. m^2 ;
$75^{hm^2},47$ + $0^{hm^2},365$ + 4876 m^2 = .. dam^2.
583. 5 Mm^2 — 28 km^2 = .. km^2 ;
24 hm^2 — 68.240 m^2 = .. m^2.
584. 18 m^2 — 1.536 dm^2 = .. dm^2 ;
475 dm^2 — 8.947 cm^2 = .. cm^2.
585. $247^{hm^2},25$ — $1.843^{dam^2},35$ = .. dam^2.
$15^{km^2},6$ — 368 hm^2 = .. hm^2.

63ᵉ LEÇON

PROBLÈMES SUR LA PEINTURE

586. On fait peindre, à raison de 3 fr. 50 le mètre carré le plafond d'une chambre rectangulaire de 6ᵐ,50 de longueur et de 5ᵐ,75 de largeur. Combien doit-on payer?

587. On a fait peindre, à raison de 0 fr. 45 le mètre carré, les deux faces d'un mur de 10ᵐ,70 de long sur 3ᵐ,75 de hauteur. Combien doit-on payer?

588. Une porte a 2ᵐ,50 de haut et 1ᵐ,25 de large. On la fait peindre à raison de 4 fr. 50 le mètre carré sur une face et à raison de 2 fr. 50 le mètre carré sur l'autre face. Combien donnera-t-on pour la faire peindre sur les deux faces?

589. On fait peindre deux portes et les volets de deux fenêtres. Chaque porte a 2ᵐ,50 sur 1ᵐ,40 et chaque volet a 1ᵐ,25 sur 0ᵐ,40. On paie 0 fr. 35 par mètre carré. Quelle est la dépense?

590. Un propriétaire a fait peindre sur les deux faces, à raison de 0 fr. 85 le mètre carré, 5 portes et 6 fenêtres. Chaque porte a 1ᵐ,92 sur 0ᵐ,78. Chaque fenêtre a 2ᵐ,10 sur 1ᵐ,20; mais, à cause des carreaux, on fait pour ces derniers une réduction de 1/3. Calculer le montant de la dépense.

591. Un peintre réclame 91 fr. 10 pour la peinture de 3 murs: le 1ᵉʳ ayant 3ᵐ,50 de long; le 2ᵉ, 4ᵐ,75, et le 3ᵉ, 5ᵐ,40, et une hauteur commune de 3ᵐ,50. A combien compte-t-il le mètre carré de peinture?

64ᵉ LEÇON

PEINTURE DES QUATRE MURS D'UNE SALLE

PROBLÈMES ORAUX. — **592.** Quel est le périmètre d'une cuisine rectangulaire ayant 4 m. de long et 3ᵐ,50 de large?

593. Quelle est la surface d'un mur ayant 15 m. de long et 4 m. de haut?

594. Quelle est la surface totale des 4 murs d'une salle rectangulaire ayant 6 m. de long, 4 m. de large et 3 m. de haut?

ARITHMÉTIQUE PRATIQUE 77

595. A raison de 0 fr. 50 le mètre carré, combien coûterait la peinture d'une surface de 60 m² ?

596. A raison de 1 fr. le mètre carré, combien coûterait la peinture des 4 murs d'une salle rectangulaire ayant 10 m. de long, 5 m. de large et 4 m. de haut ?

Problèmes écrits. — **597.** Cherchez la surface totale des 4 murs d'une salle rectangulaire qui a 7^m,50 de longueur, 5^m,80 de largeur et 3^m,50 de hauteur.

598. On a peint les 4 murs d'une salle de jeu qui mesure 12 mètres de long, 8 m. de large et 5 m. de haut. Cherchez combien on a dépensé, si la peinture a coûté 1 fr. 50 par mètre carré. (Nord.)

599. On a blanchi à la chaux les 4 murs d'une salle de 6^m,80 de long, 5^m,70 de large et 4 mètres de haut, à raison de 0 fr. 20 le mètre carré. On déduit la surface des portes et des fenêtres, qui est de 6^{m2},30. Trouvez la dépense.

600. Une salle de classe mesure 7^m,80 de long, 6^m,20 de large, 4^m,10 de haut. On fait peindre les 4 murs à raison de 0 fr. 80 le mètre carré, en en déduisant les 4 fenêtres ayant chacune 2^m,40 de haut et 1^m,60 de large. A combien s'élèvent les frais de peinture ? (Seine.)

601. Une salle mesure 6^m,60 de longueur, 5^m,90 de largeur et 3^m,75 de hauteur. Elle a 4 fenêtres ayant chacune 2^m,10 de haut et 1^m,30 de large et une porte ayant 2^m,90 de haut et 1^m,50 de large. Combien coûtera la peinture des 4 murs à raison de 1 fr. 40 le mètre carré, en déduisant les 5 ouvertures ?

65e LEÇON

PEINTURE DES QUATRE MURS ET DU PLAFOND D'UNE SALLE

602. Quelle est la surface totale des 4 murs et du plafond d'une salle de 6^m,50 de long, 4^m,60 de large et 3^m,20 de haut ?

603. Un badigeonneur a blanchi les 4 murs et le plafond d'une salle mesurant 8 m. de long, 6 m. de large et 4 m. de haut. Quelle est la surface peinte si l'on déduit 6 m² pour les ouvertures ? (Aisne.)

604. Combien coûtera le blanchissage des 4 murs et du plafond d'une salle de classe ayant $8^m,20$ de longueur, $6^m,40$ de largeur et $3^m,60$ de hauteur? On déduit 8 m² pour les ouvertures et on paie 0 fr. 65 le mètre carré.

605. Une chambre a $5^m,50$ de long, $4^m,50$ de large et 3 m. de haut; on fait peindre à l'huile les 4 murs et le plafond à raison de 2 fr. 15 le mètre carré; on a retranché le 1/10 de la surface pour les portes et les fenêtres. Quelle est la dépense totale? (Ardèche.)

606. On fait peindre, à raison de 1 fr. 25 le mètre carré, les 4 murs et le plafond d'une salle de $7^m,20$ de long, $6^m,30$ de large et $3^m,70$ de haut. Quelle est la dépense, si l'on a déduit 2 fenêtres de $2^m,80$ de haut et $1^m,20$ de large et une porte de 3 m. de haut et $1^m,10$ de large?

607. On veut faire peindre les murs et le plafond d'une chambre rectangulaire qui a 4 m. de longueur, $3^m,50$ de largeur et $3^m,75$ de hauteur. Il y a dans cette chambre une porte et deux fenêtres dont la surface totale est de 7 m². La peinture des murs et du plafond est payée 2 fr. 25 le mètre carré; celle des fenêtres et de la porte, 1 fr. 80 le mètre carré. Quelle sera la dépense? (Nièvre.)

66ᵉ LEÇON

POSE DU PAPIER PEINT DANS LES APPARTEMENTS

607 bis. Les 4 murs d'une salle ont une surface de 64 m². On les tapisse avec des rouleaux de papier peint pouvant couvrir chacun une surface de $4^{m2},6$. Combien devra-t-on acheter de rouleaux, sachant qu'il faut déduire $8^{m2},8$ pour les ouvertures?

608. On veut tapisser une salle qui mesure $5^m,60$ de long, $4^m,20$ de large et $3^m,10$ de haut, avec des rouleaux de papier peint pouvant couvrir chacun une surface de $4^{m2},80$. Combien faudra-t-il de rouleaux, sachant qu'il faut déduire une surface de $7^{m2},96$ pour les ouvertures?

609. Une chambre à coucher, qui mesure 5 m. de long, 4 m. de large et 3 m. de haut, a été tapissée avec des rouleaux de papier ayant 10 m. de long et 0^m,50 de large. Combien a-t-il fallu de rouleaux, sachant qu'il faut déduire 6 m² pour les ouvertures? (Nord.)

610. On veut tapisser une chambre de 6^m,50 de long, 5^m,10 de large et 3^m,20 de haut. Les portes et les fenêtres occupent 4^{m2},90. Combien coûtera le papier nécessaire, sachant que le rouleau de 10 m. de long sur 0^m,48 de large coûte 1 fr. 25? (Somme.)

611. On veut tapisser une salle de 6^m,75 de long sur 5^m,80 de large et 3^m,70 de haut avec des rouleaux de 0^m,60 de large sur 12 m. de long et coûtant 1 fr. 90 l'un. Que coûtera le papier employé, s'il y a une porte de 1^m,30 sur 2^m,10 et 3 fenêtres de 1^m,50 sur 2 m.? (Vosges.)

612. Une salle, éclairée par le haut, a 9 m. de long, 7^m,50 de large et 3^m,80 de haut. On tapisse les 4 murs avec des rouleaux de papier peint ayant 10 m. de long et 0^m,47 de large; puis on place une bordure en papier, tout autour de la salle, en haut et en bas des murs. On pénètre dans la salle par une porte de 2 m. de large sur 2^m,50 de haut. On demande combien il faudra acheter de rouleaux de papier et de mètres de bordure.

67e LEÇON

CARRELAGE DES APPARTEMENTS

613. Un carreau a une surface de 145^{cm2},14. Combien faudra-t-il de carreaux pour carreler une pièce dont la superficie est de 61^{m2},59? (Gard.)

614. Combien faudra-t-il de carreaux de 1^{dm2},96 pour carreler une chambre de 7^m,60 de long et de 6^m,80 de large?

615. On veut carreler une chambre de 7^m,80 de long et de 6^m,50 de large avec des carreaux ayant 12 cm. de côté. Quelle sera la dépense, si le carreau mis en place coûte 0 fr. 18?

616. Une cuisine a 5^m,50 de long et 4^m,75 de large; on veut la paver avec des carreaux ayant 0^m,25 de côté. Combien coûteront les carreaux nécessaires à raison de 9 fr. 75 le 100 ?

617. Une salle a 5^m,20 de long et 4^m,50 de large. On veut la carreler avec des carreaux ayant 20 cm. de côté, et valant 12 fr. le cent. La main-d'œuvre étant estimée 8 fr. 50, quelle sera la dépense totale ?

618. On veut paver une cuisine de 5^m,60 de long et de 4^m,90 de large, avec des carreaux de 14 cm. de côté. A combien se montera la dépense, si les carreaux coûtent 50 fr. le mille, et si le paveur demande 1 fr. 15 par mètre carré ? (Seine-Inférieure.)

619. On peut paver une cuisine rectangulaire de 5^m,20 de long sur 4^m,30 de large, avec des dalles carrées de 0^m,33 de côté. Combien pourra-t-on poser de dalles complètes et quelle surface restera-t-il à paver avec des morceaux ?

620. Une cour rectangulaire, dont le périmètre est de 108 m. et la longueur de 48 m., doit être pavée avec des pierres carrées ayant 0^m,25 de côté, et valant 20 fr. le cent. Si la pose coûte 1 fr. 35 par mètre carré, à combien reviendra le pavage de cette cour ? (Eure.)

68ᵉ LEÇON

PROBLÈMES SUR LES ALLÉES DES JARDINS

I

PROBLÈMES ORAUX. — **621.** Quelle est la surface d'une allée de 30 m. de long et de 2 m. de large ?

622. Dans un jardin de 40 m. de long et de 20 m. de large, on trace, dans le sens de la longueur, une allée de 1^m,50 de large. Quelle est la surface de cette allée ?

623. Dans un jardin de 40 m. de long et de 20 m. de large, on trace deux allées perpendiculaires l'une à l'autre, ayant 1 m. de large et partant des milieux de chaque côté du jardin. Quelle est la surface totale des deux allées ?

PROBLÈMES ÉCRITS. — **624.** Un jardin rectangulaire a 6^m,450 de long et 4^m,680 de large. On trace dans le sens de la longueur une allée de 1^m,60 de large. On demande : 1° la surface de l'allée ; 2° la surface cultivable.

625. Un jardin rectangulaire ayant $52^m,60$ de long et $32^m,50$ de large est partagé par deux allées perpendiculaires l'une à l'autre, ayant $1^m,40$ de large et partant des milieux de chaque côté du jardin. Quelle est la surface des deux allées ?

626. Un jardin carré de 48 m. de côté a été partagé par deux allées se coupant au milieu. Sachant que ces allées ont une largeur égale de $0^m,95$, dites la surface à cultiver. (Pas-de-Calais.)

627. Un jardin rectangulaire de 38 m. de long et de 26 m. de large est partagé par 2 allées de $1^m,10$ de large, se coupant au milieu. On met sur ces allées une couche de sable de $0^m,04$. Que coûtera ce sable à 6 fr. 50 le mètre cube ? (Pas-de-Calais.)

II

628. Un jardin rectangulaire a $58^m,60$ de long et 49 m. de large. Sur les deux lisières du jardin et dans le sens de la longueur, on trace une allée de $1^m,40$ de large. Quelle est la surface totale des deux allées ?

629. On établit une plate-bande autour d'un jardin rectangulaire qui a $36^m,70$ de long et $19^m,80$ de large. Quelle sera la surface de la plate-bande, si elle a $1^m,05$ de large ?

630. Tout autour d'un parc de 180 m. de long et de 135 m. de large, on a établi des allées mesurant $2^m,10$ de large. Cherchez : 1° la surface des allées; 2° la surface ainsi réduite du parc. (Seine.)

631. Un jardin a 48 m. de longueur sur 28 m. de largeur. On établit, sur chaque côté, une allée de $1^m,50$ de largeur que l'on recouvre d'une couche de sable de $3^{cm},5$ d'épaisseur. Quel sera le prix du sable ainsi répandu, si le mètre cube se paie 5 fr. 25 ? (Basses-Pyrénées.)

III

632. Un jardin rectangulaire a 45 m. de long sur 32 m. de large. Tout autour est une allée de $0^m,85$ de large. A l'intérieur, il existe aussi 2 allées perpendiculaires de même largeur, partant des milieux des côtés du jardin. Quelle est la surface totale de toutes ces allées ?

633. Un jardin rectangulaire a 68 m. de long et 46 m. de large. Tout autour est une allée de 0ᵐ,95 de large. A l'intérieur, il existe aussi 2 allées perpendiculaires de même largeur partant des milieux des côtés du jardin. Quelle est la surface de ce jardin consacrée à la culture ?

634. Un terrain rectangulaire de 16 m. de long et 12 m. de large est entouré d'une allée sablée de 1ᵐ,50 de large, prise sur ce terrain. Deux autres allées de même largeur, perpendiculaires l'une à l'autre, partagent le reste en quatre rectangles égaux. Ces allées sont recouvertes d'une couche de sable de 0ᵐ,02 d'épaisseur. Que coûte ce sable à raison de 12 fr. le mètre cube ? (Nord.)

IV

635. Un terrain rectangulaire est entouré d'une allée dont la largeur est de 0ᵐ,85. Ce jardin a une contenance totale de 35ᵃ4ᶜᵃ (allée comprise), et sa longueur est de 73 m. On demande la surface totale de l'allée. (Nord.)

636. Un parterre, de 18 m. de long sur 12 m. de large, est partagé en 4 rectangles égaux par 2 allées perpendiculaires l'une à l'autre, ayant 2 m. de large, et partant des milieux de chaque côté du parterre. Le bord de ces deux allées est garni de pieds de marguerites, espacés de 0ᵐ,20 et coûtant chacun 0 fr. 15. Combien a coûté cette plantation ? (Nord.)

637. Un parterre de 16ᵐ,20 de long et de 12 m. de large est entouré d'une plate-bande de 1ᵐ,20 de large. Les bords de cette plate-bande sont garnis de pieds de fleurs, espacés de 0ᵐ,30 et coûtant chacun 0 fr. 07. Combien a coûté cette plantation ? (Pas-de-Calais.)

638. Un jardin carré est partagé en 3 bandes égales par deux allées égales. Chaque bande a une largeur de 7ᵐ,80, et chaque allée a une largeur de 1ᵐ,20. Calculer la surface totale du jardin, la surface de chaque bande et la surface de chaque allée. (Nord.)

639. Un jardin rectangulaire a 23ᵐ,50 de large sur 48ᵐ,60 de long. Tout autour est une plate-bande de 0ᵐ,80 de large, et, à l'intérieur de cette plate-bande, un chemin rectangulaire de 1ᵐ,02 de large. Quelle est la surface de ce jardin consacrée à la culture ? (Eure.)

CHAPITRE VIII

69ᵉ LEÇON

Les mesures agraires

Les mesures agraires sont celles qu'on emploie pour évaluer la surface des champs.

L'unité principale des mesures agraires est l'are (a).

L'are, qui équivaut au décamètre carré ou à un carré de 10 m. de côté, vaut 100 m².

L'are n'a qu'un multiple : l'hectare (ha).

L'hectare, qui équivaut à l'hectomètre carré ou à un carré de 100 m. de côté, vaut 100 a. ou 10.000 m².

L'are n'a qu'un sous-multiple : le centiare (ca).

Le centiare, qui équivaut au mètre carré, est la centième partie de l'are.

Les mesures agraires sont donc : 1° l'hectare ; 2° l'are ; 3° le centiare.

Exercices oraux

640. A quoi équivaut l'are ? Combien vaut-il de mètres carrés ? de centiares ?

641. A quoi équivaut l'hectare ? Combien vaut-il d'ares ? de mètres carrés ? de centiares ?

642. Comment appelle-t-on le centième de l'hectare ? le centième de l'are ?

643. Quel nom donne-t-on à une mesure agraire 100 fois plus grande que l'are ? 100 fois plus grande que le centiare ?

644. Combien d'ares dans 1 ha. ? 4 ha. ? 8 ha. ? $5^{ha},25$? $0^{ha},45$?

645. Combien de centiares dans 1 a. ? 6 a. ? 9 a. ? $4^a,75$? $0^a,38$?

646. Combien d'hectares dans 300 a. ? dans 700 a. ? dans 10.000 ca. ? dans 40.000 ca. ?

647. Combien d'ares dans 100 ca. ? dans 400 ca. ? dans 800 ca. ? dans 950 ca. ?

648. Combien le dixième de l'hectare vaut-il d'ares ? de centiares ?

649. Combien le dixième de l'are vaut-il de centiares ?

70ᵉ LEÇON

PROBLÈMES SUR LES MESURES AGRAIRES

I

650. 3 pièces de terre ont : la 1ʳᵉ, $5^{ha}9^a36^{ca}$; la 2ᵉ, $14^{ha}92^{ca}$ et la 3ᵉ, $2^{ha}45^a8^{ca}$. Quelle est leur contenance totale ?

651. D'un champ de $3^{ha}24^a7^{ca}$, on vend $1^{ha}56^a28^{ca}$. Que reste-t-il de ce champ ?

652. D'un champ de $6^{ha}43^a$, on vend une première fois 81^a28^{ca} et l'on prend sur le reste 9^a87^{ca} pour construire une maison et 815 ca. pour faire un jardin. Que reste-t-il de ce champ ?

653. Un propriétaire possède 3 pièces de terre dont les surfaces sont $1^{ha}25^a$, 87^a et $2^{ha}9^a$. Il les vend à raison de 2.400 fr. l'hectare. Quelle somme en retire-t-il ?

654. Une propriété de $7^{ha},29$ a été vendue en 2 lots : le 1ᵉʳ lot, de $5^{ha}7^{ca}05^{ca}$, a été adjugé à 6.500 fr. l'hectare, et le 2ᵉ lot, qui comprend le reste, à 5.900 fr. l'hectare. Quel est le prix total de vente ?

655. Une pièce de terre de $3^{ha},28$ a été achetée à raison de 2.200 fr. l'hectare. On l'a revendue en 3 lots. Le 1ᵉʳ, de $1^{ha}53^a8^{ca}$, a été vendu 2.450 fr. l'hectare ; le 2ᵉ lot, de $82^a,15$, a été vendu 2.500 fr. l'hectare ; enfin le 3ᵉ lot, composé de ce qui restait, a été vendu à raison de 2.350 fr. l'hectare. Chercher le prix de vente et le bénéfice réalisé.

II

656. On échange une maison d'une valeur de 13.110 fr. contre une propriété de $3^{ha},45$. Quel est le prix de l'hectare de cette propriété ? (Orne.)

657. On échange un terrain de $63^a,92$, estimé 0 fr. 95 le centiare, contre un autre de $1^{ha}8^a49^{ca}$. Combien vaut l'are de ce dernier ? (Lot-et-Garonne.)

658. On échange un terrain à bâtir de 125 m. de long et de 76 m. de large et valant 2 fr. 50 le mètre carré contre une propriété de $6^{ha}18^a42^{ca}$. Quel est le prix de l'hectare de cette propriété ?

ARITHMÉTIQUE PRATIQUE 85

659. Un propriétaire échange un terrain de $2^{ha}5^{a}85^{ca}$ estimé 38 fr. l'are contre un autre terrain rectangulaire de 175 m. de long sur $142^m,20$ de large. Sachant qu'on lui a donné en outre 1.822 fr. 30, on demande le prix de l'hectare du deuxième terrain. (Tarn-et-Garonne.)

71ᵉ LEÇON

CONCORDANCE ENTRE LES MESURES DE SURFACE ET LES MESURES AGRAIRES

Mesures de surface							
Mm^2	km^2	hm^2	dam^2	m^2	dm^2	cm^2	mm^2
Mesures agraires							
		ha	are	centiare			
D. U.	D. U.	D. U.	D. U.	D. U.	D. U.	D. U.	D. U.

Exercice de conversion

Ramenez les nombres suivants à l'unité indiquée :

660. Au mètre carré : $35^{ca},8$; — $45^{a},24$; — $0^{ha},0285$; — $1^{ha},365$; — $0^{a},237$.

661. Au centiare : $24^{m2},8$; — $23^{dam2},29$; — $0^{hm2},4825$; — $0^{dam2},648$; — 875 dm².

662. Au décamètre carré : $6^a,32$; — $4^{ha},267$; — 3.965 ca. ; — $0^{ha},24$; — $2^{hm2},25$.

663. A l'are : $3^{dam2},69$; — $2^{hm2},25$; — $0^{km2},0295$; — $0^{hm2},65$; — 9.875 m².

664. A l'hectomètre carré : $2^{ha},9$; — 428 a. ; — 7.965 ca. ; — $28^a,9$; — $5^{km2},295$.

665. A l'hectare : $4^{hm2},8$; — 235 dam² ; — $2^{km2},25$; — 4.360 m² ; — $0^{Mm2},649$.

PROBLÈMES ÉCRITS. — **666.** Le territoire d'une commune est de $454^{ha},8672$. Énoncer cette surface : 1° en hectomètres carrés ; 2° en kilomètres carrés ; 3° en décamètres carrés ; 4° en mètres carrés.

667. La superficie de la France est de 529.000 km². Exprimez cette surface : 1° en hectares; 2° en ares; 3° en centiares.

668. Le département de la Gironde a une surface de 974.032 ha. Sa population est de 793.528 habitants. On demande combien il compte d'habitants par kilomètre carré.

669. La France a une superficie de 5.290 Mm² et une population de 38 millions et demi d'habitants. Le département du Nord a une superficie de 667.784 ha. et une population de 1.811.868 habitants. Combien le département du Nord compte-t-il d'habitants en plus, par kilomètre carré, que la France entière ?

72° LEÇON

CALCUL DU PRIX DES TERRAINS

670. A raison de 0 fr. 45 le mètre carré, quel est le prix :
1° D'un terrain de 15ᵃ,76 ?
2° D'un champ de 0ʰᵃ,72 ?

671. A raison de 36 fr. l'are, quel est le prix :
1° D'un terrain de 945 m² ?
2° D'un champ de 2ʰᵃ7ᵃ ?

672. A raison de 4.200 fr. l'hectare, quel est le prix :
1° D'un champ de 35ᵃ,46 ?
2° D'un terrain rectangulaire de 148 m. de long et de 72 m. de large ?

673. Un terrain rectangulaire de 132 m. de long et de 82 m. de large vaut 6.171 fr. Combien devra débourser une personne qui achète une parcelle de ce terrain de 48ᵃ9ᶜᵃ ?

674. Un terrain de 45ᵃ8ᶜᵃ vaut 2.254 fr. Combien devra débourser une personne qui achète une parcelle de ce terrain de 32 m. de longueur et de 28 m. de largeur ?

675. Une propriété de 4ʰᵃ9ᵃ75ᶜᵃ a coûté 27.863 fr. On cède au prix d'achat une parcelle de ce terrain ayant la forme d'un trapèze dont les dimensions sont : grande base : 87 m.; petite base : 65 m.; hauteur : 58 m. Que recevra-t-on ?

73ᵉ LEÇON

PROBLÈMES SUR LES PARTS INÉGALES

676. On partage un terrain de 2ʰᵃ8ᵃ29ᶜᵃ entre deux héritiers de manière que le premier ait 35ᵃ,29 de plus que le deuxième. Quelle sera la part de chaque héritier? (Nord.)

677. Deux terrains ont ensemble une superficie de 3 ha. L'un a 23ᵃ,8 de plus que l'autre. Quelle est la valeur de chacun à 23 fr. l'are ? (Meuse.)

678. On partage un terrain de 6ʰᵃ5ᵃ25ᶜᵃ entre deux héritiers de manière que le premier reçoive 1ʰᵃ35ᵃ5ᶜᵃ de plus que l'autre. Quelle sera la part de chaque héritier et quelle sera la valeur de chaque part à 7.850 fr. l'hectare ? (Oise.)

679. Deux cultivateurs achètent une propriété de 3ʰᵃ8ᵃ pour 9.856 fr. Le 1ᵉʳ a 62 a. de plus que le 2ᵉ. Combien doivent-ils payer chacun ? (Haute-Savoie.)

680. On a payé 26.450 fr. pour deux champs achetés à raison de 4.500 fr. l'hectare. Sachant que l'un a 75 a. de plus que l'autre, on demande la surface de chacun d'eux.

681. Deux propriétés ont ensemble 3ʰᵃ,71 et valent 46.750 fr. Sachant que l'une a une superficie égale aux 0,75 de l'autre, calculer : 1° la surface de chaque propriété ; 2° la valeur de chacune d'elles. (Côtes-du-Nord.)

74ᵉ LEÇON

PROBLÈMES DIVERS SUR LES MESURES AGRAIRES

682. On offre 12.000 fr. à un propriétaire pour un terrain de 30ᵃ,08 ; il refuse et vend son terrain à 4 fr. 75 le mètre carré. A-t-il perdu ou gagné ? Indiquer la perte ou le gain. (Finistère.)

683. On achète un terrain de 2ʰᵃ,28 pour 9.650 fr. Combien doit-on revendre l'are pour gagner 1.978 fr. sur le marché ? (Pas-de-Calais.)

684. Un spéculateur achète un terrain de 1ʰᵃ9ᵃ18ᶜᵃ, à

raison de 75 fr. l'are. Il en revend la moitié à raison de 1 fr. 10 le mètre carré et le reste à 0 fr. 95. Quel est son bénéfice total ? (Somme.)

685. On a acheté 3^{ha},49 de pré à raison de 2.500 fr. l'hectare. On a payé en outre 0 fr. 10 par franc pour les frais d'acquisition. Combien a-t-on gagné par mètre carré en revendant ce terrain 10.488 fr. ? (Marne.)

686. Un propriétaire a acheté 2 pièces de terre, l'une de 28^a,25, l'autre de 34^a,33 ; à cause de l'inégalité des contenances, il a payé l'une 465 fr. de plus que l'autre. On demande : 1° le prix de l'hectare ; 2° le prix d'achat de chaque pièce. (Drôme.)

687. On a payé 9.996 fr. une pièce de terre achetée au prix de 2.975 fr. l'hectare, contenance garantie. Vérification faite, cette terre n'a que 1^{ha},9456. Combien manque-t-il de terrain et combien a-t-on payé en trop ? (Sarthe.)

CHAPITRE IX

75ᵉ LEÇON

Les mesures de volume

Les mesures de **volume** sont celles qui servent à évaluer l'étendue considérée sous trois dimensions : la **longueur**, la **largeur** et la **hauteur**.

Toutes les mesures de volume sont des **cubes**.

Un cube est un volume dont les six faces sont des carrés égaux et parallèles. Un dé à jouer est un cube.

L'unité des mesures de volume est le **mètre cube**.

Le mètre cube (m^3) est un cube dont chaque face est un carré de 1 m. de côté.

Les sous-multiples du mètre cube sont :

Le **décimètre cube** (dm^3), cube de 1 dm. de côté.
Le **centimètre cube** (cm^3), cube de 1 cm. de côté.
Le **millimètre cube** (mm^3), cube de 1 mm. de côté.

Les unités de volume sont de mille en mille fois plus grandes ou plus petites les unes que les autres.

Ainsi :

Le **mètre cube** vaut 1.000 décimètres cubes;
Le **décimètre cube** vaut 1.000 centimètres cubes
Le **centimètre cube** vaut 1.000 millimètres cubes.

Il n'y a pas de mesures effectives pour les volumes.

Pour trouver le volume d'un cube, on fait le produit de 3 facteurs égaux à la longueur de l'arête ou du côté de ce cube.

Pour trouver le volume d'un solide rectangulaire, on fait le produit de ses trois dimensions, longueur, largeur, hauteur.

76ᵉ LEÇON

EXERCICES SUR LES MESURES DE VOLUME

688. Lire et écrire en toutes lettres les nombres suivants : $3^{m3},654$; — $1^{m3},024$; — $0^{m3},009$; — $4^{m3},045306$; — $24^{m3},000018$; — $0^{m3},075865$.

689. Faire le total des nombres précédents en prenant le mètre cube pour unité.

690. Faire le total des nombres précédents en prenant le décimètre cube pour unité.

691. Écrire en chiffres les nombres suivants : $5m^3 23dm^3 8cm^3$; — $12m^3 367cm^3$; — $24dm^3 837mm^3$; — $42m^3 8dm^3 29mm^3$; — $0m^3 24cm^3 369mm^3$.

692. Faire le total des nombres précédents en prenant le décimètre cube pour unité.

693. Additionner : $2m^3 667dm^3 + 0m^3 87dm^3 257cm^3 + 268dm^3 24cm^3 + 47dm^3 78cm^3 345mm^3 + 3m^3 147cm^3$.

694. Soustraire $3mc 657cm^3$ de $8mc 469dm^3$.

695. Du total $47dm^3 35cm^3 845mm^3 + 248dm^3 965mm^3 + 2dm^3 647cm^3$, retrancher $197dm^3 965cm^3 829mm^3$.

696. De $11m^3 45dm^3 843mm^3$, retrancher le total $0m^3 845dm^3 324mm^3 + 2m^3 18dm^3 9cm^3$.

697. Du total $4m^3 24dm^3 35cm^3 + 269dm^3 3cm^3 + 945dm^3 268mm^3$, retrancher le total $1m^3 9dm^3 33cm^3 + 0m^3 462cm^3 + 2m^3 9cm^3 17mm^3$.

Ramener les nombres suivants à l'unité indiquée :

698. Au mètre cube : $3.947 \; dm^3$; — $527^{dm3},29$; — $3.947^{cm3},74$; — $49^{dm3},009$; — $364^{cm3},8$.

699. Au décimètre cube : $5 \; m^3$; — $3^{m3},965$; — $0^{m3},27$; — $8.975 \; cm^3$; — $468^{cm3},947$.

700. Au centimètre cube : $17 \; dm^3$; — $9.465 \; mm^3$; — $2^{dm3},36$; — $0^{dm3},049$; — $0^{m3},009365$.

701. Au millimètre cube : $43 \; cm^3$; — $2^{cm3},029$; — $0^{dm3},0498$; — $0^{m3},8$; — $0^{cm3},029$.

702. Au mètre cube : $34^{dm3},9$; — $459.674 \; cm^3$; — $8.265.495 \; cm^3$; — $4.536.578.967 \; mm^3$.

77ᵉ LEÇON

PROBLÈMES SUR LES VOLUMES

I

703. On achète, à raison de 18 fr. le mètre cube, 4 tas de moellons ayant : le 1ᵉʳ, $17^{m3},650$; le 2ᵉ, $4^{m3},080$; le 3ᵉ

$8^{m3},500$; le 4°, $15^{m3}75$ dm³. Quelle somme totale doit-on payer ? (Orne.)

704. On achète $25^{m3},500$ de moellons, savoir : $15^{m3},750$ à 12 fr. le mètre cube et le reste à 10 fr. le mètre cube. Quelle est la dépense totale ?

705. Que paiera-t-on pour le transport de 25 pierres de taille, de chacune $1^{m3},600$, à raison de 1 fr. 50 les 1.000 kg., si le décimètre cube pèse $2_{kg},150$?

706. Un cultivateur dispose de $11^{m3}334$ dm³ de fumier pour fumer un champ rectangulaire dont la longueur est de 120 m. et la largeur de 90 m. Quel sera le volume du fumier répandu sur un are de terrain ? (Hautes-Alpes.)

707. On a creusé un fossé de 18 m³, et, pour enlever les matériaux de déblais, on emploie un tombereau contenant $0^{m3},863$. Combien ce tombereau devra-t-il effectuer de voyages si le volume des matériaux remués augmente d'un quart ?

708. On a creusé un bassin de 65 m³, et, pour enlever les matériaux de déblais, on emploie un tombereau contenant 3/4 de mètre cube. Combien ce tombereau devra-t-il effectuer de voyages si le volume des matériaux remués augmente de 1/5 ?

11

709. On achète à 100 fr. le mètre cube une pierre taillée de $1^m,20$ de long sur $0^m,35$ de large et $0^m,18$ d'épaisseur. Quelle somme doit-on ? (Nord.)

710. La construction d'un mur a coûté 1.225 fr. Sachant que ce mur a $24^m,75$ de long, $2^m,20$ de haut et $0^m,45$ d'épaisseur, on demande le prix de 1 m³ de maçonnerie.

711. Un fossé de 120 m. de long, $0^m,75$ de large et $0^m,80$ de profondeur a été creusé en 12 jours par un ouvrier à raison de 0 fr. 55 le mètre cube. Combien gagnait-il par jour ? (Nord.)

712. On achète un tas de fumier qui a 15 m. de long, 8 m. de large et $1^m,50$ de haut, à raison de 8 fr. 50 le mètre cube. A combien reviendra le tout, si le transport du fumier revient à 3 francs le tombereau de $2^{m3},5$? (Marne.)

713. Un tas de fumier a $8^m,40$ de long, $7^m,25$ de large et $2^m,45$ de haut. Un cultivateur l'a acheté pour une somme de

380 fr. Combien l'a-t-il payé le mètre cube, et combien gagnerait-il en tout s'il revendait ce tas à raison de 2 fr. 85 le mètre cube? (Nord.)

714. Pour creuser une auge en pierre de 0^m,86 de long sur 0^m,60 de large et 0^m,30 de profondeur, on a payé 68 fr. 85. Combien payerait-on pour creuser une autre auge de 0^m,75 de long sur 0^m,80 de large et 0^m,24 de profondeur?

78e LEÇON

EMPIERREMENT DES ROUTES

I

715. Quel volume de gravier faudrait-il pour couvrir d'une couche de 0^m,09 un chemin de 225 m. de long et de 3^m,50 de large?

716. On veut empierrer une route de 14 km. de longueur et 4^m,25 de largeur. Combien faudra-t-il de mètres cubes de pierre si l'épaisseur de la couche est de 15 cm.?

717. On veut empierrer une route de 2^{km},780 de longueur et de 4^m,20 de largeur en y déposant une couche de pierre de 0^m,12 d'épaisseur. Quelle sera la dépense si le mètre cube de pierre revient à 15 fr.?

718. Un chemin qui a 2^{km},850 de long sur 4^m,50 de large est recouvert d'une couche de gravier de 14 cm. d'épaisseur. La main-d'œuvre a exigé 152 journées à 3 fr. 75 l'une et l'on paie 5 fr. 80 par mètre cube de gravier. Combien a-t-on dépensé en tout?

719. Sur un chemin de 0^{km},950 de long et de 5^m,60 de large, on veut répandre une couche de gravier de 11^{cm},5. A quel prix reviendra le transport de ce gravier, si, par tombereau de 0^{m3},850, on paie 1 fr. 50?

720. Sur une route de 3^{km},250 de longueur et de 5^m,40 de largeur, on étend une couche de gravier de 12^{cm},5 d'épaisseur. Combien coûtera ce gravier, si le mètre cube coûte 5 fr. et si, par tombereau de 3/4 de mètre cube, on paie 1 fr. 85 de transport?

II

721. Sur un chemin de 326 m. de long et de $2^m,85$ de large, on a répandu $41^{m^3},8095$ de gravier. Quelle est l'épaisseur de la couche ?

722. Pour empierrer une route de $3^{km},5$ de longueur et $4^m,60$ de largeur, on a employé $2.817^{m^3},15$ de gravier. Quelle est l'épaisseur de la couche ? (Seine-Inférieure.)

723. Sur une route de $2^{km},780$ de longueur et de $5^m,80$ de largeur, on a déposé pour 15.720 fr. 90 de gravier. Sachant que ce gravier revient à 6 fr. 50 le mètre cube, on demande l'épaisseur de la couche. (Dordogne.)

724. On répare une route sur une longueur de $4^{km},5$ et sur une largeur de 3 m. ; on emploie pour 15.960 fr. de pierre à raison de 19 fr. le mètre cube. Quelle sera l'épaisseur de la couche et combien coûtera la réparation d'un mètre carré ? (Nord.)

725. Pour réparer une route de $4^{hm},5$ de long et $4^m,10$ de large, on met 260 tombereaux de pierre contenant chacun $0^{m^3},850$. On demande : 1° l'épaisseur de la couche de pierre ; 2° le prix de réparation du décamètre de route, si le mètre cube de pierre revient à 8 fr. 60. (Saône-et-Loire.)

726. Une cour rectangulaire a $42^m,70$ de long et $30^m,50$ de large. On étend sur cette cour 73 tombereaux de gravier qui contiennent chacun les 4/5 d'un mètre cube. Quelle est, en millimètres, l'épaisseur moyenne de la couche de gravier ?

79ᵉ LEÇON

LA MAÇONNERIE EN BRIQUES

I

727. On veut construire un mur ayant $18^m,50$ de long, $3^m,50$ de haut et $0^m,36$ d'épaisseur, avec des briques ayant un volume de $1^{dm^3},452$. Combien faudra-t-il de briques ?

728. Une brique, mise en place, occupe $0^m,25$ de longueur, $0^m,12$ de largeur et $0^m,06$ d'épaisseur. Combien faudra-t-il de briques pour construire un mur de $6^m,20$ de long, $2^m,50$ de large et $0^m,37$ d'épaisseur ? (Nord.)

729. On veut faire construire un mur qui doit avoir 28 m. de long, 2^m,50 de haut et 0^m,36 d'épaisseur, avec des briques de 0^m,12 de largeur, 0^m,22 de longueur et 0^m,06 d'épaisseur. Combien faudra-t-il de briques, et combien coûtera le mur, à raison de 60 fr. le mille de briques mises en place ? (Ardèche.)

730. On veut construire un mur qui aura 22^m,60 de long, 3^m,20 de haut et 0^m,66 d'épaisseur, avec des briques ayant 0^m,22 de long, 0^m,1 de large et 0^m,06 d'épaisseur. Combien faudra-t-il de briques, et quelle sera la dépense totale, si le mille de briques coûte 25 fr., et si la main-d'œuvre revient à 8 fr. le mètre cube ? (Dordogne.)

731. On veut faire construire un mur qui aura 25 m. de long, 0^m,40 de large et 3^m,50 de haut, avec des briques de 0^m,45 de long, 0^m,12 de large et 0^m,05 d'épaisseur. Le mortier occupe les 3/20 du volume total. Quelle est la dépense pour les briques, si le mille vaut 25 fr. ?

II

732. Il faut 550 briques pour faire 1 m³ de maçonnerie. Combien faudra-t-il de briques pour faire un mur de 15 m. de long, 3 m. de haut et 0^m,35 d'épaisseur ? (Sarthe.)

733. Un mur a 12^m,48 de longueur, 7^m,25 de largeur et 0^m,62 d'épaisseur ; dans ce mur, on a ménagé des ouvertures qui occupent un volume de 0^{m3},050. A raison de 480 briques par mètre cube, combien a-t-il fallu de briques pour construire ce mur ? (Hérault.)

734. Un mur a 10^m,50 de long, 6^m,25 de large et 0^m,25 d'épaisseur. On a ménagé dans ce mur 6 ouvertures ayant chacune 1^m,80 de haut et 1^m,20 de large. Il faut 520 briques par mètre cube de maçonnerie. A raison de 18 fr. le mille, combien coûteront les briques nécessaires à la construction de ce mur ? (Gard.)

735. On achète des briques à raison de 18 fr. 50 le mille pour construire un mur dont les dimensions sont : 36 m. de longueur, 2^m,50 de hauteur et 0^m,80 d'épaisseur. Que coûtera cette construction, si les maçons, qui emploient 750 briques par mètre cube, demandent 5 fr. 20 par mètre cube pour la main-d'œuvre ? (Seine-et-Marne.)

ARITHMÉTIQUE PRATIQUE

736. Un mur en briques a un volume de 18 m³, et les briques dont il est formé ont 0^m,22 de longueur, 0^m,11 de largeur et 0^m,055 d'épaisseur. En supposant que le volume du mortier soit le trentième de celui des briques, on demande combien on a employé de briques. (Eure.)

80ᵉ LEÇON

CALCUL DE LA HAUTEUR D'UNE SALLE

737. Une salle doit avoir un volume d'air respirable de 793m³,80. Sachant que sa superficie est de 226m²,80, quelle hauteur faut-il lui donner ?

738. Une salle doit avoir un volume d'air respirable de 612m³,48. La longueur est de 16^m,50 et la largeur de 11^m,60. Quelle hauteur faut-il lui donner ?

739. On construit une salle de classe pour 50 élèves. Il faut 4 m³ d'air par élève. La salle doit avoir 8 m. de longueur et 6^m,20 de largeur. Quelle hauteur faut-il lui donner ?

740. Un cultivateur veut faire construire une bergerie pour 245 brebis et 125 agneaux. Il faut 4 m³ d'air par brebis et 3m³,80 par agneau. La bergerie doit avoir 29^m,80 de longueur et 14^m,60 de largeur. Quelle hauteur faut-il lui donner ?

741. Une salle de classe rectangulaire a 9^m,78 de long, 5^m,36 de large et 3^m,45 de haut. On demande de combien il faudrait élever le plafond pour que chacun des 52 élèves qui y sont eût, ainsi que l'instituteur, 4 m³ d'air à respirer. (Nord.)

81ᵉ LEÇON

PROBLÈMES SUR L'EMPLOI DES ENGRAIS

1° Calcul du prix des engrais

742. Sur un champ de 145^m,80 de long et de 89^m,60 de large, on répand une couche de terreau de 0^m,012. Quel est le prix de ce terreau à 4 fr. 50 le mètre cube ?

743. Sur un champ de 1ʰᵃ80ᵃ95ᶜᵃ, on répand une couche de terreau de 4 mm. Quel est le prix de ce terreau à 4 fr. le mètre cube ?

744. Un champ de forme rectangulaire a 143ᵐ,75 de long sur 72ᵐ,80 de large. On peut le recouvrir d'une couche de fumier ayant une épaisseur de 0ᵐ,005. Combien sera-t-il payé pour la fumure de ce champ, sachant que le fumier vaut 4 fr. 80 le mètre cube, et que le transport et la main-d'œuvre doivent coûter 65 fr. ? (Doubs.)

745. Sur un champ de 3ʰᵃ9ᵃ8ᶜᵃ, on répand une couche de fumier de 0ᵐ,0075. Quelle est la dépense, sachant que le fumier coûte 5 fr. 60 le mètre cube et le transport 1 fr. 50 par voiture de 1ᵐ³,5 ? (Savoie.)

746. Un champ rectangulaire a 258 m. de long sur 89 m. de large. On veut le couvrir d'une couche d'engrais de 8 mm. Quelle sera la dépense totale et la dépense par hectare, si l'engrais coûte 1 fr. 20 le quintal et que le mètre cube pèse 950 kg. ? (Seine-et-Oise.)

2° Calcul de l'épaisseur de la couche d'engrais

747. Un champ rectangulaire a 250 m. de longueur et 185 m. de largeur. On répand sur ce champ 323ᵐ³,75 de fumier. Quelle est l'épaisseur de la couche d'engrais ?

748. On veut répandre, sur un champ ayant une surface de 2ʰᵃ7ᵃ25ᶜᵃ, un volume de fumier de 130ᵐ³,67. Quelle sera l'épaisseur de la couche de fumier, si celui-ci est également réparti sur le champ ? (Pas-de-Calais.)

749. Sur un jardin de 45 m. de long et de 34 m. de large, on répand un mont de fumier de 4 m. de long, 3 m. de large et 1ᵐ,53 de hauteur. Quelle sera l'épaisseur moyenne de la couche de fumier ?

750. Un fermier a un tas de terreau de 8ᵐ,65 de long, 5ᵐ,24 de large et 3ᵐ,50 de haut. Il le fait répandre sur un champ de 2ʰᵃ47ᵃ25ᶜᵃ. Quelle sera l'épaisseur de la couche de terreau ? (Nord.)

751. On étend sur un champ argileux 500 m³ de sable et 361 m³ de calcaire. Le champ a la forme d'un trapèze, dont les bases sont 175 m. et 138 m., et la hauteur 40 m. Quelle est la hauteur de la couche d'amendement ?

752. On veut marner un terrain rectangulaire de 409 m. de long sur 379 m. de large, avec 60 m³ de marne par hectare. La marne coûte 2 fr. 35 le mètre cube. Dites : 1° le nombre de mètres cubes de marne ; 2° le prix du marnage ; 3° l'épaisseur de la couche moyenne de marne.

CHAPITRE X

82° LEÇON

Mesures pour les bois de chauffage

L'unité des mesures pour les **bois de chauffage** est le stère.

Le **stère (s)** a un volume égal au mètre cube.

Le stère n'a qu'un multiple :

Le **décastère (das)**, qui vaut 10 stères ou 10 mètres cubes.

Le stère n'a qu'un sous-multiple :

Le **décistère (ds)**, qui vaut la 10° partie du stère ou du mètre cube.

Les mesures effectives pour les bois de chauffage sont :

Le **demi-décastère**, qui vaut 5 stères ;

Le **double stère**, qui vaut 2 stères ;

Et le **stère**.

Exercices

753. Lire et écrire en toutes lettres les nombres suivants : $3^s,2$; — $4^{das},45$; — $0^s,24$; — 243 ds. ; — $0^{das},168$.

754. Additionner les nombres précédents en prenant pour unité : 1° le stère ; — 2° le décastère ; — 3° le décistère.

755. Soustraire $35^s,4$ de $9^{das}8^{ds}$.

756. Du total $12^s,9 + 0^{das},35 + 249$ ds., retrancher $24^s,7$.

757. De $12^{das},45$, retrancher le total $12^s,9 + 4^s,8 + 231$ ds. $+ 0^{das},65$.

758. Quand le stère de bois vaut 15 fr., combien valent : le das. ? le double stère ? le demi-das. ?

759. Quand le das. de bois vaut 120 fr., combien valent : le stère ? le double stère ? le ds. ? le demi-das. ?

760. Quand le décistère de bois vaut 1 fr. 60, combien valent le stère ? le double stère ? le das. ?

761. Quand le double stère de bois vaut 28 fr., combien valent : le stère? le das.? le ds.? le demi-das.?

762. Quand le demi-das. de bois vaut 50 fr., combien valent : le stère? le das.? le double stère? le ds.?

Ramener les nombres suivants à l'unité indiquée :

763. Au stère : 4 das.; — 35 ds.; — $18^{m3},9$; — 3.950 dm³; — $0^{das},39$.

764. Au das. : $63^{s},8$; — $33^{m3},45$; — 430 ds.; — 66.500 dm³; — $9^{s},8$.

765. Au ds. : $3^{s},9$; — $0^{das},65$; — $8^{m3},69$; — $0^{st},95$; — $3^{das},08$.

766. Au m³ : $4^{s},5$; — $2^{das},35$; — 643 ds; — 4.264 dm³; — $0^{das},38$.

767. Au dm³ : $2^{ds},7$; — $0^{das},67$; — $2^{c},435$; — $0^{m3},037$; — $64^{ds},8$.

83ᵉ LEÇON

PROBLÈMES SUR LE COMMERCE DU BOIS

1° Prix d'achat d'un tas de bois de chauffage

767 bis. Un tas de bois présente les dimensions suivantes : $3^m,45$ de long, $0^m,95$ de haut et $1^m,80$ de large. On l'achète à 14 fr. 50 le stère. Combien paiera-t-on ? (Landes.)

768. Une pile de bois a 20 m. de long, $2^m,50$ de haut et $1^m,10$ de large. Quelle en est la valeur à 24 fr. le double stère ? (Nord.)

769. On achète du bois à raison de 44 fr. 40 la corde de $2^{st},96$; or, les bûches mises en place forment un tas dont les dimensions ont $1^m,60$, $1^m,80$, $2^m,80$. Quel doit être le montant de la facture ? (Seine-et-Oise.)

770. Une pile de bois de chauffage a $2^m,10$ de haut et $2^m,25$ de large. La longueur est double de la largeur. Que vaut cette pile de bois à raison de 55 fr. le demi-décastère ?

771. Quelle est, à raison de 97 fr. 50 le décastère, la valeur d'un tas de bois de $14^m,60$ de long sur $1^m,15$ de haut, si la longueur des bûches dépasse de $0^m,15$ la hauteur du tas ? (Meuse.)

772. On veut placer du bois dans un hangar de $8^m,50$ de long sur $6^m,65$ de large et $4^m,50$ de haut. Quel sera le prix du bois qu'on pourra y placer, si on ménage dans toute la longueur une allée égale au 1/7 de la largeur et si le demi-décastère vaut 87 fr. 30 ? (Seine.)

2° Prix d'achat du bois de construction

773. Quel est le prix d'une solive ayant 5m,20 de long, 22 cm. de large et 8 cm. d'épaisseur, à raison de 90 fr. le stère ? (Seine.)

774. On achète, au prix de 78 fr. le mètre cube, 15 poutres de chêne, ayant chacune 5m,80 de long, 0m,85 de large et 0m,18 d'épaisseur. Quelle somme doit-on payer ?

775. J'achète à 65 fr. le stère 12 pièces de bois équarries de 3m,50 de longueur sur 0m,22 d'équarrissage. Combien dois-je ? (Meuse.)

776. Pour faire un plancher, on emploie une poutre qui a 7m,20 de longueur et 0m,33 d'équarrissage, et 36 solives ayant chacune 3m,25 de long, 0m,12 de large et 0m,20 d'épaisseur. La poutre vaut 90 fr. le mètre cube, et les solives 80 fr. Quelle est la valeur du plancher ? (Cher.)

777. Un chêne de 4m,40 de hauteur et 0m,45 d'équarrissage est vendu à 95 fr. le stère. L'acheteur en fait des madriers de 0m,15 d'épaisseur. Quel est le prix d'un madrier ?

778. Une poutre a 8m,50 de long sur 0m,40 d'équarrissage. Elle a été payée 102 fr. 40. On la débite en solives de 0m,08 d'épaisseur et 0m,20 de largeur. Trouver le prix du stère de ce bois et d'une solive du même bois. (Haute-Marne.)

3° Prix de vente du bois

779. Un tas de bois de 7m,50 de long, 2m,80 de large et 2m,20 de haut a été acheté à raison de 12 fr. le stère. Combien doit-on le revendre pour gagner 4 fr. 60 sur le tout ?

780. Un tas de bois, de 8m,60 de long, 3m,50 de large et 2m,50 de haut, a été acheté pour 602 fr. Combien doit-on revendre le stère pour gagner 90 fr. 30 sur le tout ?

781. Un marchand a acheté pour 704 fr. 40 une pile de bois ayant pour dimensions 17m,50, 2m,50 et 1m,20. Combien a-t-il dû vendre le stère pour gagner 15 0/0 ?

782. Un marchand achète, à raison de 32 fr. la corde de 2st,96, un tas de bois de 0^m,80 de long, 1^m,10 de large et 2^m,30 de haut. Combien doit-il revendre le tout pour gagner 1/5 du prix d'achat ?

783. Un marchand achète 2.000 fagots à 50 fr. le cent ; il retire de chaque cent 7 ds. 1/2 de rondins vendus 12 fr. le stère. Combien devra-t-il revendre chaque fagot pour gagner 160 fr. sur son marché ?

84° LEÇON

CALCUL DE LA HAUTEUR D'UN TAS DE BOIS

784. A quelle hauteur faut-il empiler entre deux montants verticaux, distants de 1 m., des bûches ayant 0^m,65 de longueur pour avoir 1 stère de bois ? (Seine-Inférieure.)

785. On veut faire un tas de bois de 2 s. avec des bûches de 1^m,33 de long : quelle est la hauteur de ce tas, s'il a une largeur de 0^m,90 ? (Haute-Loire.)

786. Deux piquets sont plantés à une distance de 8^m,50. A quelle hauteur faut-il entasser des bûches de 1^m,32 pour mesurer 1 décastère de bois ? (Eure-et-Loir.)

787. On entasse des bûches qui ont 0^m,75 de longueur entre 2 montants éloignés de 3^m,20. A quelle hauteur les bûches doivent-elles s'élever pour que leur volume soit de 4 s. 1/2 ? (Loire-Inférieure.)

788. Un tas de bois est vendu 396 fr., à raison de 12 fr. le stère. Quelle est la hauteur, sachant qu'il a 20 m. de longueur et que la longueur des bûches est de 1^m,10 ?

789. 13 voitures renfermant chacune 2 s. 1/2 ont transporté le bois nécessaire pour une pile de 5 m. de long sur 3^m,25 de large. A quelle hauteur s'élève cette pile ?

85ᵉ LEÇON

PROBLÈMES DIVERS SUR LES BOIS DE CHAUFFAGE

790. Un voiturier a transporté 48 s. de bois en un certain nombre de voyages; sa voiture contient 2ˢ4ᵈˢ. Combien a-t-il fait de voyages? (Morbihan.)

791. Combien faudra-t-il de voitures de bois contenant chacune 2ˢ,7 pour remplir un bûcher qui mesure 7ᵐ,50 de long, 6ᵐ,48 de large et 4ᵐ,50 de haut? (Doubs.)

792. Un stère de bois pris au dépôt coûte 9 fr. 50. A combien reviendraient 15 s. rendus à 2 Mm. du dépôt, le transport étant payé 0 fr. 15 par stère et par kilomètre?

793. Une personne avait acheté pour son chauffage 9 s. de bois à 12 fr. 50 le stère; quelle a été la dépense pour chacun des 180 jours d'hiver, si 6ᵈˢ,5 de ce bois n'ont pas été brûlés? (Meuse.)

794. Une personne ne brûle que du bois de chauffage; elle a dépensé 62 fr. 75 en 125 jours. Sachant que le stère de bois coûte sur place 9 fr. et que le transport et autres frais sont de 3 fr. 55 par stère de bois, on demande : 1° le nombre de stères brûlés ; 2° le nombre de centistères par jour ; 3° le prix du décistère ; 4° la dépense par jour.

795. Pour faire planchéier une chambre, on emploie 6 ds. de planches de chêne de 2ᵐ,50 de longueur, 0ᵐ,08 de largeur et 0ᵐ,025 d'épaisseur. On demande : 1° la surface de la chambre; 2° le prix du mètre cube de planches posées, sachant que le mètre carré coûte 8 fr. 75. (Ardennes.)

CHAPITRE XI

86ᵉ LEÇON

Les mesures de capacité

Les **mesures de capacité** sont celles qui servent à mesurer les liquides, les grains, etc.

L'unité des mesures de capacité est le **litre (l)**.

Le litre équivaut au **décimètre cube**.

Les multiples du litre sont :

Le **décalitre (dal)**, qui vaut **10** litres ;
L'**hectolitre (hl)**, qui vaut **100** litres ;
Le **kilolitre (kl)**, qui vaut **1.000** litres ;
Le **myrialitre (Ml)**, qui vaut **10.000** litres.

Les multiples kilolitre et myrialitre sont peu employés.

Les sous-multiples du litre sont :

Le **décilitre (dl)**, qui est la dixième partie du litre ;
Le **centilitre (cl)**, qui est la centième partie du litre ;
Le **millilitre (ml)**, qui est la millième partie du litre.

Une série complète des mesures de capacité, du centilitre à l'hectolitre, comprend :

Le centilitre et le double centilitre ;
Le demi-décilitre, le décilitre et le double décilitre ;
Le demi-litre, le litre et le double litre ;
Le demi-décalitre, le décalitre et le double décalitre ;
Le demi-hectolitre et l'hectolitre.

Exercices

Ramener les nombres suivants à l'unité indiquée :

796. Au l. : $3^{dal},5$; — $5^{hl},64$; — 875 dal. ; — 365 cl. ; — $0^{hl},95$.
797. Au dal. : 435 l. ; — $8^{hl},25$; — 935 dl. ; — 438 cl. ; — $0^{hl},29$.

798. A l'hl. : 455 l. ; — 85^{dal},65 ; — 3.945 dl. ; — 58 l. ; — 35^{dal},8.
799. Au dl. : 12^l,75 ; — 2^{dal},49 ; — 0^{hl},635 ; — 945 cl. ; — 0^l,750.
800. Au cl. : 3^l,25 ; — 0^{dal},935 ; — 485 dl. ; — 0^l,38 ; — 1^{dal},645.

801. Quand le litre de vin vaut 0 fr. 50, combien paiera-t-on pour 1 hl. ? pour 1 dl. ? pour 1 dal. ?

802. Quand l'hl. de blé vaut 16 fr., combien paiera-t-on pour 1 dal. ? pour 1 l. ? pour 1 demi-hl. ?

803. Quand le dal. de haricots vaut 3 fr., combien paiera-t-on pour 1 hl. ? pour 1 l. ? pour 1 double l. ? pour 1 demi-dal. ?

804. Un litre de liqueur vaut 5 fr., quelle quantité aura-t-on pour 0 fr. 50 ? pour 0 fr. 05 ?

805. Que vaut le litre d'une liqueur dont le cl. coûte 0 fr. 10 ?

806. Combien 2 l. font-ils de cl. ? de dl. ? de ml. ?

807. Combien 8 hl. font-ils de l. ? de dal. ? de dl. ?

808. Combien de l. dans 4 hl. ? dans 5 dal. ? dans 60 dl. ? dans 300 cl. ?

809. Dans 350 l., combien de dal. ? d'hl. ? de dl. ?

810. Dans 260 dal., combien de l. ? d'hl. ?

87ᵉ LEÇON

PROBLÈMES SUR LES MESURES DE CAPACITÉ

811. Un voiturier donne à chacun de ses 14 chevaux 8 l. d'avoine par jour. Combien d'hl. d'avoine devra-t-il acheter pour nourrir ses chevaux pendant l'année ?

812. Un cultivateur donne à chacun de ses 4 chevaux 6^l,5 d'avoine par jour. Il n'en a récolté que 47 hl. Dites la quantité d'avoine qu'il doit acheter pour les nourrir pendant l'année. (Somme.)

813. Un cultivateur a récolté 350 hl. d'avoine. Il réserve le grain nécessaire à la nourriture de ses 9 chevaux, à chacun desquels il donne 8^l,5 d'avoine par jour, et vend le reste à 7 fr. 25 l'hectolitre. Quelle somme lui procurera cette vente ?

814. Un cultivateur a récolté 15^{ha},25 d'avoine qui lui ont donné 70 hl. de grain par hectare. Il réserve 417^{hl},5 d'avoine pour la nourriture de ses chevaux et il vend le reste à 13 fr. 25 le quintal. Quelle somme lui procurera cette vente, si l'hectolitre d'avoine pèse 48 kg. ?

815. Un cultivateur a récolté 365 hl. de blé; il en conserve 18^{hl},5 pour la nourriture de son personnel; il ensemence 8^{ha},35 de terre à raison de 55 l. par mesure de 35^a,46 et il vend ce qui lui reste à raison de 16 fr. l'hectolitre. Combien recevra-t-il?

88ᵉ LEÇON

PROBLÈMES SUR LE VIN MIS EN BOUTEILLES

1° Calcul du nombre de bouteilles

816. Combien une barrique de vin de 300 l. peut-elle fournir de bouteilles de 75 cl.? (Morbihan.)

817. Un débitant achète 3 pièces de vin de chacune 225 l. qu'il tire dans des bouteilles de 65 cl. Combien aura-t-il de bouteilles?

818. On achète une pièce de vin de 228 l. qu'on met dans des bouteilles de 75 cl. Combien aura-t-on de bouteilles de vin clair, s'il y a au fond du tonneau 3^l,5 de lie?

819. Dans une année, un cafetier a vendu, par bouteilles de 65 cl., le contenu de 9 pièces de vin de chacune 220 l. Combien a-t-il vendu de bouteilles de vin dans l'année, sachant qu'il y avait dans chaque pièce 3 l. de vin qui n'ont pu être utilisés?

820. Une personne veut mettre en bouteilles 228 l. de cidre. Elle remplit d'abord 70 bouteilles de grès qui contiennent chacune 1^l,65; elle met le reste dans des bouteilles de 0^l,75. Combien lui faut-il de ces dernières bouteilles?

2° Calcul du prix de revient d'une bouteille

821. Une pièce de vin de 225 l. revient, tous frais payés à 160 fr. 35. Ce vin est mis dans des bouteilles de 0^l,65. Quel est le prix d'une bouteille? (Corrèze.)

822. Une pièce de vin de 228 l. coûte 145 fr. d'achat, 9 fr. 50 de transport et 11 fr. 80 d'octroi. A combien revient la bouteille de 0^l,80 de ce vin? (Vienne.)

823. On achète une barrique de vin de 114 l. pour

72 fr. 50. Combien coûte la bouteille de 85 cl., s'il y a au fond 7¹,5 de lie? (Côte-d'Or).

824. Une pièce de vin de 230 l. a coûté 120 fr. d'achat et 8 fr. 50 de transport. Les droits d'octroi s'élèvent à 2 fr. 50 par hectolitre. A combien revient la bouteille de 0¹,75 de ce vin? (Drôme.)

825. Un débitant achète une pièce de vin de 220 l. à 45 fr. l'hectolitre. Il paie 10 fr. 20 de transport. L'octroi s'élève à 5 fr. 80 par hectolitre. Combien coûte une bouteille de 0¹,60, si les bouteilles vides valent 15 fr. le cent et les bouchons 20 fr. le mille? (Côte-d'Or.)

826. Une personne achète 8 pièces de vin de chacune 225 l. à 65 fr. la pièce. Elle paie 48 fr. 60 de transport. L'octroi s'élève à 4 fr. 50 par hectolitre. Il y a dans chaque tonneau 4¹,75 de lie. A combien revient la bouteille de 75 cl. de vin clair? (Morbihan.)

89ᵉ LEÇON

BÉNÉFICE RÉALISÉ DANS LE COMMERCE DES LIQUIDES

827. Un débitant a acheté 12 hl. de vin à 28 fr. l'hectolitre. Il revend ce vin à 0 fr. 55 le litre. Combien gagne-t-il sur la vente de tout le vin? (Meuse.)

828. Un aubergiste vend au détail 0 fr. 25 le litre de bière qui lui coûte, tous frais compris, 18 fr. 50 l'hectolitre. Quel bénéfice réalise-t-il dans une année, s'il vend 4 hl. de bière par semaine? (Nord.)

829. Un aubergiste achète une barrique de cidre de 225 l. qui lui revient à 32 fr., tous frais compris; il met le cidre dans des bouteilles de 75 cl. qu'il vend 0 fr. 40 chacune. Quel bénéfice fait-il sur la pièce?

830. Un tonneau contient 225 l. d'un vin qui a été acheté 0 fr. 85 le litre. On met ce vin dans des bouteilles contenant 3/4 de litre et on vend chaque bouteille 1 fr. 10. Quel bénéfice réalise-t-on? (Ardèche.)

831. Un cafetier a payé une pièce de vin de 225 l., 32 francs l'hl. Les frais divers s'élèvent à 35 fr.; il vend la bouteille de 60 cl., 0 fr. 40. Combien gagne-t-il s'il a un déchet de 12 l. ? (Ardèche.)

832. Une bouteille de liqueur contient 1 l. 1/4 et coûte 5 fr. Le marchand la revend au détail à raison de 0 fr. 30 le verre. Chaque verre contient 2 cl. Quel est le bénéfice du marchand ? (Aisne.)

90° LEÇON

PROBLÈMES SUR LES AVARIES DES MARCHANDISES

833. Un tonneau contenait 270 l. de vin à 43 fr. 25 l'hectolitre. Dans le transport, il s'en est perdu 17 l. A quel prix revient le litre de ce qui reste ? (Seine-et-Marne.)

834. Un marchand achète 45^{hl},5 de vin à 43 fr. 50 l'hl. Au bout d'un an, il trouve un déchet de 85 l. Combien doit-il revendre le litre de vin pour avoir un bénéfice de 320 fr. sur son marché ? (Hérault.)

835. On refuse de vendre 0 fr. 65 le double décalitre un tas de pommes de terre de 14 hl. Deux mois après, on le vend 0 fr. 10 de plus par double dal., mais il s'en est gâté 3^{hl},2. A-t-on perdu ou gagné à attendre et combien ?

836. On refuse de vendre 0 fr. 75 le double dal. un tas de pommes de terre de 26 hl. Deux mois plus tard, on le vend 7 centimes en plus par double dal. Mais il s'en est gâté 1/10. Combien a-t-on perdu ou gagné ? (Basses-Pyrénées.)

837. Au moment de la récolte, un cultivateur pourrait vendre ses pommes de terre à 0 fr. 85 le double dal., mais au bout de six semaines il en trouve 1/12 de pourries. Combien doit-il alors faire payer l'hectolitre pour ne rien perdre ? (Ardennes.)

91° LEÇON

PROBLÈMES DIVERS SUR LES MESURES DE CAPACITÉ

838. Une pièce de vin coûte 105 fr.; on demande quelle est la contenance de cette pièce, sachant qu'on l'a revendue 150 fr. 60 et que le bénéfice est ainsi de 0 fr. 20 par litre. (Manche.)

839. En achetant du vin à 45 fr. l'hl. et en le revendant à 0 fr. 55 le litre, un marchand a fait un bénéfice de 126 fr. Quelle quantité de vin a-t-il achetée ? (Ardèche.)

840. On achète des pommes de terre à 7 fr. 25 l'hectolitre ; on les revend 1 fr. 80 le double décalitre. Combien devra-t-on revendre d'hectolitres pour faire un bénéfice de 100 fr. ?

841. Pour fabriquer 1200 l. de cidre, on a employé 32 hl. de pommes à 3 fr. 10 l'hl. ; les frais de fabrication se montent à 45 fr. A combien revient le litre de cidre ? (Morbihan.)

842. Un marchand achète 6 pièces de vin contenant chacune 210 l. à 48 fr. 65 l'hl. Il en garde une demi-pièce et revend le reste. Combien devra-t-il vendre le litre de ce vin pour retirer le prix d'achat ? (Ain.)

92º LEÇON

Rapports entre les mesures de volume et les mesures de capacité

Volumes......	m³	dm³			cm³		
		c	d	u	c	d	u
Capacités.....	kl	hl	dal	l	dl	cl	ml

Exercices

1

843. Combien le mètre cube vaut-il : d'hl. ? de litres ? de kl. ? de dal. ?

844. Quel est le volume qui correspond à : 1 l. ? 1 hl. ? 1 dal. ? 1 dl. ? 1 ml. ? 1 cl. ?

845. Un corps plongé dans un vase plein d'eau en fait sortir 2¹,5. Quel est son volume ?

846. Pour creuser une citerne, on a enlevé 3ᵐ³,6 de terre. Combien cette citerne peut-elle contenir d'hectolitres d'eau ?

847. Dans une cuve de 4 m³, on verse 35 hl. d'eau. Combien manque-t-il de litres pour remplir la cuve?

848. Avec le pétrole contenu dans une cuve de 2 m³, combien peut-on remplir de tonneaux de 2 hl.? de 1 hl.? de 50 l.?

II

849. A 20 francs l'hl., quel est le prix du pétrole contenu dans une cuve qui en contient 1 m³?

850. Si le mètre cube de sable blanc est vendu 30 fr., combien paiera-t-on pour 1 hl.? 1 dal.? 1 double dal.? 1 demi-hl.? 1 demi-dal.?

851. Le demi-hl. de chaux coûte 0 fr. 50. Que coûtent : 1 hl.? 1 m³? 1/2 m³?

852. A raison de 15 fr. l'hectolitre, que vaut un tas de blé de 2 m. de long, 1 m. de large et 0ᵐ,50 d'épaisseur?

853. L'avoine contenue dans une caisse de 1 m. de long, 1 m. de large et 0ᵐ,50 de profondeur a été payée 50 fr. Que vaut l'hectolitre?

93ᵉ LEÇON

L'ÉCLAIRAGE AU GAZ

I

854. Un bec de gaz brûle 1ʰˡ,25 de gaz par heure. Combien de mètres cubes consommeront 6 becs en 5 heures?

855. Un bec de gaz brûle 130 l. de gaz par heure. A raison de 0 fr. 18 le mètre cube, quelle sera la dépense pour 8 becs allumés pendant 3 heures? (Nord.)

856. Un bec de gaz consomme 1ʰˡ,35 de gaz par heure. Le mètre cube de gaz coûte 0 fr. 22. Quelle sera la dépense pendant un mois de 30 jours pour 7 becs allumés en moyenne 4 heures par jour? (Seine-et-Marne.)

857. Un bec de gaz consomme 128 l. de gaz par heure. Si le mètre cube de gaz coûte 0 fr. 20, quelle sera la dépense annuelle de 12 becs allumés en moyenne 5 heures par jour? (Charente-Inférieure.)

858. Un magasin est éclairé par 58 becs de gaz, de 6 heures à minuit; chaque bec consomme 1ʰˡ,32 de gaz par heure. Le mètre cube de gaz coûte 0 fr. 25. On demande quelle sera la dépense d'éclairage pendant le mois, sachant que le magasin a été fermé les 4 dimanches du mois.

859. Un bec de gaz brûle 2ˡ,35 par minute. Quelle dépense annuelle occasionneraient 264 becs allumés en moyenne 4 heures et demie par jour, si l'éclairage n'a pas lieu les 52 dimanches de l'année ? (Eure.)

II

860. Un gazomètre est en mesure de fournir chaque jour 35.600 m³ de gaz. Quelle quantité de houille faudra-t-il pour produire le gaz consommé, sachant que la houille employée donne 280 l. de gaz par kilogramme ?

861. Un bec de gaz brûle 1ʰˡ,44 de gaz par heure. Quel volume de gaz consommeraient les 256 becs d'un établissement en 19 heures et quelle quantité de houille faudra-t-il pour produire le gaz consommé, sachant que la houille employée donne 274 l. par kilogramme ? (Eure.)

862. Un gazomètre renferme 28.000 m³ de gaz d'éclairage ; combien peut-on, avec ce gazomètre, alimenter de becs de gaz pendant 5 heures, sachant qu'un bec brûle 125 l. par heure ? (Charente-Inférieure.)

863. Un gazomètre est en mesure de fournir chaque jour 32.500 m³ de gaz d'éclairage. Combien, avec ce gazomètre, peut-on alimenter de becs de gaz, sachant qu'un bec brûle 1ʰˡ,24 par heure et que chaque bec reste allumé 4 heures et demie par soirée ? (Nord.)

864. Un bec de gaz consomme en moyenne 128 l. de gaz par heure. La dépense de 4 becs allumés pendant 4 heures a été de 1 fr. 50. Quel est le prix du mètre cube de gaz ?

865. Un bec de gaz consomme 1 hl. de gaz en 3/4 d'heure. La dépense de 4 becs allumés en moyenne 5 heures par jour, pendant 30 jours, a été de 24 fr. Quel est le prix du mètre cube de gaz ? (Lot-et-Garonne.)

94ᵉ LEÇON

CALCUL DE LA CAPACITÉ D'UN BASSIN

866. Un bassin a pour dimensions 2ᵐ,33, 1ᵐ,15 et 0ᵐ,85. Donner sa contenance en hectolitres.

867. Un bassin a pour dimensions 2ᵐ,20, 1ᵐ,30 et 0ᵐ,90. Combien de seaux de 9 l. pourra-t-on retirer de ce bassin ?

868. Dans une citerne d'une contenance de 12$^{m^3}$,750, on fait un pilier de 2^m,80 de haut, 0^m,60 de large et 0^m,30 d'épaisseur. Combien de seaux d'un décalitre pourra-t-on retirer de la citerne pleine d'eau? (Côte-d'Or.)

869. Pour remplir une cuve de 2^m,10 de long, de 1^m,20 de large et d'une profondeur qui est la moitié de la largeur, on a vidé des sacs d'orge contenant chacun un demi-hectolitre. Combien a-t-on vidé de sacs? (Nord.)

870. Un réservoir de forme rectangulaire a 1^m,15 de longueur, 0^m,60 de largeur et 0^m,75 de profondeur. On y met du vin jusqu'aux 4/5 de la hauteur. Combien de barils d'un double dal. pourra-t-on remplir avec ce vin?

871. Un petit bassin de forme rectangulaire a intérieurement les dimensions suivantes : longueur, 0^m,32; largeur, 0^m,22; profondeur, 0^m,14. On suppose qu'on y verse de l'alcool jusqu'aux 0,8 de la hauteur. Combien de flacons d'un décilitre pourra-t-on remplir avec cet alcool? (Nord.)

95e LEÇON

PRIX DE LA MARCHANDISE CONTENUE DANS UNE CAISSE

872. Les dimensions d'une caisse sont 0^m,70, 0^m,65 et 0^m,53; elle est remplie de haricots que l'on vend 0 fr. 30 le litre. Quelle somme retirera-t-on de cette vente?

873. On remplit de haricots une caisse cubique qui mesure 1^m,25 de côté. Que valent ces haricots à 0 fr. 65 le double litre?

874. On remplit d'avoine un coffre dont le fond est un carré de 1^m,85 de côté et dont la hauteur est de 1^m,20. Que vaut cette avoine à raison de 7 fr. 50 l'hectolitre?

875. Une caisse de 2^m,10 de long, 1^m,90 de large et 1^m,05 de haut est remplie de blé jusqu'aux 2/3 de sa hauteur. Quelle est la valeur de ce blé à raison de 8 fr. 25 le demi-hectolitre?

876. On remplit d'avoine un coffre de 1^m,60 de long, de 1^m,40 de large et dont la hauteur est égale aux 3/4 de la largeur. Quelle est la valeur de cette avoine à 14 fr. 25 le quintal, si l'hectolitre pèse 48 kg.?

877. Avec sa récolte de haricots, un cultivateur a pu remplir une caisse de 2^m,50 de long, 1^m,50 de large et 0^m,80 de haut. Il vend les 5/6 de sa récolte à raison de 24 fr. l'hectolitre et le reste à raison de 0 fr. 65 le double litre. Quelle somme retirera-t-il de cette vente ?

96ᵉ LEÇON

CALCUL DE LA PROFONDEUR D'UNE CITERNE

878. Une citerne a une contenance de $27^{m3},360$. Sa longueur est de $4^m,50$ et sa largeur de $3^m,80$. Quelle est sa profondeur ?

879. On creuse une citerne destinée à recevoir 50 hl. d'eau. La longueur est de $2^m,10$ et la largeur de $1^m,80$. Quelle profondeur faut-il lui donner ? (Aube.)

880. On creuse une citerne destinée à recevoir 169 hl. d'eau. Le fond est un carré de $2^m,60$ de côté. Quelle profondeur faut-il lui donner ?

881. On creuse une citerne destinée à recevoir 320 tonneaux d'eau de 225 l. La longueur est de 5 m., la largeur de $4^m,80$. Quelle profondeur faut-il lui donner ?

882. Une citerne à base rectangulaire est remplie d'eau. Ses dimensions sont : longueur, $2^m,80$; largeur $2^m,50$; profondeur, $2^m,90$. On en retire 98 hl. Quelle est la hauteur de l'eau qui reste dans la citerne ? (Nord.)

883. Une citerne pleine aux 3/5 contient encore $74^{hl},88$ d'eau. Sa longueur est de $3^m,20$; sa largeur, de $2^m,60$. Quelle est sa profondeur ?

97ᵉ LEÇON

CALCUL DU TEMPS NÉCESSAIRE POUR VIDER OU REMPLIR UN BASSIN

I

884. Un réservoir a une capacité de 2.150 l. Combien faudrait-il de temps à un robinet pour remplir ce réservoir, sachant que le robinet fournit $12^l,5$ d'eau par minute ?

885. Deux robinets versent, par minute, l'un 9 l., et l'autre 15 l., dans un bassin contenant $46^{hl},80$. Combien mettront-ils d'heures pour remplir le bassin ? (Rhône.)

886. Un réservoir d'une capacité de $1^{mc},815$ doit être rempli par deux robinets qui donnent, le premier 840 l. par heure, et le second 4 l. par minute. Après combien d'heures et de minutes ce réservoir sera-t-il plein?

887. Un réservoir a une capacité de 17 m³. Combien, pour le remplir, faudrait-il de temps à une fontaine qui donne 15 l. d'eau par minute, sachant que, par une fissure, il se perd 3 hl. d'eau par heure? (Eure.)

888. Une pompe fournit 2^l 1/4 d'eau par coup de balancier et donne 15 coups par minute. En combien de temps cette pompe remplira-t-elle un réservoir d'une contenance de $10^{mc},368$, sachant qu'un robinet laisse couler $5^{hl},50$ d'eau par heure? (Jura.)

889. Un bassin pouvant contenir $3^{mc},8$ reçoit par heure 27^l 3/4 par un premier robinet, 86^l 2/3 d'un autre, et il en perd 64^l 4/5 par un troisième. On ouvre les trois robinets ensemble. Trouver au bout de combien de temps le bassin sera rempli? (Seine.)

II

890. Un bassin a $4^m,50$ de long, $3^m,60$ de large et $2^m,10$ de profondeur. Il est rempli d'eau. On le vide au moyen d'un robinet qui laisse écouler 3 hl. d'eau par heure? Au bout de combien de temps le bassin sera-t-il vide?

891. Une fontaine donne 70 l. d'eau par minute. Combien mettra-t-elle de temps pour remplir un bassin rectangulaire de $7^m,25$ de long, $4^m,80$ de large et 6 m. de profondeur?

892. Un bassin, long de $2^m,80$, large de $2^m,50$ et haut de $1^m,40$, est rempli d'eau jusqu'à $0^m,20$ du bord. Quel temps mettra-t-il à se vider, si un robinet placé au fond laisse échapper 2 l. d'eau par seconde? (Seine-Inférieure.)

893. Une citerne pleine d'eau a $1^m,60$ de long, $1^m,35$ de large et 2 m. de profondeur. Combien un ouvrier mettra-t-il de temps pour la vider avec un seau qui contient 15 l.? On sait qu'il peut en retirer 24 seaux dans une demi-heure.

894. Une pompe fournit $2^l,45$ d'eau par coup de balancier, et l'on donne 30 coups par minute. Combien faudra-t-il de coups pour remplir un bassin de $2^m,50$ de long, $2^m,20$ de large et $1^m,40$ de haut. Dans combien de temps sera-t-il rempli? (Nord.)

CHAPITRE XII

98ᵉ LEÇON

Les mesures de poids

L'unité des mesures de poids est le **gramme (g)**.
Les multiples du gramme sont :
Le **décagramme (dag)**, qui vaut   10 grammes ;
L'**hectogramme (hg)**,   —   100   —
Le **kilogramme (kg)**,   —   1.000   —
Le **myriagramme (Mg)**,   —   10.000   —
On emploie encore :
Le **quintal** métrique **(q)**, qui vaut 100 kg. ;
La **tonne** métrique **(t)**, qui vaut 1.000 kg.
Les sous-multiples du gramme sont :
Le **décigramme (dg)**, qui est la dixième partie du gramme ;
Le **centigramme (cg)**, qui est la centième partie du gramme ;
Le **milligramme (mg)**, qui est la millième partie du gramme.
Les mesures **effectives** de poids vont du milligramme au demi-quintal.
Une série complète de poids comprend donc :
Le mg. et le double mg. ;
Le demi-cg., le cg. et le double cg. ;
Le demi-dg., le dg. et le double dg. ;
Le demi-g., le g. et le double g. ;
Le demi-dag., le dag. et le double dag. ;
Le demi-hg., l'hg. et le double hg. ;
Le demi-kg., le kg. et le double kg. ;

Le demi-Mg., le Mg. et le double Mg.;
Le demi-quintal.

t	q	Mg	kg	hg	dag	g	dg	cg	mg
.	.	.	.	.	.	.	.	.	.

Exercices

I

895. Si le kg. de marchandise coûte 0 fr. 65, que coûtent : le Mg.? la tonne? le quintal?

896. Si le demi-kg. de marchandise vaut 0 fr. 50, que valent : 1 kg.? 1 tonne? 1 quintal? 1 Mg.?

897. Si le quintal coûte 75 fr., que coûtent : 1 kg.? 1 tonne? 1 Mg.?

898. Si la tonne coûte 400 fr., que coûtent : 1 quintal? 1 kg.? 1 Mg.?

899. Si le Mg. coûte 6 fr., que coûtent : 1 kg.? 1 quintal? 1 tonne?

II

Ramener les nombres suivants à l'unité indiquée :

900. Au kg. : 4.875 g.; — 2^{Mg},36; — 7^q,495; — 2^t,769; — 0^q,467.

901. Au quintal : 8.467 kg.; — 53^{Mg},28; — 3^t,649; — 0^t,345; — 760 kg.

902. À la tonne : 18^q,96; — 4.578 kg.; — 583^{Mg},496; — 2^q,39; — 439 kg.

903. Au Mg. : 465^{kg},8; — 35.869 g.; — 4^q,28; — 2^t,437; — 28^{kg},3.

904. Au g. : 3^{kg},45; — 52^{dag},2; — 845^{hg},39; — 0^{Mg},4658; — 0^{kg},649.

III

905. Quelle est la mesure effective de poids qui vaut : 5 kg.? 2 hg.? 50 kg.? 500 g.? 20 kg.? 200 dag.? 500 dg.?

906. Quel est le poids 5 fois plus grand que : l'hg.? le kg.? le g.? le Mg.? le dag.? le mg.? le dg.? le cg.?

907. Quel est le poids 5 fois plus petit que : le g.? l'hg.? le Mg.? le dg.? le dag.? le kg.?

908. Quels sont les poids nécessaires pour peser : 1^{kg},500? 27 g.? 750 g.? 35 kg.? 0^{kg},350?

909. Quel poids faut-il employer pour peser : 1° 1.625 g. de sucre? (Algérie); — 2° 292 dag. de sucre? (Seine-et-Oise); — 3° 16^{kg},972 de bœuf? (Pas-de-Calais).

IV

910. Lire et écrire en toutes lettres les nombres suivants :
1° $25^g,45$; — $2^g,80$; — $14^g,9$; — $0^g,035$; — $14^g,009$;
2° $3^{kg},650$; — $1^{kg},095$; — $0^{kg},87$; — $4^{kg},009$; — $12^{kg},8529$.

911. Écrire en chiffres les nombres suivants :
1° En prenant le kg. pour unité : 4.875 g.; — $2^{Mg}2^{hg}29^g$; — $45^{hg}2^g$; — $172^{Mg}3^g$; — 645 dag.;
2° En prenant le quintal pour unité : $3^q 248^{kg}$; — $52^{Mg}7^{hg}$; — $645^{kg}9^{dg}$; — $290^{hg}45^g$; — $0^q 25^{kg}$;
3° En prenant le gramme pour unité : $1^{kg}2^{dag}$; — 2.545 dag.; — $4^{hg}9^g7$; — $48^{dag}4^{dg}$; — $28^{dg}9^{mg}$.

99ᵉ LEÇON

PROBLÈMES SUR LES MESURES DE POIDS

I

912. Dans un tonneau vide pesant $18^{kg},5$, on met $2^q,65$ de marchandise. Quel est le poids total du tonneau ?

913. Un tonneau plein pèse $9^q,865$. Vide, il pèse $21^{kg},48$. Quel est le poids de la marchandise ?

914. Un tonneau plein pèse $3^q,245$. Vide, il pèse $10^{kg},245$. Que vaut la marchandise qu'il contient à 35 fr. le quintal ?

915. Un chariot plein de charbon pèse $6^t,100$; vide, il pèse $12^q,50$. Que vaut ce charbon à 18 fr. 50 la tonne ?

916. Un wagon plein de charbon pèse $12^q,350$. Vide, il pèse 3.850 kg. Si le charbon qu'il contient vaut 155 fr., on demande le prix de la tonne.

917. Dans un wagon vide pesant $3^t,720$, on met pour 153 fr. de charbon à raison de 1 fr. 80 le quintal. Quel est le poids total du wagon plein ?

II

918. Une motte de beurre de $3^{kg},500$ coûte 11 fr. 20. Quel est le prix du demi-kilogramme ?

919. Lorsque le beurre se vend 1 fr. 30 le demi-kg., que doit payer une personne qui en achète 425 g. ?

920. Une fermière vend 2 fr. 50 le kg. une motte de beurre qui pèse, dit-elle, $4^{kg},500$, mais dont le poids réel est de $4^{kg},570$. A quel prix, en réalité, vend-elle le kilogramme ?

921. Une motte de beurre de 12ᵏᵍ,500 vaut 35 fr. Trouver :
1° le prix d'un pot qui en contient 5ᵏᵍ,250 ; 2° d'une pièce de 250 g. ; 3° d'un hg.

922. Dans un ménage, on consomme 1ᵏᵍ,500 de beurre par semaine. Quelle sera la dépense annuelle si la motte de 5 kg. revient à 13 fr.?

923. Le bœuf se vend 2 fr. 10 le kg. Quel poids en a-t-on pour 0 fr. 75?

924. Si un demi-kg. de veau vaut 1 fr. 30, combien doit-on en avoir pour 0 fr. 55? (Nord.)

925. Un morceau de bœuf de 4ᵏᵍ,750 vaut 13 fr. 30. Combien en aura-t-on de grammes pour 0 fr. 60?

926. Dans un ménage, on a acheté dans le courant d'une année pour 114 fr. 40 de bœuf, à raison de 1 fr. 10 le demi-kg. Combien de kg. de bœuf consommait-on : 1° par semaine? 2° par mois?

100ᵉ LEÇON

CALCUL DU PRIX DE VENTE DE L'UNITÉ

927. Un marchand achète 250 kg. de café pour 800 fr. Combien devra-t-il revendre le kg. pour gagner 62 fr. 50 sur le tout?

928. Un marchand achète 350 kg. de café à 340 fr. le quintal. Combien devra-t-il revendre le kg. pour gagner 175 fr. sur le tout?

929. Un marchand achète 2.250 kg. de café à 350 fr. le quintal. Il paie 71 fr. 10 pour transport et frais divers. Combien devra-t-il revendre le kg. s'il veut gagner 180 fr. sur le tout? (Seine.)

930. Un marchand achète 18 balles de café de chacune 75 kg. à 360 fr. le quintal. Il veut gagner 12 0/0. Combien devra-t-il vendre le demi-kg.?

931. Un marchand achète 150 kg. de café pour 510 fr. Les frais de transport et autres sont de 60 fr. Combien devra-t-il revendre le paquet de 250 g. pour gagner 0 fr. 50 par kg.?

101ᵉ LEÇON

CALCUL DU BÉNÉFICE TOTAL

932. Un épicier a payé 240 fr. 85 pour 1 hl. d'huile d'olive ; il la revend 2 fr. 90 le kg. Si 1 l. d'huile pèse 915 g., quel bénéfice a-t-il réalisé ? (Meuse.)

933. Un épicier a vendu dans une journée 18^{kg},500 de café à 4 fr. 80 le kg. Sachant que ce café lui coûtait 360 fr. le quintal, on demande le bénéfice réalisé sur cette vente.

934. Un épicier a vendu, au prix de 2 fr. 25 le demi-kg., 450 kg. de café achetés à raison de 520 fr. le quintal. Dites combien il a gagné ou perdu sur le prix total de cette vente.

935. Un épicier achète 546 pains de sucre, pesant chacun 9^{kg},5, à raison de 61 fr. 50 le quintal. Il en revend la moitié en gros à 62 fr. 50 le quintal, et l'autre moitié au détail à 0 fr. 35 le demi-kg. Quel est son bénéfice ? (Calvados.)

936. Un épicier achète un fût d'huile pesant brut 140 kg. Le tonneau vide pèse 17^{kg},050. Sachant que la densité de l'huile est 0,915, que l'épicier l'a payée 1 fr. 60 le kg. et qu'il l'a revendue 2 fr. 20 le litre, on demande ce qu'il a gagné.

937. Un négociant a acheté 360 tonnes de houille à raison de 2 fr. 95 le quintal. Il revend cette houille à raison de 3 fr. 25 l'hectolitre. Trouver le bénéfice total, sachant que l'hectolitre de houille pèse 90 kg. (Lot-et-Garonne.)

102ᵉ LEÇON

VENTE DU BOIS AU POIDS

938. Un stère de bois de hêtre coûte 14 fr. 75 et pèse 470 kg. Combien vaut le quintal ? (Pas-de-Calais.)

939. Le stère de bois de chauffage pèse environ 450 kg. et vaut 17 fr. 50. Combien doit-on vendre 1.000 kg. de bois pour gagner 2 fr. 50 par stère ? (Eure.)

940. Le bois à brûler provenant des démolitions se vend 35 fr. la tonne. A combien revient le stère de ce bois, sachant que le dm³ de bois pèse 0^{kg},900 ?

941. Un marchand achète pour 350 fr. un tas de bois à brûler de $6^m,50$ de long, $2^m,60$ de large et $1^m,50$ de haut. Le stère de bois pèse 750 kg. A combien revient la tonne ?

942. Un marchand achète, à raison de 12 fr. le stère, un lot de bois de chauffage formant un tas de 8 m. de long sur $2^m,25$ de large et $1^m,25$ de haut. Il le revend au prix de 3 fr. 40 le quintal. La densité moyenne de ce tas est 0,68. Quel est le bénéfice de ce marchand ? (Nord.)

943. Un tas de bois de $6^m,15$ de long sur $1^m,14$ de hauteur a été vendu à raison de 40 fr. la corde, c'est-à-dire les 4 s.. Ce bois a un poids moyen de 650 kg. par stère. Trouver la valeur et le poids de ce tas de bois. (Oise.)

103ᵉ LEÇON

CALCUL DU PRIX D'UN TAS DE BLÉ

944. Un tas de blé de 125 hl. a été vendu à raison de 22 fr. le quintal. Quel est le montant de cette vente, sachant que l'hl. de blé pèse 78 kg. ?

945. Avec un tas de blé, on a pu remplir 38 sacs contenant chacun $1^{hl},5$. Que vaut ce blé à 22 fr. 50 le quintal, si l'hl. pèse 78 kg. ? (Nord.)

946. Un tas de blé a un volume de $3^{m3},850$. Quelle est sa valeur à raison de 21 fr. 75 le quintal, si l'hl. pèse 76 kg. ?

947. Un tas de blé de $4^m,20$ de long, $3^m,40$ de large et $0^m,60$ de haut, a été vendu à raison de 22 fr. 75 le quintal. Combien a-t-il coûté à l'acheteur, sachant que l'hl. pèse 77 kg. ?

948. Un tas de blé ayant pour dimensions $3^m,80$, $2^m,10$ et $0^m,75$ a été vendu à raison de 15 fr. 50 les 80 kg. Combien a-t-il coûté à l'acheteur, sachant que l'hl. de blé pèse 77 kg. ?

949. Un grenier de $4^m,50$ de long, $3^m,40$ de large et 3 m. de haut est rempli de blé aux 2/5 de la hauteur. Quel est le prix de ce blé à raison de 26 fr. 50 le sac de 150 kg., sachant que l'hl. pèse 76 kg. ? (Nord.)

104e LEÇON

PROBLÈMES SUR L'ÉCLAIRAGE A L'HUILE

950. Pendant 125 jours d'hiver, une lampe est restée allumée en moyenne 3 heures par jour. Sachant qu'elle brûle 28 gr. d'huile par heure, combien a-t-il fallu de kg. d'huile pour alimenter cette lampe ?

951. Pendant 30 jours, une lampe est restée allumée en moyenne 4 heures par jour. Sachant qu'elle brûle 30 gr. d'huile par heure et que 1 kg. d'huile coûte 1 fr. 75, trouver la dépense.

952. Une lampe brûle 31 gr. d'huile par heure et reste allumée 3 heures par jour. On demande quelle dépense a été faite dans un ménage pendant les mois de janvier, février et mars, sachant que 1 l. d'huile estimé 1 fr. 25 pèse 915 gr.

953. Une lampe brûle 32 gr. d'huile par heure et reste allumée 3 h. 20 minutes par jour. Le demi-kg. d'huile coûte 0 fr. 65 ; on demande quelle sera la dépense pour 90 jours.

954. Une lampe brûle par heure 70 gr. d'huile à 1 fr. 15 le kg. Une autre lampe ne brûle que $0^{kg},05$ par heure ; mais elle exige de l'huile à 1 fr. 45 le kg. Quelle est celle de ces deux lampes qui est la plus économique ?

955. Dans un cours d'adultes, on emploie 4 lampes à pétrole qui brûlent 2 heures 1/2 chaque soir et 3 jours par semaine. Chaque lampe brûle 11 cl. de pétrole par heure. On demande quelle est la dépense d'éclairage pour 14 semaines, sachant que le pétrole coûte 0 fr. 40 le litre et que le marchand fait une remise de 2 0/0 sur le prix de vente.

RAPPORTS ENTRE LES MESURES DE VOLUME DE CAPACITÉ ET DE POIDS

Volume.......	**m³**	**dm³**			**cm³**			**mm³**
		c	**d**	**u**	**c**	**d**	**u**	**c d u**
Capacité......	**kl**	**hl**	**dal**	**l**	**dl**	**cl**	**ml**	
Poids de l'eau.	**1 tonne**	**1^{q}**	**1^{Mg}**	**1^{kg}**	**1^{hg}**	**1^{dag}**	**1^{g}**	

105ᵉ LEÇON

POIDS D'UN VASE REMPLI D'EAU

Un décimètre cube d'eau pure ou 1 litre pèse 1 kilogramme.

PROBLÈMES ORAUX. — **956.** Quel est le poids de 1 dal. d'eau ? de 1 hl. ? de 1 dl. ? de 1 cl. ?

957. Quel est le poids de l'eau contenue dans une boîte cubique de 1 cm. de côté ? de 1 dm. de côté ? de 1 m. de côté ?

958. Quel est le poids de 7 l. d'eau ? de $24^l,5$? de 2 dal. ? de 3 hl. ? de 5 dl. ?

959. Un vase vide pèse 2 kg. Combien pèse-t-il quand on y a versé 6 l. d'eau ?

960. Un vase de 8 l. de capacité pèse 3 kg. quand il est vide. Combien pèse-t-il quand on l'a rempli d'eau : 1° au quart ? 2° à moitié ? 3° aux trois quarts ? 4° en entier ?

961. Un vase de 12 l. plein d'eau pèse 16 kg. Quel est le poids du vase vide ?

PROBLÈMES ÉCRITS. — **962.** Trouver le poids de $2^{hl}6^l$ d'eau.

963. Un vase qui renferme $2^l 5^{cl}$ d'eau et qui pèse vide 950 gr. fait équilibre à une boule de métal. Quel est le poids de cette boule ?

964. Dites ce que pèse, pleine d'eau, une boîte contenant $5^{dm}325^{cm3}$, si elle pèse, vide, $0^{kg},136$. (Meuse.)

965. Que pèserait, pleine d'eau, une boîte ayant $0^m,35$ de long, $0^m,25$ de large et $0^m,20$ de hauteur, si, vide, elle pèse $1^{kg},750$? (Tarn-et-Garonne.)

966. Un vase a une capacité de $3^l,6$; il pèse vide 1^{kg}, Quel serait son poids si on le remplissait d'eau : 1° au tiers ? 2° aux 2/3 ? 3° en entier ? (Maine-et-Loire.)

967. On verse dans un vase 35 dl. d'eau pure, puis $1^{dal},2$. Le poids total est alors de 18 kg. Quel est le poids du vase vide ? (Indre-et-Loire.)

106ᵉ LEÇON

CONTENANCE D'UN VASE REMPLI D'EAU

Exercices oraux. — **968.** Exprimez en litres le volume de 5 kg. d'eau; de 25 kg.; de 3^{kg},500; de 0^{kg},500; de 1 quintal.

969. Exprimez en dm³ le volume de 7 kg. d'eau; de 34 kg.; de 6^{kg},800; de 0^{kg},700; de 1 tonne.

970. Exprimez en hl. le volume de 100 kg. d'eau; de 500 kg.; de 350 kg.; de 1 q.; de 1 t.

971. Un vase plein d'eau pèse 18 kg.; vide, il pèse 4 kg. Quelle est la capacité du vase?

972. Un tonneau plein d'eau pèse 250 kg. On le vide, et il ne pèse plus que 25 kg. À raison de 1 fr. le l., combien coûterait le vin avec lequel on le remplirait alors?

973. Un tonneau vide pèse 10 kg.; plein d'eau, il pèse 120 kg. Combien pourrait-on remplir de bouteilles d'un demi-litre avec cette eau?

Problèmes écrits. — **974.** Un vase, rempli d'eau, pèse 1^{kgr},750 de plus que lorsqu'il était vide. Dites quelle est sa contenance: 1° en l.; 2° en dm³; 3° en cm³; 4° en cl.

975. Un vase vide pèse 2^{kg},500; plein d'eau pure, il pèse 7^{kg},850. Quelle est la capacité de ce vase?

976. Un vase plein d'eau pèse 4^{kg},5; le vase seul pèse 1^{kg}3^{dg}. Quelle est la capacité de ce vase: 1° en litres? 2° en dm³? (Haute-Saône.)

977. Un tonneau vide pèse 21^{kg},500. Plein d'eau, il pèse 249^{kg},500. Que vaudrait le vin qu'il peut contenir à raison de 60 fr. l'hectolitre? (Seine-et-Oise.)

978. Un tonneau vide pèse 6^{kg},885. Plein d'eau, il pèse 224^{kg},600. On demande combien il pèserait plein d'une huile dont la densité serait 0,92. (Allier.)

979. Un vase vide pèse 2^{kg},750; plein d'eau, il pèse 19^{kg},250. On demande: 1° la capacité du vase en litres; 2° le nombre de bouteilles de 0^l,55 que l'on remplirait avec le contenu de ce vase. (Drôme et Mayenne.)

107ᵉ LEÇON

CONTENANCE DES VASES REMPLIS D'EAU EN PARTIE

Exercices oraux. — **980.** Un vase vide pèse 1 kg. Rempli à moitié d'eau, il pèse 4 kg. Quelle est sa contenance ?

981. Un vase à moitié plein d'eau pèse 6 kg. ; plein, il pèse 10 kg. Quelle est sa contenance ?

982. Un vase plein d'eau pèse 12 kg. Quand on retire la moitié de l'eau qu'il contenait, il ne pèse plus que 7 kg. Quelle est sa contenance ?

983. Un vase vide pèse 2 kg. Plein d'eau, il pèse 10 kg. Combien pèse-t-il après qu'on a retiré la moitié de l'eau ?

984. Un vase plein d'eau pèse 15 kg. Quand il ne contient que 6 l. d'eau, il pèse 9 kg. Quel est le poids du vase vide et quelle est sa contenance ?

985. Un vase vide pèse 2 kg. On l'emplit d'eau au quart et il pèse alors 5 kg. Quelle est sa contenance ?

Problèmes écrits. — **986.** Un vase vide pèse 750 gr. Rempli à moitié d'eau, il pèse $2^{kg},250$. Quelle est sa contenance ? (Aube.)

987. Un vase à moitié plein d'eau pèse $10^{kg},850$. Plein, il pèse $18^{kg},950$. Quel est le poids du vase vide et sa capacité totale ? (Bouches-du-Rhône.)

988. Un seau plein d'eau pèse $19^{kg},350$. Quand on retire le tiers de l'eau qu'il contient, il ne pèse plus que $13^{kg},500$. Que doit-il peser quand il est vide et quelle est sa contenance ? (Pas-de-Calais.)

989. Un vase vide pèse $0^{kg},950$; plein d'eau, il pèse $6^{kg},350$. Combien pèse-t-il après qu'on a retiré le quart de l'eau ? Dites, en outre, quelle est la capacité de ce vase.

990. Un baril rempli d'eau pure pèse $78^{kg},4$. Quand il ne contient plus que 20 l. d'eau, il pèse $35^{kg},6$. Quel est le poids du baril vide et quelle est sa contenance ? (Seine.)

991. Un tonneau vide pèse $28^{kg},7$. On l'emplit d'eau aux 3/4 et il pèse alors $215^{kg},2$. Quelle est la contenance du tonneau ? Quel serait le prix du vin qu'on pourrait y loger à raison de 75 fr. l'hectolitre ? (Gironde.)

108° LEÇON

CAPACITÉ D'UN VASE CONTENANT UN LIQUIDE QUELCONQUE

992. Un tonneau plein de vin pèse 618 kg.; vide, il pèse 32^{kg},075. On sait que le litre de vin pèse 987 gr. Quelle est la contenance du tonneau ? (Seine.)

993. Une épicière a acheté un tonneau d'huile pesant brut 85 kg. Le tonneau vide pèse 17^{kg},750. Sachant que la densité de cette huile est de 0,915, dire combien cette épicière a acheté de litres. (Nord.)

994. Le litre d'huile d'olive pèse 915 gr. D'après cela on demande : 1° le nombre de litres contenus dans un fût qui pèse, vide, 18^{kg},345, et plein, 125^{kg},400 ; 2° quelle est la valeur de cette huile, sachant que le litre coûte 1 fr. 70.

995. Un fût vide pèse 10^{kg},35, et plein, 223^{kg},07. Quel est le prix de l'huile qui y est contenue à raison de 2 fr. 10 le litre ? L'huile d'olive pèse 915 gr. le litre. (Loire-Inférieure.)

996. Un fût plein d'huile pèse 68^{kg},65. A raison de 1 fr. 30 le litre, quel est le prix de cette huile, sachant que le poids du fût vide est le tiers du poids total et que le litre d'huile pèse 914 g.? (Orne.)

109° LEÇON

PROBLÈMES SUR LE LAIT

997. Sachant que le litre de lait pèse 1^{kg},034, quel est le poids d'un vase dans lequel on a mis 15 l. de lait, le vase vide pesant 0^{kg},975 ?

998. Sachant que le litre de lait pèse 1^{kg},03, quelle est la contenance d'un vase plein dans lequel on a mis 12 kg. de lait ? (Manche.)

999. Plein de lait, un vase pèse 38^{kg},3 ; vide, il pèse 2^{kg},25. La densité du lait est 1,03. Quelle est la contenance du vase ?

1000. Dans un vase d'une capacité de 22 l., on met 19^l,5 de lait dont le litre pèse 1^{kg},034, puis on achève de remplir avec de l'eau. Quel est le poids de 1 l. de mélange ?

ARITHMÉTIQUE PRATIQUE

1001. Un litre de lait pèse $1^{kg},03$. Une personne en achète 15 l. Pour savoir s'il n'y a pas d'eau, elle pèse les 15 l. de lait et elle trouve $15^{kg},296$. Combien y a-t-il de litres d'eau ? (Nord.)

1002. Une laitière, voulant vérifier si le lait qu'on lui vend contient de l'eau, en achète 35 l.; elle le pèse et trouve que le poids est de $35^{kg},840$. Combien ce lait contient-il de litres d'eau, sachant que 1 l. de lait pèse 1.030 g.?

110ᵉ LEÇON

Densité des corps

La densité d'un corps est le poids de 1 dm³ de ce corps. La densité du mercure étant 13,6, le dm³ pèse $13^{kg},6$.

1· Calcul du poids des corps

Pour trouver le poids d'un corps, connaissant son volume et sa densité, on multiplie la densité par le nombre représentant le volume.

PROBLÈMES ORAUX. — **1003.** La densité du fer est 7,78. Que pèse 1 dm³ ? 10 dm³ ? 1 cm³ ? 10 cm³ ?

1004. La densité de la pierre étant 2,4, que pèse un bloc cubique de 1 dm. d'arête ? un bloc cubique de 1 m. d'arête ?

1005. La densité du platine étant 21,52, que pèse un cube de 1 cm. d'arête ? un cube de 1 dm. d'arête ?

1006. Un morceau de craie a 1 dm. de long, 1 cm. de large et 1 cm. d'épaisseur. 1° Quel est son volume en cm³ ? 2° Quel est son poids, si la densité de la craie est 2,1 ? (Basses-Pyrénées.)

1007. Un bloc de marbre a 1 m. de long, 1 m. de large et $0^m,05$ d'épaisseur. Quel est son poids, si la densité du marbre est 2,7 ?

PROBLÈMES ÉCRITS. — **1008.** L'obélisque de la place de la Concorde, à Paris, a un volume de 84 m³. Le granit dont il est formé a une densité de 2,75. Quel est le poids de cet obélisque ? (Loiret.)

1009. Quel est le poids d'une tablette de marbre de $1^m,20$ de longueur, $0^m,85$ de largeur et $0^m,06$ d'épaisseur, la densité du marbre étant de 2,696 ? (Nord.)

1010. Une barre de fer a une section carrée de $0^m,024$ de côté et une longueur de $2^m,50$. Quel est son poids, la densité du fer étant 7,80 ? (Dordogne.)

1011. Une poutre de chêne a 5 m. de long ; sa largeur est les 3/50 de sa longueur et son épaisseur est les 4/5 de la largeur. Quel est son poids, la densité du chêne étant de 0,750 ? (Yonne.)

1012. A raison de 25 fr. le quintal, combien paiera-t-on pour l'achat de 18 barres de fer ayant $3^m,50$ de long, $0^m,05$ de large et $0^m,032$ d'épaisseur, la densité du fer étant de 7,78 ?

1013. Le chemin de fer prend 0 fr. 05 pour transporter une tonne de fer à 1 km. Combien faudra-t-il payer pour transporter, à une distance de 35 Mm., 45 barres de fer ayant $6^m,20$ de long, $0^m,08$ de largeur et $0^m,043$ d'épaisseur? La densité du fer est de 7,78. (Seine.)

2° Calcul de la densité des corps

1014. On trouve la *densité* d'un corps en *divisant* son poids par le nombre représentant son volume.

Problèmes oraux. — **1015.** Un dm^3 de cuivre pèse $8^{kg},85$. Quelle est la densité du cuivre ?

1016. Un cm^3 d'éther pèse $0^g,735$. Quelle est la densité de l'éther ?

1017. Un dal. de lait pèse $10^{kg},34$. Quelle est la densité du lait ?

1018. Un hl. d'huile pèse $91^{kg},5$. Quelle est la densité de l'huile ?

1019. Un m^3 de marbre pèse 2.700 kg. Quelle est la densité du marbre ?

1020. Un morceau de chêne de 1 m. de long et de $0^m,10$ d'équarrissage pèse $9^{kg},34$. Quelle est la densité du chêne ?

Problèmes écrits. — **1021.** Une planche de peuplier de $42^{dm^3},350$ pèse $16^{kg},093$. Quelle est la densité du peuplier ?

1022. Dans un vase contenant $16^l,5$ de lait, on verse 5 l. d'eau. Quelle est la densité du mélange, si le litre de lait pèse $1^{kg},03$?

1023. Dans un tonneau vide pesant $21^{kg},200$, on verse 225 l. de vin et le tonneau plein pèse $241^{kg},200$. Quelle est la densité du vin ?

1024. Une tablette de marbre de $1^m,50$ de long, $0^m,85$

de large et $0^m,04$ d'épaisseur pèse $137^{kg},900$. Quelle est la densité du marbre ? (Nord.)

1025. Une tige de fer à section carrée de $0^m,035$ de côté et de $2^m,60$ de longueur pèse $24^{kg},7793$. Quelle est la densité du fer ?

1026. Un tas de bois à brûler, de $12^m,50$ de long, $3^m,50$ de large et $2^m,80$ de haut, pèse $78.277^{kg},5$. Mais, à cause des vides entre les bûches, chaque stère ne contient réellement que 750 dm³ de bois. Quelle est la densité du bois ?

111ᵉ LEÇON

POIDS DE L'AIR D'UNE SALLE

1027. Une salle a un volume intérieur de 350 m³. Quel est le poids de l'air qu'elle contient, sachant que le décimètre cube d'air pèse $1^g,3$?

1028. Un litre d'air pèse $1^g.3$ dg. Quel est le poids de l'air contenu dans une salle de classe de $8^m,25$ de long, $6^m,80$ de large et 4^m de haut ? (Nord.)

1029. On demande le poids de $85^{m3},59$ d'air, sachant que l'eau pèse 770 fois plus que l'air. (Eure.)

1030. Les dimensions d'une chambre rectangulaire sont : $4^m,25$ sur $3^m,85$ et $2^m,70$ de hauteur. Quel est le poids de l'air contenu dans cette chambre si l'air pèse à volume égal 773 fois moins que l'eau ? (Meuse.)

1031. L'air pèse 773 fois moins que l'eau et contient 21 0/0 de son poids d'oxygène. Calculer d'après cela le poids de l'oxygène contenu dans une salle de 528 m³. (Hérault.)

112ᵉ LEÇON

PRODUCTION DE LA FARINE, DU SON ET DU PAIN

1· Transformation du blé en farine et en son

1032. 100 kg. de blé donnent 84 kg. de farine et le reste de son. Quel poids de farine et de son retirera-t-on de 6.500 kg. de blé ?

1033. 100 kilogrammes de blé donnent 85 kg. de farine et le reste de son. Quels poids de farine et de son retirera-t-on de 125 hl. de blé pesant chacun 78 kg. ?

1034. 100 kg. de blé donnent 82 kg. de farine et le reste de son. Combien fourniraient de quintaux de farine et de son 72 sacs contenant chacun 106 l. de blé pesant 74 kg. l'hl. ?

1035. Un champ de $2^{hn},50$ a produit 29 hl. de blé par hectare. Combien peut-on avoir de farine et de son avec ce blé, sachant qu'un hectolitre de blé pèse 77 kg. et que 100 kg. de blé donnent 85 kg. de farine et le reste de son ?

2º Transformation de la farine en pain

1036. Avec 4 kg. de farine, on peut faire 5 kg. de pain. Quelle quantité de pain peut-on faire avec 1.250 kg. de farine ?

1037. Avec 4 kg. de farine, on peut faire 5 kg. de pain. Combien un boulanger fait-il de pain avec 12 sacs pesant chacun 95 kg. ? (Ardennes.)

1038. 1 kg. de farine donne $1^{kg},25$ de pain. Combien de pains de $1^{kg},500$ pourra-t-on fabriquer avec 18 sacs de farine pesant chacun 95 kg. ?

1039. Le prix moyen de 150 kg. de farine est de 54 fr., et les frais de panification de cette même quantité de farine, de 75 fr. 20. Si 100 kg. de farine donnent 130 kg. de pain, à combien revient le kg. de pain ? (Sarthe.)

1040. On sait que 3 kg. de farine donnent 4 kg. de pain. D'après cela, on demande quel sera le bénéfice d'un boulanger qui a acheté 49 sacs de farine pesant chacun net 165 kg., au prix de 62 fr. 50 le sac, s'il vend le pain de 2 kg. 0 fr. 75. (Drôme.)

3º Tant pour 100 : Transformation du blé en farine et en son

1041. L'hectolitre de blé pèse 75 kg. et fournit 89 0/0 de farine et le reste de son. Quel poids de farine et de son retirera-t-on de 160 hl. de blé ? (Haute-Saône.)

1042. L'hectolitre de blé pèse 78 kg. et produit 88 0/0 de farine et le reste de son. Quel poids de farine et quel poids de son retirera-t-on d'un tas de blé de $1^{m3},720$? (Nièvre.)

1043. Le litre de blé pèse 760 g.; il fournit 86 0/0 de farine et le reste de son. Quel poids de farine et de son retirera-t-on du blé renfermé dans un grenier ayant 4^m,60 de longueur, 3^m,40 de largeur, si le tas de blé a une hauteur de 0^m,75 ? (Sarthe.)

1044. Un sac de blé de 1^{hl},5 pèse 120 kg.; il rend en farine 88 0/0 de son poids. Le reste, moins 2 kg. de déchet, est du son. Quelle est, après la mouture, la valeur d'une récolte de 120 sacs de blé, si la farine est vendue 56 fr. et le son 18 fr. le quintal? (Ille-et-Vilaine.)

4° Problèmes divers

1045. Un sac de farine de 157 kg. produit 212 kg. de pain. Combien la farine donne-t-elle de pain par 100 kg. de son poids? (Oise.)

1046. Combien faut-il moudre d'hectolitres de blé pesant chacun 75 kg. pour se procurer 25 sacs de farine de chacun 125 kg., si 1 kg. de blé donne 75 dag. de farine ?

1047. 100 kg. de blé donnent 80 kg. de farine, et 100 kg. de farine produisent 130 kg. de pain. Combien fera-t-on de pains de 3 kg. avec 8 hl. de blé de 75 kg. chacun ? (Haute-Saône.)

1048. Un hectolitre de blé pèse 76 kg.; le blé donne 87 0/0 de son poids de farine; 5 kg. de farine donnent 6 kg. 1/2 de pain. Quelle sera la quantité de pain fournie par 6 sacs de 80 l.? (Ardèche.)

1049. Pour faire du pain, on pétrit la farine avec son poids d'eau; mais, à la cuisson, la pâte perd 30 0/0 de son poids. Combien faudra-t-il de farine pour faire 350 kg. de pain? (Loire-Inférieure.)

113° LEÇON

PRODUCTION DU LAIT, DE LA CRÈME ET DU BEURRE

1

1050. 25 l. de lait donnent 1 kg. de beurre. Quelle quantité de beurre retirera-t-on du lait produit pendant un mois de 30 jours par une vache qui donne en moyenne 12 l. de lait par jour ?

1051. 26 l. de lait donnent 1 kg. de beurre. Quelle quantité de beurre retirera-t-on du lait produit pendant une semaine par 15 vaches qui donnent chacune en moyenne 13 l. de lait par jour ? (Pas-de-Calais.)

1052. Un fermier a 35 vaches qui donnent chacune environ 16 l. de lait par jour. Sachant qu'il faut 170 l. de lait pour obtenir 5 kg. de beurre, dites quelle somme recevra le fermier par semaine, sachant que le demi-kg. de beurre vaut 1 fr. 25. (Somme.)

1053. Un litre de lait pèse 1.034 g. et 100 kg. de lait produisent 4^{kg} 1/2 de beurre. Combien peut-on faire de kilogrammes de beurre avec le lait fourni en un mois de 30 jours par une vache qui donne, en moyenne, 12 l. par jour?

II

1054. Un litre de lait donne 0^l,16 de crème et 1 l. de crème donne 0^{kg},250 de beurre. Combien obtiendra-t-on de beurre avec 350 l. de lait?

1055. 4 l. de crème donnent 1 kg. de beurre et 7 l. de lait donnent 1 l. de crème. Quelle quantité de beurre obtiendra-t-on avec 180 l. de lait?

1056. Un litre de lait donne 18 cl. de crème et 1 l. de crème donne 260 g. de beurre. Quelle est la valeur du beurre contenu dans 105 l. de lait, le prix du beurre étant de 1 fr. 60 le demi-kg.? (Orne.)

III

1057. Sachant que le lait donne 5 0/0 de son poids de beurre, quelle quantité de beurre retirera-t-on de 230 l. de lait, si 1 litre pèse 1^{kg},034?

1058. Une vache de race normande donne jusqu'à 30 l. de lait par jour. Ce lait pèse 1^{kg}34 g. le litre, et rend 4 0/0 de son poids en beurre. Quand le beurre se vend 1 fr. 60 le demi-kg., quelle est la valeur du produit journalier de cette vache ? (Pas-de-Calais.)

1059. Sachant que le litre de lait pèse 1^{kg},034, que le lait donne 16 0/0 de son poids de crème, que la crème donne

26 0/0 de son poids de beurre, quelle quantité de beurre retirera-t-on de 350 l. de lait?

1060. Le lait donne en moyenne 15 0/0 de crème, et la crème 25 0/0 de beurre. Le litre de lait pèse $1^{kg},034$. Quel sera, par semaine, le produit de 6 vaches qui donnent chacune 12 l. par jour, si on vend le beurre 2 fr. 75 le kg.?

IV

1061. Le litre de lait pèse $1^{kg},034$. Le lait donne en moyenne 1/25 de son poids de beurre. Quelle quantité de beurre retirera-t-on de 450 l. de lait?

1062. Le lait donne en moyenne 2/3 de son poids en crème. Quelle quantité de crème retirera-t-on de 275 l. de lait, si le litre pèse $1^{kg},034$?

1063. Le lait donne en moyenne 4/25 de son poids de crème, et la crème donne le 1/4 de poids en beurre. D'après ces données, combien y a-t-il de kilogrammes de crème et de beurre dans 248 l. de lait, si le litre pèse $1^{kg},034$?

1064. Le litre de lait pèse $1^{kg},032$ et donne 1/8 de son poids en crème. Cette crème renferme 1/23 de son poids de beurre. Une fermière a 6 vaches donnant chacune en moyenne 9 l. 1/2 de lait par jour. Combien peut-elle faire de beurre par semaine? (Loire-Inférieure.)

114ᵉ LEÇON

PROBLÈMES DIVERS SUR LES MESURES DE POIDS

1065. Un bateau à vapeur, qui consomme par heure 8 quintaux de houille, entreprend une traversée qui durera 16 jours. Combien doit-il emporter au moins d'hectolitres de houille, si l'hectolitre pèse 125 kg.? (Aude.)

1066. Y a-t-il avantage à acheter 48 l. d'huile au prix de 1 fr. 65 le litre, plutôt qu'au prix de 1 fr. 75 le kilogramme? On sait que le litre d'huile pèse $0^{kg},91$. Quel bénéfice réalisera-t-on? (Hautes-Pyrénées.)

1067. On achète 85 sacs de blé de 250 l. à 28 fr. le sac, à condition que l'hl. pèsera 79 kg. Au moment de la livraison, on s'aperçoit que l'hl. ne pèse que 76 kg. Combien doit-on payer pour ces 85 sacs? (Finistère.)

1068. Pour faire un oreiller, il faut $1^{kg},250$ de plume estimée 9 fr. 50 le kg., $0^m,60$ de coutil à 3 fr. 25 le mètre et $1^m,25$ de calicot à 1 fr. 20 le mètre. Quelle est la valeur d'un oreiller et combien une fermière pourrait-elle en faire avec la plume de 36 oies dont chacune fournit en moyenne $2^{kg}9$ g. de plume? (Ardennes.)

1069. Une ménagère achète 8 kg. de groseilles à 0 fr. 70 le kg. pour en faire de la gelée. Les groseilles fournissent en jus les 7/10 de leur poids. Le jus est cuit avec un égal poids de sucre coûtant 0 fr. 35 le demi-kg. On obtient ainsi 9 kg. de gelée. Combien coûterait le pot de 250 g., les pots vides valant 0 fr. 15 pièce? (Haute-Marne.)

1070. On offrait à une femme sur le marché des pièces de beurre de 625 g. au prix de 1 fr. 50. Elle a préféré acheter pour 8 fr. 55 un gros morceau de même qualité, pesant $3^{kg},8$. Dites combien elle a gagné ou perdu en préférant le gros morceau à un même poids du premier beurre en pièces. (Nord.)

CHAPITRE XIII

115ᵉ LEÇON

Les Monnaies

L'unité des mesures monétaires est le **franc (fr)**.

Le franc est une pièce d'argent pesant 5 grammes.

Pour désigner les **multiples** décimaux du franc, on dit : 10 fr., 100 fr., 1.000 fr., etc.

Les **sous-multiples** décimaux du franc sont :

Le décime, dixième partie du franc, 0 fr. 10;

Le centime, centième partie du franc, 0 fr. 01.

On distingue les monnaies d'or, d'argent, de bronze et de nickel.

Exercices oraux. — **1071.** Combien de décimes dans 1 fr. ? 2 fr. ? 5 fr. ? 10 fr. ? 50 fr. ?

1072. Combien de décimes dans 0 fr. 80 ? 1 fr. 40 ? 2 fr. 50 ? 4 fr. 60 ? 15 fr. 20 ?

1073. Combien de francs dans 10 décimes ? 15 décimes ? 65 décimes ? 140 décimes ? 265 décimes ?

1074. Combien de centimes dans 1 fr. ? 2 fr. ? 6 fr. ? 12 fr. ? 65 fr. ?

1075. Combien de centimes dans 0 fr. 45 ? 0 fr. 85 ? 1 fr. 65 ? 2 fr. 35 ? 12 fr. 05.

1076. Combien de francs dans 100 centimes ? 400 centimes ? 850 centimes ? 975 centimes ? 1.215 centimes ?

1077. Combien de centimes dans 1 décime ? 5 décimes ? 8 décimes ? 92 décimes ? 365 décimes ?

1078. Combien de décimes dans 10 centimes ? 40 centimes ? 110 centimes ? 265 centimes ? 1.575 centimes ?

116ᵉ LEÇON
Les Monnaies de bronze

Les pièces de monnaie de **bronze** sont les suivantes :
De 1 centime, qui pèse 1 gramme ;
De 2 centimes, qui pèse 2 grammes ;
De 5 centimes, qui pèse 5 grammes ;
De 10 centimes, qui pèse 10 grammes.

1° Poids d'une somme en bronze

EXERCICES ORAUX. — **1079.** Quel est le poids de 1 décime ? de 25 centimes ? de 15 pièces de 1 centime ? de 30 pièces de 2 centimes ? de 10 pièces de 5 centimes ?

1080. Quelle est la mesure de poids qui pèse autant que 2 centimes ? 10 centimes ? 5 centimes ? 1 centime ? 10 décimes ? 50 pièces de 1 centime ?

1081. Quel est le poids des sommes suivantes en monnaie de bronze : 75 centimes ? 1 franc ? 2 fr. 50 ? 5 fr. 60 ? 28 fr. 75 ?

PROBLÈMES ÉCRITS. — **1082.** Pour peser une marchandise, on a mis dans le plateau d'une balance 12 pièces de 10 centimes, 3 pièces de 5 centimes et 2 pièces de 2 centimes. Quel est le poids de la marchandise ? (Pas-de-Calais.)

1083. A raison de 4 fr. 50 le kg., que vaut une marchandise qui pèse autant que 28 pièces de 10 centimes, 9 pièces de 5 centimes et 3 pièces de 2 centimes ?

1084. Une marchandise qui coûte 2 fr. 80 pèse autant que 3 fr. 50 en monnaie de bronze. Que coûte un demi-kg. ?

1085. Un épicier ayant perdu ses poids met dans le plateau de la balance 17 pièces de 5 centimes et dans l'autre un poids égal de sucre qu'il fait payer 0 fr. 15. Combien vend-il le kilogramme ? (Tarn-et-Garonne.)

2° Valeur d'une somme en bronze

1086. Un caissier a reçu dans une journée $3^{kg},865$ de monnaie de billon. Quelle est la valeur de la somme reçue ?

1087. Un sac vide pèse 397 g. ; plein de monnaie de billon, il pèse $4^{kg},735$. Quelle est la valeur de la somme qu'il contient ?

ARITHMÉTIQUE PRATIQUE 135

1088. Pour faire équilibre à une somme en monnaie de billon, placée dans l'un des plateaux d'une balance, on a placé dans l'autre plateau un poids de 2 kg., un poids de 5 hg. et un poids de 2 dg. Quelle est la valeur de cette somme ?

1089. A défaut de poids, un épicier a pesé, avec de la monnaie de billon, pour 0 fr. 90 de café à 4 fr. le kg. Quelle est la valeur de la monnaie employée ?

117ᵉ LEÇON

Les Monnaies d'argent

Les pièces de monnaie d'argent sont les suivantes :
De 0 fr. 20,   qui pèse   1 gramme ;
De 0 fr. 50,   —   2^g,5 ;
De 1 franc,   —   5 grammes ;
De 2 francs,   —   10   —
De 5 francs,   —   25   —

1° Poids d'une somme en argent

EXERCICES ORAUX. — **1090.** Quel est le poids des sommes en argent suivantes : 10 fr. ? 100 fr. ? 40 fr. ? 500 fr. ? 1.000 fr. ? 80 fr. ?

1091. Quel est le poids de 4 pièces de 1 fr. ? de 20 pièces de 2 fr. ? de 4 pièces de 5 fr. en argent ? de 10 pièces de 0 fr. 50 ? de 50 pièces de 0 fr. 20 ?

1092. A quelle mesure de poids correspond la pièce de 0 fr. 20 ? la pièce de 2 fr. ? la pièce de 1 fr. ? 4 pièces de 5 fr. en argent ?

PROBLÈMES ÉCRITS. — **1093.** Quel poids ferait équilibre à une somme d'argent composée de 20 pièces de 5 fr. et de 5 pièces de 0 fr. 50 ?

1094. Si l'on échange 1.250 fr. en billets de banque contre des pièces de monnaie d'argent, quel sera le poids de ces pièces ? Combien en aura-t-on si l'échange se fait contre des pièces de 5 fr. ?

1095. On pèse du café avec 41 pièces de 5 fr. en argent, 1 pièce de 2 fr. et 3 pièces de 1 fr. Dire le poids et la valeur de la marchandise, si le demi-kg. de café vaut 2 fr. 25.

1096. Une petite bouteille remplie d'eau pure étant posée sur le plateau d'une balance, on lui fait équilibre avec les pièces de monnaie d'argent suivantes : 3 pièces de 5 fr., 2 pièces de 2 fr., 1 pièce de 0 fr. 50 et 1 pièce de 0 fr. 20. Sachant que la bouteille vide pèse 32^g,5, on demande d'en calculer la contenance. (Nord.)

2° Valeur d'une somme en argent

EXERCICES ORAUX. — **1097.** Quelle est la valeur d'une somme en argent pesant : 10 gr. ? 25 gr. ? 100 gr. ? 50 gr. ? 1 kg. ?

1098. Quelle est la valeur d'une somme en argent pesant : 2^{kg},5 ? 3^{dag} ? 4^{dag},5 ? 2 kg. ? 5 kg. ?

PROBLÈMES ÉCRITS. — **1099.** Un homme de force ordinaire peut porter 75 kg. pesant ; quelle somme porterait-il en argent monnayé ? (Eure-et-Loir.)

1100. Un sac plein de monnaie d'argent pèse 1^{kg},875. Quelle est la valeur de cette monnaie si le sac vide pèse 125 g. ?

1101. Un sac d'argent pesant 4 kg. contient un nombre égal de pièces de 5 fr., de 2 fr. et de 1 fr. Dire : 1° le montant de la somme renfermée dans le sac ; 2° le nombre de pièces de chaque espèce. (Orne.)

1102. Un sac de monnaie d'argent pèse net 380^g,5 ; il contient le plus grand nombre possible de pièces de 5 fr., puis de 2 fr., de 0 fr. 50 et de 0 fr. 20. Quel est le nombre de pièces de chaque espèce ? (Isère.)

118ᵉ LEÇON

SOMME COMPOSÉE DE MONNAIE D'ARGENT ET DE MONNAIE DE BILLON

1° Poids de la somme

1103. Quel serait le poids de 3 fr. 60 : 1° en argent ? 2° en billon ? (Aisne.)

1104. Combien faut-il de pièces de 2 fr. pour peser autant que 3 fr. 20 en monnaie de billon ? (Loiret.)

1105. Dans un sac pesant 275 g., on met 405 fr. de

monnaie d'argent et 9 fr. 25 de monnaie de bronze. Quel est le poids total du sac ?

1106. Une somme de 650 fr. 80 contient 590 fr. en argent et le reste en bronze. Quel est le poids de cette somme ?

1107. Deux sommes égales pèsent ensemble $2^{kg},205$. Quel est le poids de chacune d'elles, si l'une est en argent et l'autre en bronze ? (Aisne.)

2° Valeur de la somme

1108. On a mis dans un sac 500 g. de monnaie d'argent et 500 g. de monnaie de billon. Quelle est la valeur totale de ces deux monnaies ? (Seine.)

1109. Combien faut-il de pièces de 10 centimes pour faire un poids de 32 dag. Combien faut-il de pièces de 50 centimes pour faire le même poids ? (Nord.)

1110. Un sac rempli de pièces d'argent pèse $21^{kg},6$; vide, il pèse 6 hg. Quelle somme renferme-t-il ? Si cette somme était en monnaie de bronze, quelle en serait la valeur ? (Nord.)

1111. Quelqu'un paie $5^{kg},250$ de marchandise avec de la monnaie d'argent et de la monnaie de billon. Les pièces d'argent données en paiement pèsent 115 g. et celles de billon 10 g. Trouver le prix du kg. de marchandise.

119ᵉ LEÇON

Les Monnaies d'or

Les pièces de monnaie d'or sont : la pièce de **5 fr.**, la pièce de **10 fr.**, la pièce de **20 fr.**, la pièce de **50 fr.** et la pièce de **100 fr.**

Il existe encore des pièces de **40 fr.**, mais on n'en fabrique plus.

Le **gramme d'or** monnayé vaut 3 fr. 10.

1° Poids d'une somme en or

1112. Trouver le poids : 1° de la pièce de 50 fr. en or ; 2° de la pièce de 20 fr. ; 3° de la pièce de 10 fr.

1113. Quel est le poids d'une somme de 9.220 fr. en or ?

1114. Dans un sac vide pesant 235 gr., on met 1.705 fr. en or monnayé. Quel est le poids total du sac ?

1115. Un sac vide pèse 145 gr. ; on y place 2 pièces de 100 fr., 5 pièces de 50 fr., 9 pièces de 20 fr. et 14 pièces de 10 fr. Quel est le poids total du sac ? (Somme.)

1116. Trouver le poids de 100 pièces de 20 fr., sachant que la monnaie d'or vaut 15,5 fois celle de l'argent à poids égaux.

2° Valeur d'une somme en or

1117. Calculer la valeur d'une somme en or pesant $3^{kg},15$. (Somme.)

1118. Un sac plein de monnaie d'or pèse $6^{kg},137$. Quelle est la valeur de cette monnaie, sachant que le sac vide pèse 237 gr. ?

1119. Un rouleau de pièces de 20 fr. pèse 400 gr. Combien contient-il de pièces ? (Gard.)

120° LEÇON

LES MONNAIES D'OR ET D'ARGENT

1· Calcul du poids

1120. On a mis dans un sac 650 fr. en monnaie d'or et 47 fr. 50 en monnaie d'argent. Quel est le poids total de la somme ?

1121. On a mis dans un sac 3.520 fr., moitié en monnaie d'or, moitié en monnaie d'argent. Combien pèse cette somme ? (Ille-et-Vilaine.)

1122. Quel est le poids d'une somme en argent avec laquelle on a payé 62 hl. de blé à 15 francs l'hl. ? Quel est le poids de la même somme en or ? (Seine-Inférieure.)

1123. On a 6.000 fr., dont les 3/4 sont en pièces d'or et le reste en pièces d'argent. Dites le poids de chacune de ces parties et le poids total.

1124. Un vase vide étant placé sur l'un des plateaux d'une balance, on lui fait équilibre avec 1 pièce de 50 fr. et 2 pièces de 20 fr. ; on le remplit d'eau, et, pour rétablir l'équilibre, il faut y ajouter 5 pièces de 5 fr. en argent,

3 pièces de 2 francs et 1 pièce de 0 fr. 50. On demande le poids et la capacité du vase. (Nord.)

2° Calcul de la valeur

1125. Un enfant peut soulever un poids de 34 kg. Quelle somme peut-il soulever : 1° en or? 2° en argent?

1126. Quelle somme en or faudrait-il mettre sur le plateau d'une balance pour faire équilibre à la somme de 130 fr. en argent ? (Jura.)

1127. Une somme composée de monnaie d'or et de monnaie d'argent pèse 12^{kg},500. La monnaie d'argent contenue dans cette somme vaut 2.400 fr. Dites quels sont le poids et la valeur de la monnaie d'or. (Drôme.)

1128. Un sac vide pèse 235 gr.; plein de monnaie d'or et d'argent, il pèse 3^{kg},485. Sachant que le poids de la monnaie d'or est les 2/5 du poids de la somme totale, on demande : 1° la valeur de la monnaie d'or; 2° la valeur de la monnaie d'argent; 3° la valeur totale de la somme.

121° LEÇON

POIDS D'UNE SOMME COMPOSÉE DE MONNAIES D'OR D'ARGENT ET DE BRONZE

1129. Quel est le poids d'une somme de 1.200 francs en or, en argent et en bronze ? (Isère.)

1130. Une personne a dans son porte-monnaie 160 fr. en or, 6 fr. 20 en argent et 0 fr. 35 en bronze. Combien pèse la somme que possède cette personne ? (Pas-de-Calais.)

1131. Un sac renferme 2.400 fr., dont 1.800 fr. en or, 560 fr. en argent et le reste en bronze. Combien pèse son contenu? (Orne.)

1132. On a 25 fr. en bronze et 215 fr. en argent. On échange cette somme contre de l'or. De quel poids est-on déchargé ? (Meurthe-et-Moselle.)

1133. On place 10 pièces de 20 fr. en or, 6 pièces de 5 fr. en argent, 14 pièces de 2 fr. et 7 pièces de 0 fr. 10 sur un des plateaux d'une balance. Quels sont les poids qu'il faut placer sur l'autre plateau pour faire équilibre?

122ᵉ LEÇON

CUIVRE, ÉTAIN ET ZINC CONTENUS DANS UNE SOMME EN MONNAIE DE BILLON

Dans une somme en monnaie de billon qui pèse 100 g., il y a 95 g. de cuivre, 4 g. d'étain et 1 g. de zinc. Le cuivre est les 0,95 du poids total; l'étain, les 0,4, et le zinc, le 0,1.

Problèmes

1134. Quel est le poids du cuivre, de l'étain et du zinc que renferme une somme de 36 fr. 45 en monnaie de bronze?

1135. Combien y a-t-il de cuivre, de zinc et d'étain dans une somme de bronze qui pèse 6^{kg},400? Quelle est sa valeur?

1136. On a un lingot de cuivre de 12^{kg},16. En y ajoutant l'étain et le zinc nécessaires, on fabrique de la monnaie de billon. Cherchez le poids et la valeur de la somme ainsi obtenue. (Doubs.)

1137. On a fabriqué de la monnaie de billon avec un lingot de cuivre de 26^{kg},125. On demande : 1° le poids de la somme ainsi obtenue ; 2° sa valeur; 3° le poids de l'étain et du zinc qu'on a dû y ajouter.

1138. On a une masse de cuivre de 134^{kg},85. On demande quelle quantité d'étain et de zinc il faut lui allier pour avoir le bronze des monnaies; combien, avec cet alliage, on pourra faire de pièces de monnaie de 0 fr. 05 et de 0 fr. 10, en nombre égal. (Seine-et-Marne.)

123ᵉ LEÇON

ARGENT ET CUIVRE CONTENUS DANS UNE SOMME EN PIÈCES DE 5 FRANCS

Les pièces de 5 fr. en argent sont au titre de 0,9 ou de 0,900. C'est-à-dire que 1.000 g. d'argent monnayé contiennent 900 g. d'argent pur et 100 g. de cuivre.

Exercices oraux

1139. Une somme d'argent en pièces de 5 fr. pèse 1.000 g. Combien cette somme contient-elle : 1° de grammes de cuivre? 2° de grammes d'argent pur?

1140. Dans 4 pièces de 5 fr. en argent, combien y a-t-il de grammes de cuivre et de grammes d'argent pur?

1141. Dans 100 pièces de 5 fr. en argent, combien y a-t-il de grammes de cuivre et de grammes d'argent pur?

1142. A 1.800 g. d'argent pur, combien ajoutera-t-on de cuivre pour en faire des pièces de 5 fr.?

1143. Combien peut-on faire de pièces de 5 fr. avec un alliage en argent contenant 25 g. de cuivre?

Problèmes écrits

1144. Quel poids d'argent fin y a-t-il dans 1.250 pièces de 5 fr.? (Seine-Inférieure.)

1145. On demande le poids d'une somme de 1.350 fr. et combien, pour fabriquer cette somme, il a fallu d'argent et de cuivre. (Nord.)

1146. Une somme en argent pèse 6^{kg} 3/4. Quelle est cette somme? En supposant qu'elle soit en pièces de 5 fr., combien contient-elle d'argent pur et de cuivre? (Vendée.)

1147. Une caisse vide pèse $1^{kg},365$; pleine de pièces de 5 fr., elle pèse $7^{kg},790$. Quelle somme d'argent contient-elle? Combien cette somme contient-elle d'argent pur et de cuivre?

1148. Quel est le nombre de pièces de 5 fr. en argent qu'on pourrait fabriquer avec un alliage contenant 1.250 g. de cuivre? Quel est le poids de l'argent pur employé?

1149. On a un lingot d'argent pur du poids de $3^{kg},06$. Combien faut-il ajouter de cuivre pour faire des pièces de 5 fr.? Quel est le nombre de ces pièces? (Ille-et-Vilaine.)

124ᵉ LEÇON

ARGENT ET CUIVRE CONTENUS DANS LES PIÈCES DIVISIONNAIRES

Les pièces d'argent de 2 fr., de 1 fr., de 0 fr. 50 et de 0 fr. 20 sont au **titre** de 0,835. C'est-à-dire que

1000 g. d'argent monnayé contiennent 835 g. d'argent pur et 165 g. de cuivre.

Problèmes

1150. Quel est le poids de l'argent pur contenu dans 160 fr. en pièces de 1 fr. ? (Seine.)

1151. Quel est le poids de l'argent pur contenu dans 15 pièces de 50 centimes ? (Seine.)

1152. Quel est le poids du cuivre contenu dans la somme de 47 fr. en pièces de 1 fr. ? (Aube.)

1153. Faites connaître le poids de l'argent pur contenu dans 550 pièces de 1 fr., ainsi que le poids du cuivre.

1154. Quel est le poids d'argent pur contenu dans 65 pièces de 1 fr. et 40 pièces de 0 fr. 20 ? (Tunisie.)

1155. Dire la somme que l'on peut faire en pièces divisionnaires avec $1^{kg},670$ d'argent pur. (Meuse.)

125ᵉ LEÇON

ARGENT PUR CONTENU DANS UNE SOMME COMPOSÉE DE PIÈCES DE 5 FRANCS ET DE PIÈCES DIVISIONNAIRES

1156. Quelle différence y a-t-il entre le poids de l'argent pur contenu dans 1.200 fr. en pièces de 5 fr. et 1.200 fr. en monnaie divisionnaire ? (Eure-et-Loir.)

1157. Deux sacs contiennent l'un 254 pièces de 5 fr. et l'autre 525 pièces de 2 fr. Trouver la quantité d'argent pur contenu dans chacun d'eux. (Mayenne.)

1158. Quel est le poids total de l'argent pur contenu dans 9 pièces de 5 francs et 14 pièces de 2 francs ?

1159. Quelle est la quantité d'argent pur qui entre dans la composition de 18 pièces de 5 fr., de 25 pièces de 2 fr. et de 36 pièces de 0 fr. 20 ? (Mayenne.)

1160. Quel est le poids de l'argent pur contenu dans une somme de 537 fr., formée de 72 pièces de 5 fr. et le reste en pièces de 2 fr. et de 1 fr. ? (Aube.)

1161. On a retiré 5.400 pièces de 5 fr. de la circulation ;

on les emploie à fabriquer des pièces de 1 fr. Quelle somme obtiendra-t-on ?

1162. On a retiré 6.200 pièces de 5 fr. de la circulation ; on les emploie à fabriquer des pièces de 1 fr. et de 2 fr. Quelle somme obtiendra-t-on si chaque pièce de 5 fr. a perdu 1/200 de son poids par l'usure ? (Meurthe-et-Moselle.)

126° LEÇON

OR PUR ET CUIVRE CONTENUS DANS UNE SOMME EN OR MONNAYÉ

Les pièces de monnaie d'or sont au titre de 0,9 ou de 0,900.

Exercices oraux

1163. Une somme en or pèse 500 g. Combien contient-elle : 1° de g. de cuivre ? 2° de g. d'or ?

1164. Dans une somme de 3.100 fr. en or, combien y a-t-il : 1° de grammes de cuivre ? 2° de grammes d'or ?

1165. Combien faut-il ajouter d'or pur à 100 g. de cuivre pour avoir de l'or monnayé ? Quel sera le poids de l'alliage ?

1166. Combien faut-il ajouter de cuivre à 90 g. d'or pur pour avoir de l'or monnayé ? Quel sera le poids de la somme obtenue ? Quelle sera sa valeur ?

Problèmes

1167. Quel est le poids de l'or pur et du cuivre contenus dans une somme de 5.000 fr. en or ? (Nord.)

1168. Trouver le poids de l'or pur et le poids du cuivre contenus dans une somme composée de 35 pièces de 20 fr. et de 18 pièces de 10 fr. (Pas-de-Calais.)

1169. Combien d'or pur faut-il ajouter à 175 g. de cuivre pour obtenir un alliage propre à faire de la monnaie ? Quelle somme pourrait-on retirer de cet alliage ? (Seine.)

1170. Quelle est la quantité de cuivre qu'il faudrait ajouter à 280 g. d'or pur pour les monnayer ? Quelle somme obtiendrait-on ? (Puy-de-Dôme.)

127ᵉ LEÇON

MÉTAL PRÉCIEUX ET CUIVRE CONTENUS DANS UNE SOMME COMPOSÉE DE MONNAIE D'OR, D'ARGENT ET DE BILLON

1171. 1° Quel est le titre des monnaies d'or ? — 2° des monnaies d'argent ? — 3° Composition des monnaies de bronze. — 4° Calculer le poids de la pièce de 20 fr. (Doubs.)

1172. Une somme de 6.580 fr. est composée moitié en or, moitié en pièces de 5 fr. en argent. Combien pèse-t-elle ? Combien pèse le cuivre qu'elle renferme ? (Marne).

1173. Il y a dans une bourse 4.000 fr. en or et 250 fr. en pièces de 5 fr. en argent. Quel est le poids de l'or pur, de l'argent pur et du cuivre qu'il y a dans cette somme ?

1174. On a mis dans un sac 18 pièces de 20 fr., 23 pièces de 10 fr., 52 pièces de 2 fr. et 35 pièces de 0 fr. 10. On demande : 1° le poids total de la somme renfermée dans ce sac ; 2° le poids du cuivre que contient cette somme.

1175. On a mis dans une bourse 1.860 fr. en monnaie d'or, 530 fr. en pièces de 5 fr. en argent et 2 fr. 75 en billon. Quel est le poids de l'or, de l'argent, du cuivre, de l'étain et du zinc contenus dans ces trois sommes réunies ?

1176. Une somme de 1158 fr. 50 est formée de poids égaux d'or, d'argent et de cuivre. Quel est son poids et celui des matières : or, argent, cuivre, zinc, étain ? (Somme.)

128ᵉ LEÇON

PROBLÈMES DIVERS SUR LES MONNAIES

1177. Quelle somme y a-t-il dans 15 sacs contenant chacun 75 pièces de 1 fr. et 50 pièces de 0 fr. 20 ? Quel est le poids total de cette somme ? (Côte-d'Or.)

1178. Quelle est la valeur et quel est le poids d'un sac contenant les 5 pièces d'or, les 5 pièces d'argent et les 4 pièces de bronze ayant cours en France ? (Oise.)

1179. Faute de poids, on a utilisé 2 pièces de 0 fr. 20,

2 pièces de 2 fr., 1 pièce de 0 fr. 50 et une pièce de 0 fr. 05 pour peser un écheveau de laine. Quel est le poids de cet écheveau ?

1180. On a acheté 10 hl. de vin à 38 fr. l'hl. On paie la moitié en or et la moitié de ce qui reste en monnaie d'argent et le reste avec de la monnaie de bronze. On demande le poids total de la somme payée et le poids du cuivre contenu dans les pièces d'or. (Meurthe-et-Moselle.)

1181. 1° Quel est le poids de 225 fr. en pièces de 1 fr. ? 2° Quel est le poids de l'argent pur contenu dans cette somme ? 3° Quel est le poids d'une somme égale en or et le poids de l'or pur renfermé dans cette somme ?

1182. Le kilogramme d'or pur vaut 3.437 fr. Un bijou en or pèse 105 gr. ; il contient un dixième de cuivre ; son travail est estimé à 85 fr. 25. Quelle est sa valeur ?

129ᵉ LEÇON

PROBLÈMES RÉCAPITULATIFS

1° Sur les mesures agraires

1183. Il faut $1^l,25$ de graine fourragère pour ensemencer 1 dam². Combien devra-t-on employer de cette graine pour ensemencer $1^{ha}27^a18^{ca}$? (Haute-Vienne.)

1184. Une vigne dont les frais d'exploitation sont de 285 fr. par hectare produit pour 103.201 fr. 55 de vin et donne un bénéfice net de 76.289 fr. 75. Quelle est sa contenance ? (Orne.)

1185. Une personne avait acheté, à 18 fr. 10 l'are, un terrain qu'elle a revendu 0 fr. 30 le mètre carré. Son bénéfice étant de 2.380 fr., quelle était la surface du champ ?

1186. Un cultivateur vend un champ de 58^a8^{ca} à raison de 2.850 fr. l'hectare ; il consacre le produit de cette vente à l'achat d'un terrain à bâtir valant 4 fr. 20 le mètre carré. Combien aura-t-il de mètres carrés dans ce terrain ?

1187. Un cultivateur avait deux champs, l'un de $3^{ha},65$ et l'autre de $7^a,18$. On demande : 1° la superficie en hectares ; 2° la valeur de la récolte, sachant que l'hectare a produit

146   ARITHMÉTIQUE PRATIQUE

24^{hl},7 de blé et que l'hectolitre vaut 17 fr. 20. (Deux-Sèvres.)

1188. Une succession à partager en deux parties égales se compose d'un capital de 12.500 fr. et d'un terrain estimé 2.625 fr. l'hectare. L'un des héritiers reçoit le capital moins 1.250 fr. qui reviennent à l'autre en sus du terrain. Quelle est la contenance de ce terrain ? (Seine.)

2° Sur les bois de chauffage

1189. Un père de famille achète, au prix de 6 fr. 50 le stère, un tas de bois ayant 3^m,20 de longueur, 2^m,30 de largeur et 1^m,15 de hauteur. Le charroi lui coûte en outre 1 fr. 25 par stère. A combien lui revient le tas de bois rendu à domicile? (Côtes-du-Nord.)

1190. Un boulanger a payé 126 fr. 25 pour un tas de bois qui a 4^m,25 de long, 3^m,60 de large et 2 m. de haut. Quel est le prix d'achat de 1 décastère ? (Corse.)

1191. Un bateau contient 18 m^3 de bois ayant une valeur de 6.265 fr. Les 2/9 de la charge se composent de bois de charpente à 85 fr. le mètre cube. On demande ce que vaut le double décistère de bois de chauffage qui forme le reste de la charge. (Nord.)

1192. Un chêne a fourni 650 planches de 2^m,50 de longueur, 6 cm. de largeur et 25 mm. d'épaisseur. On sait qu'il y a eu 1/35 de déchet pour l'équarrissage et le sciage. Quel était en stères le volume primitif du chêne ? (Jura.)

3° Sur les mesures de capacité

1193. Lorsque le litre de vin coûte 0 fr. 75, combien coûteront le dal., l'hl. et la barrique de 228 l. ? (Ille-et-Vilaine.)

1194. On a acheté du vin à 45 fr. l'hectolitre. Quel sera le prix de 12 pièces de vin si chaque pièce a une contenance de 228 l. ? (Ille-et-Vilaine.)

1195. Une famille boit par jour 2 l. et demi de vin à 0 fr. 80 le litre. Quelle économie fera-t-elle si, au lieu de vin, elle consomme 4 l. et demi de bière à 0 fr. 25 le litre ?

1196. Un ouvrier achetait par jour 1 l. et demi de vin pour la consommation de sa famille. Maintenant il achète son vin à la pièce de 228 l. qui lui coûte 114 fr., tous frais compris. Quel bénéfice trouve-t-il par an à ce nouveau mode d'achat, sachant qu'il payait son vin à 0 fr. 70 le litre au détail? (Seine.)

1197. On a acheté 2 barriques de vin de 228 l. à raison de 104 fr. 90 la barrique, tous frais compris. Il y a dans chaque barrique un déchet de 10 l. Combien doit-on vendre la bouteille de $0^l,65$ pour gagner 18 0/0 sur le prix d'achat? (Ardennes.)

1198. Une personne achète 8 tonneaux contenant chacun 230 l. Elle paie par hectolitre 23 fr. 50 d'acquisition, 3 fr. 75 de transport et 8 fr. 60 de droits. Il y a dans chaque tonneau $4^l,75$ de lie. A combien revient la bouteille de $0^l,85$?

4° Sur les mesures de poids

1199. A volume égal, le liège ne pèse que les 6/25 de l'eau. Quel est le poids d'un millier de bouchons de 6 cm³ chacun? (Nord.)

1200. Un bloc de plomb pèse 750 kg. On doit le découper en feuilles de $0^m,001$ d'épaisseur. Trouver la surface occupée par ces feuilles, la densité du plomb étant 11,3.

1201. Quel est le prix d'un tas de charbon de $72^{m3},5$, si l'hl. de charbon pèse en moyenne 75 kg. et si l'on vend la tonne métrique 26 fr. 50? (Côte-d'Or.)

1202. Dans une feuille de tôle de $0^m,75$ sur $0^m,56$, on découpe un carré ayant $0^m,25$ de côté. Cette tôle pesant 145 g. par cm², quel sera le poids de la feuille après l'opération? (Eure.)

1203. Calcul mental : Une bouteille pleine d'eau pure pèse 1 kg. Quelle est la capacité de cette bouteille si le verre pèse 250 g.?

5° Sur les monnaies

1204. Dans une bourse, il y a un nombre égal de pièces de 5 fr., de 2 fr., de 1 fr. et de 0 fr. 50; on a ainsi 85 fr. Combien y a-t-il de pièces dans cette bourse?

1205. Une somme d'argent pèse 2.480 g. et renferme un nombre égal de pièces de 5 fr., de 2 fr. et de 1 fr. Quel est le nombre de pièces de chaque espèce? (Loire-Inférieure.)

1206. A défaut de poids réels, on se sert pour peser une marchandise d'une somme de 250 fr., moitié en argent, moitié en bronze. Quel est le poids de la marchandise?

TROISIÈME PARTIE

LES FRACTIONS ORDINAIRES

Une **fraction** est une ou plusieurs parties de l'unité qui a été divisée en parties égales.

Une **fraction ordinaire** a deux termes : le **dénominateur** et le **numérateur**.

Le dénominateur indique en combien de parties égales l'unité a été divisée.

Le numérateur indique combien on a pris de ces parties.

CHAPITRE XIV

130ᵉ LEÇON

Écriture et Lecture des Fractions

Pour **écrire** une fraction, on écrit d'abord le numérateur, puis au-dessous le dénominateur ; on sépare l'un de l'autre par un trait horizontal. Ex. : $\frac{3}{7}$.

Pour **lire** une fraction, on énonce d'abord le numérateur, puis le dénominateur, que l'on fait suivre de la terminaison **ième**. Ex. : $\frac{3}{7}$, qu'on lit **trois septièmes**.

Il y a exception pour les dénominateurs 2, 3, 4, qui se disent demi, tiers, quart.

Exercices

Transformer :

1207. 1° En cinquièmes : 1 unité; 2 unités; 3; 6; 7; — 2° en septièmes : 1 unité; 2; 4; 6; 5; — 3° en onzièmes : 3 unités; 5; 7; 9; 10.

Transformer :

1208. 1° En demies : 1 unité ; 3 ; 4 ; 5 ; 7 ; — 2° en tiers : 2 unités ; 4 ; 5 ; 7 ; 8 ; — 3° en quarts : 1 unité ; 3 ; 4 ; 11 ; 15.

1209. Ecrire en chiffres les fractions : 1° trois cinquièmes ; quatre neuvièmes ; trois septièmes ; cinq onzièmes ; neuf quatorzièmes ; — 2° un tiers ; une demie ; trois quarts ; deux tiers ; un quart ; — 3° onze vingtièmes ; quinze trente-deuxièmes ; dix-sept quarante-troisièmes ; huit cinquantièmes ; trois centièmes.

1210. Lire et écrire en toutes lettres :
1° $\frac{1}{5}$; $\frac{3}{5}$; $\frac{2}{7}$; $\frac{7}{9}$; $\frac{9}{11}$; — 2° $\frac{1}{2}$; $\frac{1}{3}$; $\frac{2}{3}$; $\frac{3}{4}$; — 3° $\frac{17}{33}$; $\frac{15}{41}$; $\frac{24}{67}$; $\frac{33}{101}$; $\frac{42}{215}$.

1211. Quelle fraction de la journée est déjà écoulée quand il est : 1° 5 heures ? 7 heures ? 9 heures ? 10 heures ? 11 heures du matin ? — 2° 2 heures ? 3 heures ? 5 heures ? 8 heures ? 9 heures du soir ?

1212. Quelle fraction de l'année est écoulée après : 1° un jour ? 5 jours ? 35 jours ? 76 jours ? 126 jours ? — 2° 1 mois ? 5 mois ? 7 mois ? 9 mois ? 11 mois ? — 3° 1 mois et 3 jours ? 3 mois et 5 jours ? 6 mois et 8 jours ?

131° LEÇON

Expressions et nombres fractionnaires

Une fraction est **égale à l'unité** quand le numérateur est égal au dénominateur. — EXEMPLE : $\frac{5}{5}$; $\frac{17}{17}$.

Une fraction est **plus petite** que l'unité quand le numérateur est **plus petit** que le dénominateur.

EXEMPLE : $\frac{2}{3}$; $\frac{5}{6}$.

Une fraction est **plus grande** que l'unité quand le numérateur est **plus grand** que le dénominateur. — EXEMPLE : $\frac{7}{4}$; $\frac{15}{11}$.

Une **expression fractionnaire** est une fraction dans laquelle le numérateur est plus grand que le dénominateur. — EXEMPLE : $\frac{8}{5}$; $\frac{13}{9}$.

Un **nombre fractionnaire** est un nombre entier accompagné d'une fraction. — Exemple : $4\frac{2}{3}$; $5\frac{1}{9}$.

Pour **extraire** les entiers d'une expression fractionnaire, on divise le numérateur par le dénominateur ; le quotient indique les entiers.

Quand il y a un **reste** à la division, on le prend pour **numérateur** et on lui donne, pour dénominateur, le dénominateur de l'expression fractionnaire. On a ainsi un nombre fractionnaire. — Exemple : $\frac{17}{5} = 3\frac{2}{5}$.

Pour **réduire** un nombre fractionnaire en **expression fractionnaire**, on multiplie le nombre entier par le dénominateur de la fraction ; on ajoute le numérateur au produit et on conserve le dénominateur.

Exemple : $4\frac{2}{9} = \frac{38}{9}$.

Exercices

1213. Rechercher dans les fractions suivantes : 1° celles qui sont égales à l'unité ; 2° celles qui sont plus petites que l'unité ; 3° celles qui sont plus grandes que l'unité : $\frac{8}{8}$; $\frac{3}{7}$; $\frac{9}{4}$; $\frac{12}{11}$; $\frac{14}{17}$; $\frac{9}{9}$; $\frac{43}{43}$; $\frac{7}{3}$; $\frac{2}{21}$; $\frac{4}{33}$; $\frac{41}{41}$; $\frac{65}{64}$; $\frac{227}{218}$; $\frac{47}{157}$; $\frac{311}{314}$.

1214. Réduire les expressions fractionnaires suivantes en nombres fractionnaires :

1° $\frac{9}{3}$; $\frac{21}{7}$; $\frac{465}{5}$; $\frac{1071}{17}$; $\frac{2635}{31}$;

2° $\frac{25}{3}$; $\frac{53}{6}$; $\frac{104}{11}$; $\frac{109}{7}$; $\frac{202}{13}$.

1215. Réduire les fractions décimales suivantes en fractions ordinaires :

1° 0,5 ; 0,43 ; 0,847 ; 0,4865 ; 0,769 ;

2° 0,08 ; 0,053 ; 0,0007 ; 0,0864 ; 0,00051.

1216. Réduire les fractions ordinaires suivantes en fractions décimales :

1° $\frac{6}{25}$; $\frac{15}{60}$; $\frac{3}{4}$; $\frac{12}{15}$; $\frac{14}{70}$;

ARITHMÉTIQUE PRATIQUE

2° $\frac{5}{9}$; $\frac{33}{37}$; $\frac{17}{23}$; $\frac{5}{14}$; $\frac{841}{928}$.

1217. Mettre les nombres fractionnaires suivants en expressions fractionnaires :

1° $2\frac{1}{2}$; $3\frac{1}{4}$; $6\frac{2}{5}$; $8\frac{3}{7}$; $6\frac{5}{9}$;

2° $14\frac{2}{9}$; $18\frac{3}{7}$; $23\frac{5}{11}$; $42\frac{8}{17}$; $351\frac{23}{141}$.

132ᵉ LEÇON
Principes relatifs aux fractions

Une fraction est rendue un certain nombre de fois **plus grande** :

1° Quand on **multiplie** son numérateur par ce nombre ;

2° Quand on **divise** son dénominateur par ce nombre.

Une fraction est rendue un certain nombre de fois **plus petite** :

1° Quand on **divise** son numérateur par ce nombre ;

2° Quand on **multiplie** son dénominateur par ce nombre.

Une fraction **ne change pas** de valeur :

1° Quand on **multiplie ses deux termes** par un même nombre ;

2° Quand on divise **ses deux termes** par un même nombre.

Exercices

1218. Rendre les fractions suivantes :

1° 3 fois plus grandes sans changer le dénominateur

$\frac{3}{5}$; $\frac{4}{7}$; $\frac{8}{11}$; $\frac{4}{17}$; $\frac{5}{22}$; $\frac{14}{65}$;

2° 5 fois plus grandes sans changer le numérateur :

$\frac{7}{15}$; $\frac{8}{25}$; $\frac{13}{30}$; $\frac{19}{20}$; $\frac{17}{85}$; $\frac{191}{205}$;

3° 2 fois plus grandes en employant le meilleur procédé :

$$\frac{12}{17}; \frac{9}{14}; \frac{11}{24}; \frac{8}{23}; \frac{38}{70}.$$

1219. Rendre les fractions suivantes :
1° 4 fois plus petites sans changer le numérateur :

$$\frac{2}{3}; \frac{7}{8}; \frac{15}{17}; \frac{37}{75}; \frac{59}{108}; \frac{97}{260};$$

2° 6 fois plus petites sans changer le dénominateur :

$$\frac{6}{13}; \frac{18}{67}; \frac{42}{109}; \frac{54}{55}; \frac{186}{219}; \frac{354}{711};$$

3° 3 fois plus petites en employant le meilleur procédé :

$$\frac{9}{23}; \frac{5}{4}; \frac{30}{31}; \frac{63}{67}; \frac{11}{26}; \frac{4}{43}.$$

1220. Prendre :
1° La moitié de $\frac{6}{7}; \frac{4}{11}; \frac{1}{9}; \frac{14}{15}; \frac{3}{23}; \frac{94}{99};$

2° Le tiers de $\frac{9}{10}; \frac{2}{5}; \frac{21}{22}; \frac{31}{41}; \frac{56}{82}.$

133ᵉ LEÇON

Caractères de divisibilité

Un nombre est **divisible par 2** quand il est terminé par un **zéro** ou par un **chiffre pair**. EXEMPLE : **20** et **32** sont divisibles par **2**.

Un nombre est **divisible par 5** quand il est terminé par un 5 ou par un 0. EXEMPLE : **25** et **40** sont divisibles par 5.

Un nombre est **divisible par 3** quand la somme de ses chiffres est divisible par 3. EXEMPLE : **78** est divisible par 3. En effet, $7 + 8 = 15$, et le nombre 15 est divisible par 3.

Un nombre est **divisible par 10** quand il est terminé par un 0. EXEMPLE : **30** et **60** sont divisibles par **10**.

Exercices

1221. Indiquez parmi les nombres suivants ceux qui sont :
1° Divisibles par 2 : 18 ; — 81 ; — 128 ; — 635 ; — 860 ; — 782 ; — 943 ;
2° Divisibles par 5 : 45 ; — 70 ; — 91 ; — 250 ; — 495 ; — 801 ; — 935 ; — 472 ;
3° Divisibles par 3 : 42 ; — 65 ; — 138 ; — 290 ; — 637 ; — 288 ; — 4.581.

1222. Ecrire les nombres compris entre :
1° 1 et 40 et qui sont divisibles par 2 ;
2° 1 et 60 et qui sont divisibles par 3 ;
3° 1 et 100 et qui sont divisibles par 5.

1223. Ajoutez un chiffre à la droite des nombres suivants de manière qu'ils soient divisibles :
1° Par 2 : 11 ; — 23 ; — 65 ; — 121 ; — 187 ; — 279 ;
2° Par 3 : 16 ; — 26 ; — 77 ; — 160 ; — 341 ; — 5.871 ;
3° Par 5 : 14 ; — 61 ; — 133 ; — 464 ; — 579 ; — 3.611.

1224. Indiquez les diviseurs :
1° De 8 ; — 12 ; — 6 ; — 27 ; — 45 ;
2° De 18 ; — 30 ; — 24 ; — 39 ; — 60.

134ᵉ LEÇON

Simplification des fractions

Simplifier une fraction, c'est la remplacer par une autre fraction de même valeur ayant des termes plus petits.

Pour simplifier une fraction, on **divise** ses deux termes par un même nombre.

Si l'on répète cette opération autant de fois qu'on le peut, la fraction est **réduite à sa plus simple expression**.

EXEMPLE : En divisant les deux termes de $\frac{3}{6}$ par 3, on obtient $\frac{1}{2}$, fraction qui a la même valeur que $\frac{3}{6}$.

EXEMPLE : En divisant les deux termes de $\frac{105}{120}$ par 3, on obtient $\frac{35}{40}$; en divisant les deux termes de $\frac{35}{40}$ par 5, on obtient $\frac{7}{8}$, fraction équivalente à $\frac{105}{120}$.

Exercices

1225. Simplifier les fractions suivantes :

1° $\frac{2}{4}$; $\frac{4}{8}$; $\frac{24}{32}$; $\frac{64}{88}$; $\frac{192}{440}$;

2° $\frac{3}{9}$; $\frac{9}{12}$; $\frac{27}{30}$; $\frac{36}{108}$; $\frac{162}{405}$;

3° $\frac{5}{15}$; $\frac{15}{30}$; $\frac{125}{500}$; $\frac{225}{375}$; $\frac{400}{675}$.

1226. Simplifier les fractions suivantes :

1° $\frac{30}{42}$; $\frac{48}{54}$; $\frac{90}{126}$; $\frac{396}{612}$; $\frac{546}{966}$;

2° $\frac{15}{60}$; $\frac{30}{165}$; $\frac{315}{965}$; $\frac{230}{4370}$; $\frac{260}{3740}$;

3° $\frac{330}{510}$; $\frac{1140}{1380}$; $\frac{630}{2690}$; $\frac{1650}{2550}$; $\frac{552}{1392}$.

135° LEÇON

Réduction des fractions au même dénominateur

Réduire des fractions **au même dénominateur**, c'est les transformer en d'autres fractions équivalentes ayant toutes le même dénominateur.

Pour réduire deux fractions au même dénominateur, on **multiplie** les deux termes de chaque fraction par le **dénominateur de l'autre**.

Pour réduire plusieurs fractions au même dénominateur, on **multiplie** les deux termes de chaque fraction par le **produit des dénominateurs** des autres fractions,

ARITHMÉTIQUE PRATIQUE

1ᵉʳ Exemple : $\frac{1}{3}$ et $\frac{2}{5}$.

$$\frac{1}{3} = \frac{1 \times 5}{3 \times 5} = \frac{5}{15}$$

$$\frac{2}{5} = \frac{2 \times 3}{5 \times 3} = \frac{6}{15}$$

2ᵉ Exemple : $\frac{1}{4}$, $\frac{3}{5}$ et $\frac{2}{7}$.

$$\frac{1}{4} = \frac{1 \times 5 \times 7}{4 \times 5 \times 7} = \frac{35}{140}$$

$$\frac{3}{5} = \frac{3 \times 4 \times 7}{5 \times 4 \times 7} = \frac{84}{140}$$

$$\frac{2}{7} = \frac{2 \times 4 \times 5}{7 \times 4 \times 5} = \frac{40}{140}$$

Exercices

1227. Réduire au même dénominateur :
$\frac{3}{4}$ et $\frac{6}{7}$; $\frac{4}{5}$ et $\frac{7}{8}$; $\frac{5}{9}$ et $\frac{7}{11}$; $\frac{13}{23}$ et $\frac{31}{43}$; $\frac{57}{79}$ et $\frac{91}{101}$.

1228. Réduire au même dénominateur :
$\frac{1}{6}$, $\frac{2}{7}$ et $\frac{4}{11}$; $\frac{5}{12}$, $\frac{4}{17}$ et $\frac{11}{47}$; $\frac{1}{2}$, $\frac{2}{3}$ et $\frac{4}{13}$; $\frac{5}{8}$, $\frac{1}{9}$ et $\frac{14}{25}$; $\frac{2}{5}$, $\frac{3}{8}$, $\frac{5}{7}$ et $\frac{6}{17}$.

1229. Simplifier les fractions et les réduire au même dénominateur :
$\frac{3}{6}$ et $\frac{2}{8}$; $\frac{4}{14}$ et $\frac{5}{15}$; $\frac{15}{20}$ et $\frac{25}{30}$; $\frac{11}{33}$, $\frac{10}{20}$ et $\frac{30}{45}$; $\frac{6}{9}$, $\frac{12}{16}$ et $\frac{14}{21}$.

136ᵉ LEÇON

Comparaison des fractions

De deux fractions qui ont le même dénominateur, la **plus grande** est celle qui a le **plus grand numérateur**.

La fraction $\frac{5}{8}$ est plus grande que la fraction $\frac{3}{8}$.

De deux fractions qui ont le même numérateur, la **plus grande** est celle qui a **le plus petit dénominateur**.

La fraction $\frac{7}{8}$ est plus grande que la fraction $\frac{7}{11}$.

Quand on veut comparer entre elles des fractions qui ont des dénominateurs différents, on les **réduit au même dénominateur**.

Exercices

1230. Quelle est la plus grande des deux fractions

1° $\frac{5}{17}$ et $\frac{9}{17}$; $\frac{7}{15}$ et $\frac{4}{15}$; $\frac{11}{19}$ et $\frac{11}{13}$; $\frac{23}{29}$ et $\frac{23}{47}$?

2° $\frac{11}{12}$ et $\frac{12}{13}$; $\frac{2}{3}$ et $\frac{14}{15}$; $\frac{7}{9}$ et $\frac{11}{13}$ (Indre-et-Loire); $\frac{7}{9}$ et $\frac{15}{17}$ (Paris)

1231. Ranger par ordre de grandeur :

1° Croissante : $\frac{2}{23}$, $\frac{17}{23}$, $\frac{12}{23}$, $\frac{11}{23}$, $\frac{5}{23}$;

2° Décroissante : $\frac{7}{11}$, $\frac{7}{15}$, $\frac{7}{8}$, $\frac{7}{10}$, $\frac{7}{4}$;

3° Croissante : $\frac{5}{7}$, $\frac{8}{9}$, $\frac{3}{4}$, $\frac{13}{15}$ (Saône-et-Loire).

1232. Une roue fait 3 tours en 2 secondes; une autre fait 7 tours en 9 secondes. Quelle est celle qui va le plus vite? (Aube.)

1233. Prouver, sans changer les termes des fractions, que $\frac{4}{7}$ est plus grand que $\frac{3}{8}$. (Paris.)

137ᵉ LEÇON

1° Addition des fractions

Pour **additionner** plusieurs fractions qui ont le **même** dénominateur, on additionne les numérateurs et l'on donne à la somme le dénominateur commun. EXEMPLE :
$$\frac{3}{11} + \frac{5}{11} = \frac{8}{11}.$$

Pour **additionner** plusieurs fractions qui ont des dénominateurs **différents**, on les réduit au même dénominateur, puis on additionne les numérateurs et l'on donne à la somme le dénominateur commun. EXEMPLE :
$$\frac{1}{3} + \frac{1}{4} = \frac{4}{12} + \frac{3}{12} = \frac{7}{12}.$$

Exercices

1234. Effectuer les additions suivantes :

1° $\frac{1}{5} + \frac{2}{5}$; $\frac{2}{7} + \frac{3}{7}$; $\frac{2}{9} + \frac{7}{9}$; $\frac{3}{13} + \frac{4}{13} + \frac{5}{13}$; $\frac{4}{17} + \frac{5}{17} + \frac{6}{17}$;

2° $\frac{2}{3} + \frac{4}{5}$; $\frac{3}{7} + \frac{7}{10}$; $\frac{3}{8} + \frac{5}{6} + \frac{7}{23}$; $\frac{1}{2} + \frac{2}{7} + \frac{3}{11} + \frac{5}{7}$; $\frac{1}{3} + \frac{2}{5} + \frac{4}{13} + \frac{8}{17}$.

PROBLÈMES. — **1235.** Un métier à tisser fait $\frac{7}{8}$ de mètre d'étoffe par heure ; un autre en fait $\frac{5}{6}$ pendant le même temps. Combien les deux métiers font-ils d'étoffe par heure ? (Nord).

1236. Un ouvrier fait 1 m. d'ouvrage en 3 heures ; un 2° en fait 1 m. en 5 heures. Quelle longueur font-ils ensemble en 1 heure ?

1237. Un ouvrier fait 5 m. d'ouvrage en 2 heures ; un autre en fait 8 m. en 3 heures. Calculer, à l'aide des fractions ordinaires, la quantité d'ouvrage qu'ils font ensemble en 1 heure. (Loiret).

1238. Un bassin reçoit l'eau par 3 robinets. Le 1er verse 5 m^3 en 2 heures ; le 2°, 7 m^3 en 4 heures, et le 3°, 6 m^3 en 8 heures. Combien les 3 robinets verseront-ils de mètres cubes d'eau en 1 heure si on les ouvre à 3 en même temps ?

2° Addition des nombres fractionnaires

Pour additionner des nombres **fractionnaires**, on fait d'abord la somme des nombres entiers, puis celle des fractions, et l'on ajoute à la première somme les entiers contenus dans la seconde. EXEMPLE :
$4\frac{2}{3} + 7\frac{4}{5} = 11 + \frac{2}{3} + \frac{4}{5} = 11 + \frac{10}{15} + \frac{12}{15} = 11 + \frac{22}{15} = 12\frac{7}{15}.$

Exercices

1239. 1° $5 + 3\frac{1}{4}$; $2\frac{3}{7} + \frac{2}{7}$; $1\frac{1}{4} + 3\frac{3}{4}$; $8\frac{10}{11} + 5\frac{9}{11}$; $5 + 3\frac{8}{9} + 7\frac{7}{9}$;

2° $3\frac{1}{7} + 3\frac{2}{5}$; $4\frac{4}{7} + 1\frac{1}{4}$; $2\frac{1}{3} + 3\frac{3}{8}$; $\frac{5}{9} + 6\frac{12}{13}$; $3\frac{3}{8} + 2\frac{5}{6}$;

3° $\frac{5}{9} + 4\frac{1}{5} + 3\frac{2}{3}$; $5\frac{2}{7} + 7\frac{4}{9} + 3\frac{7}{11}$; $4\frac{1}{3} + 2\frac{5}{17} + 3\frac{15}{22}$.

PROBLÈMES. — **1240.** Une personne achète 2 m. $\frac{1}{4}$ de drap, puis 3 m. $\frac{1}{2}$. Quelle longueur a-t-elle achetée en tout ?

1241. Un marcheur a parcouru : 1° 12 km. $\frac{4}{3}$ en 2 h. $\frac{1}{2}$; 2° 17 km. $\frac{1}{2}$ en 3 heures $\frac{3}{4}$. Combien a-t-il parcouru de km. en tout et combien de temps a-t-il marché ?

138ᵉ LEÇON

1° Soustraction des fractions

Pour **soustraire** une fraction d'une autre fraction ayant le **même** dénominateur, on retranche le plus petit numérateur du plus grand et l'on donne au reste le dénominateur commun. Exemple : $\frac{5}{7} - \frac{2}{7} = \frac{3}{7}$.

Lorsque les deux fractions ont des dénominateurs **différents**, on les réduit d'abord au même dénominateur, puis on retranche le plus petit numérateur du plus grand et l'on donne au reste le dénominateur commun.
EXEMPLE : $\frac{5}{9} - \frac{2}{7} = \frac{35}{63} - \frac{18}{63} = \frac{17}{63}$.

Exercices

1242. Effectuer les soustractions suivantes :
1° $\frac{4}{5} - \frac{2}{5}$; $\frac{9}{11} - \frac{3}{11}$; $\frac{24}{29} - \frac{17}{29}$; $\frac{45}{53} - \frac{31}{53}$; $\frac{82}{97} - \frac{63}{97}$;
2° $\frac{13}{15} - \frac{7}{11}$; $\frac{8}{9} - \frac{3}{5}$; $\frac{17}{25} - \frac{4}{13}$; $\frac{11}{14} - \frac{4}{9}$; $\frac{61}{49} - \frac{22}{43}$.

PROBLÈMES. — **1243.** Un tisserand fait $\frac{4}{5}$ de mètre de tissu à l'heure ; un autre en fait $\frac{2}{3}$ de mètre pendant le même temps.

Quelle fraction de mètre le 1er tisserand fait-il de plus par heure que le second ?

1244. Une fontaine remplit le $\frac{1}{8}$ d'un réservoir en 1 heure ; mais un robinet placé à la base en vide $\frac{1}{11}$ pendant le même temps. Quelle fraction du réservoir est remplie en une heure si la fontaine et le robinet sont ouverts en même temps ?

1245. Deux ouvriers travaillant ensemble font le $\frac{1}{9}$ d'un travail en 1 heure. Le 1er travaillant seul en ferait $\frac{1}{15}$ en 1 heure. Quelle fraction de l'ouvrage le second fait-il en 1 heure ? (Morbihan.)

1246. Quelle est la plus habile de deux ouvrières qui font : l'une 3 m. de dentelle au crochet en 4 jours, l'autre 7 m. de dentelle semblable en 9 jours ? Quelle quantité fait-elle par jour de plus que l'autre ? (Maine-et-Loire.)

1247. Une fontaine remplirait un bassin en 9 heures, un robinet placé à la base le viderait en 12 heures. Quelle fraction du bassin serait remplie en 1 heure si l'on ouvrait la fontaine et le robinet en même temps ? (Nord.)

1248. Deux fontaines coulant ensemble rempliraient un bassin en 16 heures. La seconde seule le remplirait en 25 heures. Quelle partie du bassin serait remplie en 1 heure par la 1re fontaine ? (Seine-et-Marne.)

2° Soustraction des nombres fractionnaires

Pour faire une **soustraction** de nombres fractionnaires, on les transforme d'abord en expressions fractionnaires, puis on retranche la plus petite expression de la plus grande et l'on extrait les entiers du reste, s'il y a lieu. EXEMPLE :

$$4\frac{2}{3} - 1\frac{3}{4} = \frac{14}{3} - \frac{7}{4} = \frac{56}{12} - \frac{21}{12} = \frac{35}{12} = 2\frac{11}{12}.$$

Exercices

1250. 1° $5\frac{2}{3} - 3$; $4\frac{1}{5} - 2$; $16\frac{11}{12} - 8$; $35\frac{1}{9} - 19$;

2° $1 - \frac{2}{3}$; $2 - \frac{3}{5}$; $4 - \frac{7}{8}$; $12 - \frac{13}{9}$; $25 - \frac{15}{4}$;

3° $4\frac{5}{6} - \frac{1}{6}$; $8\frac{5}{7} - 3\frac{2}{7}$; $9\frac{1}{4} - 5\frac{3}{4}$; $6\frac{5}{12} - \frac{11}{12}$; $7\frac{1}{5} - 2\frac{4}{5}$;

4° $9 - 4\frac{2}{7}$; $12\frac{1}{3} - 5\frac{3}{4}$; $15\frac{5}{12} - 7\frac{9}{10}$; $4\frac{1}{7} - 2\frac{7}{8}$; $3\frac{4}{5} - 7\frac{8}{9}$.

Problèmes. — **1251.** Que reste-t-il :

1° D'un coupon d'étoffe de 7 m. $\frac{3}{4}$ dont on a vendu 3 m. ?

2° D'un coupon d'étoffe de 5 m. dont on a vendu $\frac{4}{5}$ de m. ?

3° D'une pièce de ruban de 7 m. $\frac{1}{2}$ dont on a coupé $\frac{3}{4}$ de mètre ?

4° De 18 m. $\frac{1}{4}$ de drap dont on a vendu 7 m. $\frac{1}{2}$?

1252. On a acheté 4 m. $\frac{1}{2}$ de drap pour faire un pantalon et une redingote. On emploie 1 m. $\frac{1}{5}$ pour le pantalon. Quelle longueur reste-t-il pour la redingote et de combien cette longueur surpasse-t-elle celle employée pour le pantalon ?

CHAPITRE XV

139ᵉ LEÇON

Multiplication d'une fraction par un nombre entier

Pour multiplier une fraction par un nombre entier, on multiplie le numérateur seul par le nombre entier, sans changer le dénominateur. EXEMPLE :

$$\frac{2}{3} \times 7 = \frac{14}{3} = 4\frac{2}{3}.$$

Exercices

1253. Effectuer les multiplications suivantes :

1° $\frac{1}{5} \times 4$; $\frac{2}{7} \times 3$; $\frac{4}{21} \times 5$; $\frac{7}{67} \times 8$; $\frac{14}{115} \times 6$;

2° $\frac{1}{3} \times 3$; $\frac{1}{9} \times 9$; $\frac{4}{3} \times 8$; $\frac{5}{14} \times 9$; $\frac{17}{23} \times 6$;

3° $\frac{15}{32} \times 48$; $\frac{47}{74} \times 39$; $\frac{25}{24} \times 57$; $\frac{43}{8} \times 65$; $\frac{115}{17} \times 28$.

PROBLÈMES ORAUX. — **1254.** Un ouvrier fait $\frac{2}{3}$ de mètre d'ouvrage en 1 heure. Quelle longueur fait-il en 2 heures ? 3 heures ? 6 heures ? 9 heures ?

1255. Une bouteille contient $\frac{3}{4}$ de litre. Quelle est la contenance de 2 bouteilles ? 4 bouteilles ? 8 bouteilles ? 12 bouteilles ?

1256. Pour faire un gilet, il faut $\frac{2}{5}$ de mètre d'étoffe. Quelle longueur faut-il pour 3 gilets ? 10 gilets ? 5 gilets ? 20 gilets ?

PROBLÈMES ÉCRITS. — **1257.** Un litre de vin coûte 0 fr. 45. On demande combien dépensera dans une année bissextile un employé qui consomme les $\frac{5}{6}$ d'un litre par jour.

1258. Pour faire un pantalon, il faut $\frac{5}{4}$ de mètre de drap à 14 fr. 50 le mètre. Que coûtera le drap nécessaire pour faire 4 douzaines de pantalons ?

1259. Un tisserand qui travaille 12 heures par jour fait $\frac{5}{4}$ de mètre de tissu par heure. Quel sera son gain au bout d'une semaine de 6 jours de travail, si le mètre est payé 0 fr. 25 ?

140ᵉ LEÇON

Multiplication d'un nombre fractionnaire par un nombre entier

Pour **multiplier** un nombre fractionnaire par un nombre entier, on transforme le nombre fractionnaire en **expression fractionnaire**, puis on multiplie le numérateur de cette expression fractionnaire par le nombre entier et l'on extrait les entiers.

EXEMPLE : $3\frac{2}{5} \times 2 = \frac{17}{5} \times 2 = \frac{34}{5} = 6\frac{4}{5}$.

Exercices

1260. 1° $3\frac{1}{2} \times 4$; $4\frac{2}{3} \times 6$; $5\frac{3}{4} \times 8$; $7\frac{5}{8} \times 10$; $9\frac{4}{11} \times 7$;

2° $24\frac{2}{5} \times 15$; $17\frac{8}{9} \times 19$; $27\frac{7}{15} \times 33$; $45\frac{6}{17} \times 41$.

PROBLÈMES. — **1261.** Pour faire un vêtement, il faut 2 m. $\frac{3}{8}$ de drap. Combien faudra-t-il de mètres pour faire une douzaine de vêtements? (Seine.)

1262. Une laitière vend son lait 0 fr. 24 le litre et en fournit chaque jour 1 litre $\frac{3}{4}$ à une famille. Quelle sera la dépense au bout d'un mois de 30 jours ? (Yonne.)

1263. Un ouvrier consomme 5 kg. $\frac{3}{4}$ de pain par semaine.

Quelle somme dépensera-t-il en un an, sachant qu'un kilogramme de pain coûte 0 fr. 25? (Allier.)

1264. Il faut 1 m. $\frac{3}{4}$ de toile pour faire une paire de torchons et l'on voudrait en confectionner 5 douzaines. Combien faut-il de mètres de toile? (Somme.)

1265. Une lampe est allumée 4 heures $\frac{1}{3}$ par jour et brûle 38 g. d'huile par heure. Quelle sera la dépense d'éclairage pour une semaine si le litre coûte 1 fr. 15 et pèse 920 g. ?

1266. Un ouvrier achetait par jour 1 l. $\frac{3}{4}$ de vin pour la consommation de sa famille. Il le payait 0 fr. 70 le litre. Maintenant il l'achète par pièces de 228 l. à 145 fr. l'une. Quel avantage trouve-t-il par an à ce nouveau mode d'achat?

141ᵉ LEÇON
Multiplication d'un nombre entier par une fraction

Pour **multiplier** un nombre entier par une fraction, on multiplie le nombre entier par le numérateur de la fraction et l'on **conserve** le dénominateur.

EXEMPLE : $5 \times \frac{2}{3} = \frac{10}{3} = 3\frac{1}{3}$.

Exercices

Effectuer les multiplications suivantes :

1267. $3 \times \frac{1}{3}$; $5 \times \frac{3}{5}$; $12 \times \frac{5}{6}$; $14 \times \frac{3}{7}$; $20 \times \frac{3}{4}$.

1268. $7 \times \frac{1}{4}$; $9 \times \frac{4}{11}$; $14 \times \frac{5}{6}$; $23 \times \frac{9}{29}$; $37 \times \frac{29}{35}$.

1269. $265 \times \frac{9}{13}$; 4.849 fr. $\times \frac{17}{53}$; $745.816 \times \frac{3}{4}$. (Marne.)

PROBLÈMES ORAUX. — **1270.** Prendre le $\frac{1}{4}$ de 12 fr.; le $\frac{1}{3}$ de 9 m.; le $\frac{1}{5}$ de 15 kg.; les $\frac{2}{3}$ de 12 m.; les $\frac{3}{4}$ de 16 kg.; les $\frac{4}{5}$ de 20 fr.

1271. Un mètre de drap coûte 12 fr. Quel est le prix de 1 demi-mètre? de $\frac{1}{3}$ de mètre? de $\frac{1}{4}$ de mètre? de $\frac{3}{4}$? de $\frac{2}{3}$? de $\frac{5}{6}$?

1272. Je devais 20 fr. Combien devais-je encore quand j'ai eu payé la moitié de ma dette? le $\frac{1}{4}$? le $\frac{1}{5}$? les $\frac{3}{4}$? les $\frac{3}{5}$? les $\frac{7}{10}$?

PROBLÈMES ÉCRITS. — **1273.** Je devais une somme de 1.035 fr., j'en ai payé les $\frac{3}{5}$. Combien dois-je encore?

1274. Un cultivateur a récolté 252 hl. de pommes de terre; il en vend les $\frac{2}{3}$ à raison de 4 fr. 80 l'hl. et le reste à 5 fr. 30 l'hl. Combien a-t-il reçu en tout? (Nord.)

1275. Une personne achète 3 pièces de vin. La 1re coûte 420 fr., la 2e coûte les $\frac{2}{3}$ de la 1re et la 3e les $\frac{3}{4}$ de la 2e. Quel est le prix de la 2e et de la 3e? (Var.)

1276. Un commerçant calcule que, chaque année, son capital est les $\frac{4}{3}$ de ce qu'il était l'année précédente. S'il a commencé avec 16.200 fr., que sera devenu son capital après 4 années de commerce? (Aube.)

1277. Une fabrique occupe 567 ouvriers divisés en 3 catégories : $\frac{1}{9}$ de la 1re, $\frac{1}{3}$ de la 2e et le reste de la 3e. Les ouvriers de la 1re catégorie gagnent 5 fr. 25 par jour; ceux de la 2e, 4 fr. 75; ceux de la 3e, 4 fr. Quelle somme faut-il pour payer tous ces ouvriers pendant un an, sachant que l'usine reste fermée le dimanche et 14 jours de fête? (Nord.)

142e LEÇON
Multiplication d'un nombre entier par un nombre fractionnaire

Pour **multiplier** un nombre entier par un nombre fractionnaire, on transforme le nombre fractionnaire

ARITHMÉTIQUE PRATIQUE

en **expression fractionnaire**, puis on multiplie le nombre entier par le numérateur de l'expression, en conservant le dénominateur ; ensuite on extrait les entiers.

EXEMPLE : $8 \times 2\frac{1}{3} = 8 \times \frac{7}{3} = \frac{56}{3} = 18\frac{2}{3}$.

Exercices

1278. 1° $4 \times 1\frac{2}{5}$; $6 \times 2\frac{3}{4}$; $7 \times 4\frac{5}{9}$; $5 \times 3\frac{5}{6}$; $8 \times 2\frac{3}{8}$;

2° $14 \times 5\frac{3}{7}$; $18 \times 12\frac{1}{19}$; $19 \times 15\frac{7}{15}$; $26 \times 31\frac{11}{29}$.

PROBLÈMES. — **1279.** Sachant que 1 kg. de viande coûte 2 fr. 45, combien paiera-t-on pour 4 kg. $\frac{1}{4}$? (Vosges.)

1280. Un marchand achète une pièce de drap de 18 m. $\frac{2}{5}$ à raison de 13 fr. 50 le mètre. Quelle somme a-t-il déboursée, sachant qu'on lui a fait une remise de 9 fr. 50 parce qu'il a payé comptant ? (Indre.)

1281. Combien paiera-t-on pour 9 m. $\frac{3}{4}$ d'étoffe à raison de 0 fr. 063 le centimètre ? (Somme.)

1282. Un ouvrier a travaillé dans un mois 22 jours $\frac{3}{4}$ à raison de 4 fr. 50 par jour. Combien lui restera-t-il de son gain après avoir payé les $\frac{4}{9}$ d'une dette de 54 fr. ? (Ariège.)

1283. Un fermier vend 45 hl. $\frac{1}{2}$ de blé à 18 fr. l'un et 25 hl. $\frac{1}{4}$ de seigle à 15 fr. 60 l'un ; combien doit-il recevoir ?

1284. J'ai vendu au marché 3 sacs $\frac{1}{2}$ de blé à 28 fr. 50 le sac, 8 kg. $\frac{1}{2}$ de beurre à 0 fr. 90 le $\frac{1}{2}$ kg. et un cent d'œufs à 0 fr. 063 l'œuf. J'ai dépensé en tout 46 fr. 50. Combien dois-je rapporter du marché ? (Oise.)

143ᵉ LEÇON

Multiplication d'une fraction par une fraction

Pour **multiplier** une fraction par une fraction, on multiplie les numérateurs entre eux et les dénominateurs entre eux. EXEMPLE : $\frac{2}{3} \times \frac{5}{6} = \frac{10}{18}$.

Exercices

1285. Effectuer les multiplications suivantes :

1° $\frac{2}{3} \times \frac{1}{4}$; $\frac{1}{2} \times \frac{1}{5}$; $\frac{3}{7} \times \frac{5}{6}$; $\frac{5}{9} \times \frac{1}{2}$; $\frac{3}{11} \times \frac{5}{8}$;

2° $\frac{15}{19} \times \frac{35}{36}$; $\frac{31}{47} \times \frac{43}{79}$; $\frac{69}{54} \times \frac{83}{17}$; $\frac{104}{97} \times \frac{235}{112}$; $\frac{149}{28} \times \frac{47}{11}$;

3° $\frac{2}{3} \times \frac{3}{4} \times \frac{1}{5}$; $\frac{2}{7} \times \frac{5}{6} \times \frac{1}{9}$; $\frac{7}{8} \times \frac{7}{11} \times \frac{12}{13}$.

1286. Combien valent les $\frac{5}{7}$ des $\frac{3}{4}$ de 14.280 fr.?

PROBLÈMES. — **1287.** Une bouteille contient $\frac{3}{4}$ de litre. Combien y aurait-il de décilitres dans les $\frac{2}{3}$ d'une bouteille?

1288. Un moulin produit les $\frac{3}{4}$ d'un sac de farine par heure. Quelle quantité fournira-t-il au bout de $\frac{5}{4}$ d'heure et quelle sera la valeur de cette farine à 42 fr. le sac?

1289. Un ouvrier a fait les $\frac{2}{5}$ d'un travail; un 2ᵉ n'a fait que les $\frac{1}{2}$ de la besogne du 1ᵉʳ; un 3ᵉ ouvrier a fait le reste du travail. Quelle fraction a-t-il faite?

144ᵉ LEÇON
Multiplication de nombres fractionnaires

Pour **multiplier** des nombres fractionnaires, on les réduit en **expressions fractionnaires**, on multiplie les numérateurs entre eux et les dénominateurs entre eux, et l'on extrait les entiers. EXEMPLE :

$$4\frac{1}{5} \times 3\frac{2}{7} = \frac{21}{5} \times \frac{23}{7} = \frac{483}{35} = 13\frac{28}{35}.$$

Exercices

1290. 1° $2\frac{1}{3} \times \frac{5}{6}$; $4\frac{3}{5} \times \frac{7}{9}$; $7\frac{2}{9} \times \frac{5}{8}$; $9\frac{3}{11} \times \frac{7}{15}$; $5\frac{3}{16} \times \frac{5}{17}$;

2° $\frac{5}{8} \times 4\frac{2}{3}$; $\frac{6}{7} \times 3\frac{4}{9}$; $\frac{7}{15} \times 5\frac{7}{12}$; $\frac{6}{17} \times 3\frac{8}{19}$; $\frac{14}{15} \times 7\frac{2}{3}$;

3° $4\frac{1}{8} \times 2\frac{1}{7}$; $8\frac{1}{4} \times 7\frac{2}{5}$; $6\frac{1}{6} \times 12\frac{3}{8}$; $3\frac{5}{9} \times 7\frac{2}{15}$; $6\frac{3}{11} \times 4\frac{2}{19}$.

PROBLÈMES. — **1291.** Quelle est la surface d'un carré qui a 1 m. $\frac{1}{2}$ de côté ?

1292. Quelle est la surface d'un rectangle qui a 2 m. $\frac{1}{4}$ de longueur et dont la largeur est les $\frac{3}{4}$ de la longueur ?

1293. Quelle est la surface totale d'un cube qui a 4 cm. $\frac{3}{4}$ d'arête ?

1294. Quel est le volume d'un cube qui a 3 cm. $\frac{1}{3}$ de côté ?

1295. Quelle est la contenance d'une caisse qui a 8 dm. $\frac{1}{8}$ de longueur, 5 dm. $\frac{3}{5}$ de largeur et 4 dm. $\frac{3}{10}$ de profondeur ?

145ᵉ LEÇON
CALCUL DU PRIX DE VENTE DE L'UNITÉ

1296. Un particulier a du blé qui lui coûte 16 fr. l'hectolitre. Il veut le revendre en gagnant les $\frac{2}{15}$ du prix d'achat. Quel sera le prix de vente d'un hectolitre ? (Corse.)

1297. Un chemisier a fait confectionner 48 chemises qui lui reviennent à 213 fr. 40. Combien doit-il revendre chaque chemise pour gagner $\frac{1}{5}$ du prix de revient? (Loiret.)

1298. Un cultivateur a acheté un troupeau de 111 moutons pour la somme de 3.108 fr. Il vend les $\frac{2}{3}$ de son troupeau à raison de 32 fr. la pièce. Combien doit-il vendre chacun des moutons qui lui restent pour gagner 660 fr. sur le tout?

1299. On achète 24 m. de drap pour 378 fr.; on en revend $\frac{1}{4}$ en faisant une perte de 15 fr. Combien doit-on revendre le mètre de ce qui reste pour gagner 48 fr. sur le tout? (Jura.)

1300. Un marchand a acheté 325^m,20 de drap à raison de 10 fr. 50 le mètre, il en revend les $\frac{3}{5}$ à raison de 12 fr. 10 et il veut gagner 1.043 fr. sur le tout. Combien doit-il vendre le mètre de ce qui lui reste? (Côte-d'Or.)

1301. Un marchand achète 145 m. de drap à raison de 16 fr. 50 le mètre. Il veut, en le revendant, réaliser un bénéfice de $\frac{1}{10}$ du prix d'achat. Il a déjà vendu $\frac{2}{5}$ du drap à raison de 17 fr. 50 le mètre. Combien doit-il vendre le mètre du reste? (Seine.)

146ᵉ LEÇON

PROBLÈMES SUR L'ADDITION ET LA MULTIPLICATION DES FRACTIONS

1302. Un terrassier a 180 m. de fossé à creuser; le 1ᵉʳ jour, il en fait $\frac{1}{5}$, le 2ᵉ jour le $\frac{1}{3}$, le 3ᵉ jour le $\frac{1}{6}$. Que reste-t-il à faire? (Marne.)

1303. Un propriétaire qui a 2.870 fr. de rente en dépense $\frac{1}{9}$ en janvier, $\frac{1}{8}$ en février et $\frac{1}{4}$ en mars. Combien lui reste-t-il pour chacun des neuf autres mois? (Cher.)

1304. Une marchande a vendu successivement le $\frac{1}{4}$, le $\frac{1}{6}$, les $\frac{2}{9}$ de 3 douzaines d'œufs à raison de 0 fr. 15 l'un. Quelle somme a-t-elle reçue? Combien d'œufs lui reste-t-il?

1305. Un fermier a récolté 320 hl. de blé. Il en garde $\frac{1}{10}$ pour la nourriture du personnel de la ferme, $\frac{1}{8}$ pour la semence et vend le reste à raison de 32 fr. 75 le quintal. Quelle somme doit-il recevoir si l'hectolitre pèse 78^{kg},5?

1306. Un terrassier a 140 m. de fossé à curer : le 1er jour, il en fait $\frac{1}{4}$; le 2e, les $\frac{2}{3}$ de ce qu'il a fait le 1er jour; le 3e, les $\frac{5}{6}$, et le 4e jour, le reste. Combien a-t-il gagné chaque jour s'il reçoit 0 fr. 10 par mètre? (Aube.)

147e LEÇON

PROBLÈMES DIVERS SUR L'ADDITION, LA SOUSTRACTION ET LA MULTIPLICATION DES FRACTIONS

1307. Un ouvrier gagne 4 fr. 50 par jour; il emploie 12 jours $\frac{2}{3}$ pour faire un ouvrage; que lui doit-on? (Corse.)

1308. Un marchand achète 3 pièces de toile à raison de 1 fr. 20 le mètre. La 1re contient 36 m. $\frac{1}{4}$; la 2e, 42 m. $\frac{1}{3}$, et la 3e, 54^m,20. Combien doit-il? (Allier.)

1309. Une pièce de soie a 50 m.; on en a vendu successivement 8 m. $\frac{1}{5}$, 7 m. $\frac{1}{2}$ et 15 m. $\frac{3}{4}$. Que vaut le reste à 12 fr. 50 le mètre? (Rhône.)

1310. Deux objets pèsent l'un 4 kg. $\frac{1}{2}$ et l'autre les $\frac{3}{4}$ du poids du 1er. Calculer le poids total de ces deux objets. (Nord.)

1311. Une diligence fait 12 km. $\frac{1}{2}$ par heure et une voiture ne parcourt que 8 km. $\frac{3}{4}$. Dites quelle sera l'avance de la diligence après 6 heures de marche. (Eure.)

1312. Un bassin reçoit par quart d'heure 18 l. $\frac{1}{2}$ d'eau et en perd dans le même temps 4 l. $\frac{2}{3}$. Combien conservera-t-il de litres d'eau en 2 heures $\frac{1}{2}$? (Oise.)

CHAPITRE XVI

148ᵉ LEÇON

Division d'une fraction par un nombre entier

Pour **diviser** une fraction par un nombre entier, on multiplie le dénominateur par ce nombre ou l'on divise le numérateur par ce nombre quand c'est possible.

1ᵉʳ EXEMPLE : $\frac{2}{3} : 5 = \frac{2}{3 \times 5} = \frac{2}{15}$;

2ᵉ EXEMPLE : $\frac{6}{11} : 3 = \frac{2}{11}$.

Exercices

1313. 1° $\frac{3}{7} : 5$; $\frac{4}{9} : 7$; $\frac{3}{11} : 8$; $\frac{5}{6} : 9$; $\frac{7}{15} : 6$;

2° $\frac{6}{7} : 3$; $\frac{8}{11} : 4$; $\frac{14}{15} : 7$; $\frac{35}{37} : 5$; $\frac{42}{43} : 6$;

3° $\frac{7}{17} : 9$; $\frac{12}{19} : 2$; $\frac{56}{57} : 4$; $\frac{16}{11} : 5$; $\frac{27}{32} : 11$.

PROBLÈMES. — **1314.** On coupe un morceau d'étoffe de $\frac{3}{4}$ de mètre en 7 parties égales. Quelle est la longueur de chaque partie ?

1315. En 5 jours, un ouvrier a fait les $\frac{2}{3}$ d'un travail qu'il avait entrepris. Quelle fraction de travail fait-il par jour ?

1316. En 3 journées de 10 heures, un ouvrier a fait les $\frac{5}{8}$ d'un travail qu'il avait entrepris. Quelle fraction de l'ouvrage fait-il : 1° par jour ? 2° par heure ?

1317. En 8 journées de 9 heures, 5 maçons ont fait les $\frac{7}{10}$ d'un travail qu'ils avaient entrepris. Quelle fraction de l'ouvrage un ouvrier fait-il en une heure ?

149ᵉ LEÇON

Division d'un nombre entier par une fraction

Pour **diviser** un nombre entier par une fraction, on multiplie le nombre entier par la fraction diviseur renversée. EXEMPLE : $4 : \frac{2}{5} = 4 \times \frac{5}{2} = \frac{20}{2} = 10$.

Exercices

1318. 1° $3 : \frac{1}{4}$; $6 : \frac{3}{7}$; $10 : \frac{2}{5}$; $12 : \frac{3}{4}$; $15 : \frac{5}{6}$;

2° $5 : \frac{3}{8}$; $9 : \frac{5}{6}$; $11 : \frac{7}{13}$; $5 : \frac{14}{11}$; $18 : \frac{7}{19}$;

3° $15 : \frac{5}{13}$; $6 : \frac{5}{8}$; $12 : \frac{5}{7}$ (Seine-et-Oise) ; $3,426 : \frac{3}{4}$ (Charente).

PROBLÈMES. — **1319.** Pour confectionner un vêtement, il faut $\frac{3}{4}$ de mètre d'étoffe. Combien fera-t-on de vêtements avec une pièce d'étoffe de 24 m. ? (Meuse.)

1320. Une femme fait les $\frac{3}{4}$ d'un bas dans une journée et elle doit en faire 10 paires. Combien lui faudra-t-il de temps ?

1321. Une femme tricote 5 bas en 6 jours. Combien mettra-t-elle de temps pour tricoter 12 paires de bas ?

1322. Une pompe donne $\frac{4}{5}$ de litre d'eau par coup de balancier. Combien faudra-t-il de coups pour remplir une auge de forme rectangulaire ayant à l'intérieur une longueur de 1ᵐ,20, une largeur de 1ᵐ,05 et une profondeur de 0ᵐ,80 ?

1323. Une pompe donne $\frac{2}{3}$ de litre d'eau par coup de balancier. Combien faudra-t-il de coups pour remplir une auge de forme rectangulaire ayant pour hauteur intérieure 0ᵐ,35 et pour fond un rectangle dont le périmètre a 3 m. et dont la longueur est double de la largeur ? (Meuse.)

150ᵉ LEÇON

MISE DU VIN EN BOUTEILLES

1324. On se propose de mettre 225 l. de vin en bouteilles de $\frac{3}{4}$ de l. Combien faudra-t-il de bouteilles ? (Ain.)

1325. On met une pièce de vin de 250 l. dans des bouteilles, telles que 5 ont une capacité de 4 l. Combien faudra-t-il de bouteilles?

1326. J'achète une pièce de vin de 228 l. pour 185 fr. Combien contient-elle de bouteilles de $\frac{3}{5}$ de l. et que coûte la bouteille ? (Belfort.)

1327. Une personne fait mettre en bouteilles une barrique de vin de 225 l. qui lui coûte 189 fr. Elle emploie des bouteilles telles que 4 d'entre elles ont une capacité de 3 l. ; à combien revient la bouteille de ce vin ? (Orne.)

1328. Une pièce de vin de 224 l. a été achetée 248 fr. On a payé 8 fr. 25 pour le transport et 18 fr. 15 pour l'octroi. Ce vin a été mis dans des bouteilles contenant les $\frac{4}{5}$ d'un litre. Quel est le prix de revient d'une bouteille ? (Vosges.)

1329. On achète une pièce de vin de 220 l. pour 135 fr. On paie 9 fr. 50 de transport. L'octroi revient à 2 fr. 50 par hectolitre. On met ce vin dans des bouteilles de $\frac{3}{4}$ de litre. A combien revient la bouteille, sachant qu'au fond du tonneau on a trouvé 3 l. de lie?

151ᵉ LEÇON

Division d'un nombre entier par un nombre fractionnaire

Pour diviser un nombre entier par un nombre fractionnaire, on transforme le nombre fractionnaire en

expression fractionnaire et l'on multiplie le nombre entier par la fraction diviseur renversée. EXEMPLE :

$$7 : 2\frac{3}{4} = 7 : \frac{11}{4} = 7 \times \frac{4}{11} = \frac{28}{11} = 2\frac{6}{11}.$$

Exercices

Effectuer les divisions suivantes :

1330. $5 : 2\frac{1}{2}$; $7 : 3\frac{2}{5}$; $9 : 1\frac{3}{7}$; $10 : 4\frac{2}{9}$; $11 : 5\frac{3}{8}$;

1331. $17 : 6\frac{4}{11}$; $26 : 8\frac{2}{3}$; $35 : 12\frac{7}{13}$; $48 : 17\frac{5}{14}$.

PROBLÈMES. — **1332.** Un ouvrier reçoit 14 fr. pour 3 jours $\frac{1}{3}$ de travail. Combien gagne-t-il par jour ? (Meuse.)

1333. La roue d'une voiture a une circonférence de 5 m. $\frac{1}{2}$. Combien a-t-elle fait de tours dans un voyage de 28 km. ? (Ariège.)

1334. On a payé 638 fr. 40 pour 4 coupons de drap contenant chacun 12 m. $\frac{2}{3}$. Combien coûte le mètre ? (Isère.)

1335. Une fontaine donne 2 l. $\frac{1}{3}$ d'eau par minute. Combien mettra-t-elle de minutes pour remplir un bassin de 1^m,50 de longueur sur 0^m,40 de largeur et 0^m,35 de profondeur ? (Meuse.)

1336. Deux villes sont séparées par une distance de 180 km. ; une locomotive a parcouru les $\frac{5}{9}$ de cette distance en 6 heures $\frac{1}{4}$. Combien parcourt-elle en 1 heure ? (Hérault.)

152ᵉ LEÇON

Division de nombres fractionnaires

Pour **diviser** des nombres fractionnaires, on convertit ces nombres en **expressions fractionnaires** et l'on multiplie la fraction dividende par la fraction diviseur renversée. Exemple :

$$4\frac{1}{3} : 2\frac{1}{5} = \frac{13}{3} : \frac{11}{5} = \frac{13}{3} \times \frac{5}{11} = \frac{65}{33} = 1\frac{32}{33}.$$

Exercices

1337. 1° $5\frac{1}{4} : \frac{2}{3}$; $3\frac{2}{5} : \frac{4}{7}$; $5\frac{7}{9} : \frac{5}{8}$; $9\frac{1}{11} : \frac{4}{11}$;

2° $\frac{3}{4} : 1\frac{1}{2}$; $\frac{6}{7} : 2\frac{1}{4}$; $\frac{12}{5} : 3\frac{2}{9}$; $\frac{11}{3} : 4\frac{1}{6}$;

3° $2\frac{3}{5} : 1\frac{1}{4}$; $3\frac{2}{9} : 2\frac{5}{8}$; $14\frac{1}{4} : 3\frac{2}{7}$; $45\frac{2}{11} : 13\frac{3}{10}$.

1338. Quel est le quotient de la division de $35\frac{5}{9}$ par $6\frac{3}{4}$?

1339. Diviser 4 unités $\frac{2}{3}$ par 2 unités $\frac{3}{8}$ et expliquer l'opération. (Seine.)

153ᵉ LEÇON

CALCUL DU GAIN ANNUEL DES OUVRIERS

1340. Un employé a reçu 718 fr. pour les $\frac{2}{3}$ de son traitement annuel. Combien reçoit-il par an ? (Seine-et-Marne.)

1341. Un employé verse les $\frac{3}{10}$ de ses appointements à la caisse d'épargne ; au bout de 7 mois, son livret porte une économie de 350 fr., intérêts non compris. Combien gagne-t-il par an ? (Hérault.)

1342. Un rentier consacre $\frac{1}{10}$ de ses revenus aux pauvres et les $\frac{3}{4}$ à ses dépenses personnelles. Il lui reste à la fin de l'année 678 fr. Quel est son revenu annuel ? (Gironde.)

1343. Un ouvrier a dépensé pour sa nourriture $\frac{1}{3}$ de ce qu'il a gagné pendant l'année, $\frac{1}{3}$ pour son habillement et son logement, $\frac{1}{10}$ en dépenses diverses, et il a économisé 318 fr. Combien avait-il gagné pendant cette année?

1344. Un employé dépense dans un an pour sa nourriture $\frac{1}{3}$ de ce qu'il a gagné, pour son logement le $\frac{1}{5}$, pour ses autres frais 450 fr. A la fin de l'année, ses économies lui permettent de placer 350 fr. à la caisse d'épargne. Combien gagne-t-il par an? (Seine.)

1345. Un ouvrier économe place le $\frac{1}{4}$ de son gain à la caisse d'épargne. Sachant qu'il dépense en moyenne 2 fr. 45 par jour et qu'il travaille 306 jours par an, on demande combien il gagne par journée. (Vosges.)

154ᵉ LEÇON

CALCUL DE L'ÉCONOMIE ANNUELLE DES OUVRIERS

1346. Un ouvrier gagne 1.230 fr. par an. Il dépense les $\frac{3}{4}$ de son gain pour sa nourriture, son entretien et son logement. Combien économise-t-il par an? (Haute-Saône.)

1347. Un ouvrier gagne 120 fr. par mois. Il dépense les $\frac{2}{3}$ de ce qu'il gagne. Combien économise-t-il par an?

1348. Une personne a un revenu de 15.300 fr. Elle a dépensé les $\frac{4}{9}$ pour sa nourriture, $\frac{1}{10}$ pour son logement et les $\frac{2}{5}$ pour son entretien. Combien a-t-elle économisé par an?

1349. Un ouvrier gagne 180 fr. par mois; il en dépense les $\frac{2}{5}$ pour son entretien et en envoie $\frac{1}{4}$ à ses parents. Quelle somme lui reste-t-il au bout de l'année? (Mayenne.)

1350. Un ouvrier gagne 120 fr. par mois; il en dépense les $\frac{7}{9}$ pour sa chambre et sa pension, le $\frac{1}{6}$ pour son habillement. Il place 5 fr. par mois à la caisse d'épargne. Combien lui reste-t-il ? (Eure-et-Loir.)

1351. Un ouvrier gagne 4 fr. 50 par jour et travaille 298 jours par an. Il dépense les $\frac{2}{3}$ de son gain pour sa nourriture et son logement, les $\frac{2}{3}$ du reste pour son habillement. Combien lui reste-t-il à la fin de l'année?

155º LEÇON

PROBLÈMES SUR LES FONTAINES QUI REMPLISSENT OU VIDENT UN BASSIN

1352. Un bassin est alimenté par 3 robinets. Le 1er le remplirait en 5 heures ; le 2e, en 3 heures, et le 3º, en 8 heures. Quelle quantité du bassin remplissent-ils en 1 heure ?

1353. Un robinet remplirait un bassin en 5 heures, mais une ouverture le viderait en 8 heures. Sachant qu'on ouvre les 2 ouvertures en même temps, quelle quantité du bassin sera remplie en 1 heure ? (Seine.)

1354. Une fontaine remplit un bassin en 2 heures ; une autre l'emplirait en 5 heures ; si les 2 fontaines coulent ensemble, au bout de combien de temps le bassin sera-t-il plein ? (Basses-Pyrénées.)

1355. Une fontaine remplit un bassin en 6 heures et ce bassin a une ouverture par laquelle il peut se vider en 7 heures. En combien de temps le bassin sera-t-il rempli si on ouvre cette ouverture en même temps que le robinet ?

1356. Deux robinets rempliraient un réservoir, l'un en 7 heures, l'autre en 9 heures. Un robinet placé à la base le viderait en 11 heures. Si l'on ouvre les trois robinets ensemble, au bout de combien de temps le bassin sera-t-il plein ? (Ardennes.)

1357. Une pompe épuiserait un fossé en 6 heures $\frac{1}{2}$; une autre l'épuiserait en 5 heures $\frac{3}{4}$. Combien de temps mettront-elles à le vider ensemble ? (Creuse.)

156ᵉ LEÇON

OUVRIERS TRAVAILLANT AU MÊME TRAVAIL

1358. Un ouvrier ferait un travail en 12 jours ; un autre le ferait en 15 jours ; s'ils travaillent ensemble, quelle fraction de l'ouvrage feront-ils en un jour ? (Marne.)

1359. Deux ouvriers travaillent ensemble ; le 1ᵉʳ seul ferait l'ouvrage en 8 jours ; le 2ᵉ ferait le travail en 13 jours. Au bout de combien de temps le travail sera-t-il fait ? (Nord.)

1360. Trois ouvriers se présentent pour faucher une prairie. Le 1ᵉʳ la faucherait seul en 7 jours ; le 2ᵉ la faucherait en 8 jours et le 3ᵉ en 9 jours. Si l'on emploie ces 3 ouvriers, en combien de temps la prairie sera-t-elle fauchée ?

1361. Un ouvrier peut faire un certain ouvrage en 60 jours ; un 2ᵉ ouvrier pourrait le faire en 90 jours. Ils s'associent pour le faire en commun. Combien de temps mettront-ils ? Ils reçoivent pour ce travail une somme de 270 fr. Dites ce qui revient à chacun. (Marne.)

1362. Un ouvrier ferait un ouvrage en 3 heures $\frac{2}{5}$; un autre le ferait en 4 heures $\frac{1}{2}$. Au bout de combien de temps sera terminé l'ouvrage, les deux ouvriers travaillant ensemble ? (Côte-d'Or.)

1363. Deux compagnies peuvent faire le même travail, l'une en 11 jours, l'autre en 15 jours. On prend $\frac{1}{3}$ des ouvriers de la première et $\frac{2}{5}$ des ouvriers de la seconde. En combien de jours feront-ils l'ouvrage ? (Seine-et-Oise.)

157ᵉ LEÇON

TROUVER UN NOMBRE CONNAISSANT UNE FRACTION DE CE NOMBRE

I

Problèmes oraux. — **1364.** Quel est le montant de sommes : 1° dont la $\frac{1}{2}$ égale 8 fr. ? 2° dont le $\frac{1}{3}$ égale 7 fr. ? 3° dont le $\frac{1}{6}$ égale 9 fr. ? 4° dont le $\frac{1}{9}$ égale 5 fr. ?

1365. Les $\frac{3}{5}$ d'une somme font 18 fr. Quelle est la valeur de $\frac{1}{5}$ de cette somme ? de $\frac{2}{5}$? de $\frac{4}{5}$? de $\frac{5}{5}$?

1366. Les $\frac{4}{7}$ d'une somme font 12 fr. Quelle est la valeur de $\frac{1}{7}$? de la somme entière ?

1367. Les $\frac{3}{8}$ d'une somme font 15 fr. Quelle est cette somme ?

Problèmes écrits. — **1368.** La mer a atteint dans un port une hauteur de 8ᵐ,30. Cette hauteur n'est que les $\frac{2}{3}$ de la marée précédente. Quelle est cette dernière ? (Côtes-du-Nord.)

1369. Les $\frac{2}{7}$ de la somme que j'ai dans ma poche augmentés de 50 fr. font 330 fr. Combien ai-je ? (Eure.)

1370. Les $\frac{3}{4}$ d'une pièce de toile sont vendus 86 fr. 40 au prix de 1 fr. 60 le mètre. Dire la longueur et la valeur de la pièce entière. (Aisne.)

1371. Une balle qu'on laisse tomber rebondit aux $\frac{2}{9}$ de sa hauteur. De quelle hauteur est tombée une balle qui, rebondissant pour la seconde fois, s'élève à 0ᵐ,75 ?

1372. Un marchand achète une pièce de drap de 80 m. En revendant la $\frac{1}{2}$ pour 516 fr., il perd 1 fr. 75 par mètre. Combien lui avait coûté la pièce entière ? (Somme.)

1373. Une prairie vaut actuellement les $\frac{4}{15}$ de ce qu'elle vaudra lorsqu'elle sera préparée par l'irrigation. Quelle sera sa valeur si, maintenant, elle est estimée à 0 fr. 95 le mètre carré ? La surface de cette prairie est de 3^{h},08. (Nord.)

II

Problèmes oraux. — **1374.** Quelle fraction de l'unité reste-t-il quand on en a ôté : $\frac{1}{3}$? $\frac{1}{5}$? $\frac{2}{7}$? $\frac{4}{9}$? $\frac{7}{11}$?

1375. On dépense les $\frac{4}{5}$ d'une somme et il reste 3 fr. Quelle était la somme entière ?

1376. On dépense les $\frac{4}{7}$ d'une somme et il reste 15 fr. Quelle était la somme entière ?

1377. On vend les $\frac{6}{11}$ d'une pièce de toile et il reste 20 m. Quelle était la longueur de la pièce entière ? de la partie vendue ?

Problèmes écrits. — **1378.** J'ai dépensé les $\frac{3}{8}$ de ce que je possédais et il me reste 1.720 fr. Combien ai-je dépensé ? Quelle somme avais-je ? (Nord.)

1379. Quatre héritiers se partagent les $\frac{3}{5}$ d'une succession et reçoivent chacun 16.837 fr. 50. A combien se monte la succession entière ? (Yonne.)

1380. Une personne dépense dans un magasin les $\frac{2}{5}$ de son argent; elle achète dans un autre magasin 22^{m},75 d'étoffe à 1 fr. 80 le mètre, et il lui reste encore 4 fr. 05. Combien avait-elle d'abord ? (Basses-Pyrénées.)

1381. On a vendu les $\frac{5}{7}$ d'une pièce de toile. Le coupon restant et qui avait 12 m. de long a été vendu 18 fr. Quelle était la longueur de la pièce, et quelle somme a-t-on retirée si le prix de la vente était le même dans les deux cas ?

1382. On doit encore 36.300 fr. sur une propriété dont on a soldé les $\frac{2}{5}$. Quel est le prix de cette propriété et quelle en est l'étendue si elle est estimée 25 fr. l'are? (Haute-Loire.)

1383. J'ai acheté le $\frac{1}{4}$ d'une pièce de toile et mon ami les $\frac{2}{5}$ de la même pièce. Ce dernier ayant eu 18 m. de plus que moi, trouver la longueur totale de la pièce et sa valeur à 1 fr. 05 le mètre. (Nièvre.)

III

1384. J'ai payé le $\frac{1}{3}$, puis le $\frac{1}{4}$ de mes contributions, et il me reste à verser 45 fr. Quel est le montant de mes contributions? (Pas-de-Calais.)

1385. Un oncle donne le $\frac{1}{3}$ de sa fortune à un neveu et le $\frac{1}{4}$ à un autre; il lui reste encore 15.000 fr. Quel est le montant de la fortune de l'oncle et la part de chaque neveu?

1386. Une personne partage ainsi sa fortune entre 4 héritiers; le 1er en a $\frac{1}{3}$; le 2e, $\frac{1}{6}$; le 3e, $\frac{1}{10}$; le 4e reçoit pour sa part 2.520 fr. Calculer la fortune totale et la part de chacun des trois premiers héritiers. (Nord.)

1387. On vend le $\frac{1}{4}$, puis les $\frac{3}{8}$ d'une pièce d'étoffe. Il n'y a plus alors que 10m,50. Quelle est la longueur de la pièce et quelle est la valeur de la partie vendue à 3 fr. 75 le mètre?

1388. Un particulier qui a dépensé les $\frac{2}{3}$, plus le $\frac{1}{5}$, plus les $\frac{3}{4}$ de son avoir primitif, s'est endetté de 350 fr. Quel était son avoir? (Var.)

1389. Une personne a perdu le $\frac{1}{3}$, puis le $\frac{1}{4}$ de sa fortune; ce qui lui reste est placé à 3,25 0/0 et lui rapporte 1.200 fr. par an. Quel était le montant de sa fortune primitive?

158° LEÇON

TROUVER UN NOMBRE CONNAISSANT UNE FRACTION DE CE NOMBRE : PRENDRE UNE FRACTION DU RESTE

1390. J'ai dépensé les $\frac{3}{4}$ de ce que je possédais, plus la moitié du reste. Il me reste 15 fr. Quelle somme possédais-je ? (Seine-et-Oise.)

1391. Un propriétaire vend la $\frac{1}{2}$ d'un champ, puis les $\frac{2}{3}$ du reste. Il lui reste alors 3ª,76. Quelle est la superficie totale du champ ? (Mayenne.)

1392. Un ouvrier avait une certaine somme. Il en prend le $\frac{1}{3}$ pour sa pension et le $\frac{1}{4}$ du reste pour son logement. Il lui reste alors 120 fr. Combien cet ouvrier paie-t-il : 1° pour sa pension ? 2° pour son logement ? (Seine.)

1393. Dans un jour, un ouvrier fait le $\frac{1}{3}$ d'un ouvrage ; dans un autre jour, il fait le $\frac{1}{4}$ du reste. Quelle fraction de l'ouvrage lui reste-t-il encore à faire ? Combien l'ouvrage lui sera-t-il payé, s'il gagne 4 fr. dans la seconde journée ?

1394. Une personne possède une certaine somme dont elle dépense $\frac{1}{3}$, puis les $\frac{2}{5}$ du reste. Sachant qu'il lui reste encore une somme en argent pesant 4^{kg},25, calculer la somme primitive et le montant de la dépense. (Isère.)

1395. Mon père a dépensé les $\frac{2}{5}$ de ce qu'il avait dans son porte-monnaie, puis la moitié du reste, puis les $\frac{3}{4}$ du 2° reste. Il possède encore 15 fr. Combien avait-il en partant ?

159ᵉ LEÇON

TROUVER UN NOMBRE CONNAISSANT UNE FRACTION DE CE NOMBRE : APPLICATION AUX MESURES AGRAIRES

1396. Un cultivateur ensemence les $\frac{3}{4}$ d'un champ en orge, et le reste, qui a une superficie de 54 a., en avoine. Quelle est l'étendue totale du champ ?

1397. Un cultivateur ensemence les $\frac{3}{5}$ d'un champ en luzerne, et le reste, qui a une superficie de 90 a., en avoine. Quelle est l'étendue totale du champ et sa valeur à 4.500 fr. l'hectare ?

1398. Un cultivateur a ensemencé le $\frac{1}{3}$ de ses terres en blé, le $\frac{1}{4}$ en seigle, et le reste, composé de 10 hectares, en orge. Combien d'hectares exploite ce cultivateur ? (Nord).

1399. Un cultivateur a une pièce de terre dont les $\frac{3}{5}$ sont ensemencés en blé, le $\frac{1}{7}$ en avoine ; les 12 hectares qui restent ont été réservés pour la culture de la betterave. Dites quelle est la surface de la pièce entière et faites connaître en outre la superficie des parties ensemencées : 1° en blé ; 2° en avoine. (Nord.)

1400. Les $\frac{2}{3}$ d'un champ sont ensemencés en blé, le $\frac{1}{4}$ en trèfle et le reste en carottes. Quelle est la superficie du champ, si les carottes occupent une étendue de 67ᵃ6ᶜᵃ ? Quelle est la valeur, si l'hectare est estimé 2.630 fr. ?

1401. Un domaine est ensemencé, une moitié en blé, un tiers en pommes de terre ; le reste, qui est de 15ᵃ,20, l'est en trèfle. La récolte par are a produit 3 fr. 40 en blé, 4 fr. 60 en pommes de terre, 2 fr. 50 en trèfle. Trouver le montant des 3 récoltes. (Marne.)

160ᵉ LEÇON

TROUVER UN NOMBRE CONNAISSANT LA VALEUR DE LA DIFFÉRENCE ENTRE DEUX FRACTIONS DE CE NOMBRE

1402. Le $\frac{1}{4}$ d'un champ a été vendu 450 fr. de moins que le $\frac{1}{3}$. Quelle est la valeur de ce champ ? (Marne.)

1403. Un cultivateur a ensemencé les $\frac{3}{5}$ d'un champ en blé et le reste en avoine. Sachant que la 1ʳᵉ partie surpasse la 2ᵉ de 45 a., on demande la surface totale de ce champ.

1404. Le $\frac{1}{4}$ d'un champ est ensemencé en blé, les $\frac{2}{5}$ en betteraves et le reste en seigle. Sachant que la partie en betteraves surpasse celle en blé de 45 a., on demande la surface totale du champ. (Aisne.)

1405. Une propriété est ensemencée, la $\frac{1}{2}$ en blé, le $\frac{1}{3}$ en pommes de terre et le reste en maïs. Mais il y a 15 a. de plus en blé qu'en pommes de terre. Quel est le rapport de la propriété, l'are donnant en moyenne 1 fr. 35 de revenu net ? (Haute-Vienne.)

1406. Les $\frac{2}{5}$ d'une propriété sont ensemencés en blé, le $\frac{1}{4}$ est en prairie et le reste en légumes. La 1ʳᵉ partie surpasse de $\frac{3}{4}$ d'hectare la 2ᵉ. On demande la superficie totale et l'étendue de chaque parcelle. (Doubs.)

1407. Les $\frac{2}{3}$ d'un champ sont plantés en froment, le $\frac{1}{4}$ en vignes et le reste en pommes de terre ; la 2ᵉ partie surpasse la 3ᵉ de 28ᵃ,15. On demande l'étendue totale du champ et l'étendue de chaque parcelle. (Meuse.)

ARITHMÉTIQUE PRATIQUE 185

161ᵉ LEÇON

PROBLÈMES DIVERS SUR LES ACHATS ET LES VENTES

1408. La moitié d'une pièce de drap de 45 m. de longueur a été vendue à raison de 17 fr. le mètre, le $\frac{1}{3}$ à raison de 15 fr. 60, le reste à 12 fr. Quelle somme le marchand a-t-il retirée de la pièce entière? (Lot.)

1409. Un marchand achète 546 m. d'étoffe à raison de 10 fr. le mètre; il en revend les $\frac{3}{4}$ à 12 fr. et veut gagner 1.248 fr. sur le tout. Combien doit-il vendre tout ce qui lui reste? (Aisne.)

1410. Un marchand achète une pièce de toile de 98 m. de long. Il en vend les $\frac{3}{4}$ à raison de 1 fr. 75 le mètre; les $\frac{2}{3}$ du reste à raison de 1 fr. 80, et le reste 1 fr. 70. Il a réalisé ainsi un bénéfice de 14 fr. 80. Combien avait-il payé le mètre de cette toile? (Seine.)

1411. Une pièce de drap a été achetée 291 fr. 60. On en a revendu le $\frac{1}{4}$ au prix coûtant et le reste avec un bénéfice de 1 fr. 25 par mètre. On a ainsi retiré 321 fr. Calculer la longueur de la pièce et le prix d'achat du mètre. (Nord.)

1412. Un marchand revend les $\frac{2}{3}$ d'une pièce de toile à 2 fr. 75 le mètre et les 20 m. qui restent à 2 fr. 50, il gagne ainsi 25 fr. sur le tout. Dire : 1° combien la pièce contenait de mètres ; 2° à quel prix le marchand avait acheté le mètre de toile. (Somme.)

1413. Une pièce d'étoffe a été payée 468 fr. Le $\frac{1}{3}$ a été revendu au prix coûtant et sur le reste on a perdu 0 fr. 60 par mètre; la perte totale a été de 28 fr. 80 ; dites la longueur de la pièce et ce que coûtait le mètre. (Aisne.)

162ᵉ LEÇON

PROBLÈMES DIVERS SUR LE BUDGET DES OUVRIERS

1414. Une ouvrière gagne 75 fr. par mois ; elle place $\frac{1}{5}$ de son gain à la caisse d'épargne. On demande : 1° quel sera le montant de ses économies annuelles ; 2° quelle est sa dépense journalière. (Oise.)

1415. Un ouvrier a économisé dans une année le $\frac{1}{5}$ de son gain et il a dépensé le reste, se montant à 1.424 fr. 80. Combien a-t-il travaillé de jours, s'il gagne 4 fr. 75 par jour ?

1416. Un ouvrier, après avoir dépensé dans une année $\frac{1}{4}$ de ce qu'il a gagné pour sa nourriture, $\frac{1}{5}$ pour ses vêtements et $\frac{1}{8}$ pour frais divers, a pu mettre de côté 585 fr. Que gagnait-il par trimestre ? (Charente-Inférieure.)

1417. Un employé dépense dans un an : pour sa nourriture, le $\frac{1}{3}$ de ce qu'il gagne ; pour son logement, le $\frac{1}{8}$; pour ses autres frais, 560 fr. A la fin de l'année, ses économies lui permettent de placer 440 fr. à la caisse d'épargne. Combien gagne-t-il par an et par jour ? (Seine-et-Oise.)

1418. Un ouvrier a déposé dans le cours d'une année 320 fr. à la caisse d'épargne. Il a dépensé les $\frac{2}{5}$ de son gain pour sa nourriture, $\frac{1}{3}$ pour son logement et son entretien. Combien a-t-il gagné par an ? Combien par chaque jour de travail, sachant qu'il a travaillé 250 jours ?

1419. Un ouvrier qui gagne 4 fr. 50 par jour ne travaille pas le dimanche et 12 jours de fête dans l'année. Il dépense les $\frac{4}{7}$ de son gain pour sa nourriture et le $\frac{1}{3}$ pour son logement et son entretien. Quelles sont ses économies annuelles ?

163ᵉ LEÇON

PROBLÈMES SUR LES AVARIES DES MARCHANDISES

1420. Un négociant avait acheté 235 m. de drap à 18 fr. le mètre; mais, dans le trajet, le $\frac{1}{4}$ a été avarié et n'est estimé que 6 fr. 50 le mètre. Quelle somme doit-il?

1421. Un marchand achète 45 m. de toile à 1 fr. 90 le mètre; il se trouve que le $\frac{1}{9}$ de la pièce est avarié et ne peut être vendu; combien devra-t-il vendre le mètre de ce qui reste pour ne rien perdre? (Hérault.)

1422. Une personne achète 9 fr. 75 le mètre une pièce de drap dont la moitié contient 25 m. Il se trouve que $\frac{1}{5}$ de la pièce est gâté et ne peut être vendu. Combien doit-elle vendre le mètre pour ne rien perdre sur son marché?

1423. Un bœuf pèse 240 kg. et le boucher l'achète 250 fr. Il a $\frac{1}{3}$ de déchet qu'il ne peut vendre en moyenne que 0 fr. 25 le demi-kg. A quel prix ce boucher pourra-t-il revendre en moyenne le demi-kg. pour faire un bénéfice de 46 fr. sur le bœuf? (Lozère.)

1424. Quand on a vendu les $\frac{3}{4}$ d'une caisse d'oranges, on en jette 8 qui sont avariées, et il y en a encore 64 à vendre, valant 0 fr. 05 la pièce. Les premières se sont vendues 0 fr. 10. Combien retirera-t-on de la vente totale? (Nièvre.)

1425. Un marchand de faïence achète 12 paires de vases pour 1.250 fr. Il en casse une douzaine un quart et il veut néanmoins gagner sur son acquisition $\frac{1}{10}$ du prix d'achat. Combien pour cela doit-il vendre la paire de vases?

164ᵉ LEÇON

PROBLÈMES SUR LES PARTS INÉGALES

1426. Partager 630 fr. entre deux personnes de manière que la part de la 2ᵉ soit les $\frac{3}{4}$ de celle de la 1ʳᵉ.

1427. Un maquignon achète 2 chevaux pour 1.300 fr.; le prix de l'un est les $\frac{5}{8}$ du prix de l'autre. Combien coûtent-ils chacun ? (Cher.)

1428. Le prix de la doublure d'une étoffe est le $\frac{1}{4}$ de celui de l'étoffe et 18 m. d'étoffe doublée valent 216 fr. Quel est le prix d'un mètre de doublure et d'un mètre d'étoffe ? (Doubs.)

1429. On achète une maison et un champ pour 24.750 fr. La maison coûte les $\frac{3}{8}$ du champ, qui contient 2ʰᵉᵏ⁵ᵃ. Quel est le prix de la maison et celui d'un mètre carré de terrain ? (Yonne.)

1430. Partager 24.925 fr. entre 3 personnes, de manière que la 1ʳᵉ ait la moitié de la 2ᵉ, et la 2ᵉ, le $\frac{1}{3}$ de la 3ᵉ. (Haute-Marne.)

1431. La somme de deux nombres est égale à 42 ; le $\frac{1}{4}$ du 1ᵉʳ est égal au $\frac{1}{3}$ du second ; quels sont ces deux nombres ?

165ᵉ LEÇON

PROBLÈMES RÉCAPITULATIFS SUR LES FRACTIONS

1432. Un jour de promenade, un militaire a bu 2 litres de limonade avec 4 de ses camarades, puis 1 litre avec 3 autres. Combien a-t-il bu de limonade ? (Haute-Garonne.)

1433. Une personne a droit aux $\frac{3}{7}$ d'une somme; on ne lui en donne que les $\frac{3}{8}$. Que lui doit-on encore? (Somme.)

1434. Quelle est la fraction à laquelle il manque $\frac{1}{4}$ pour égaler $\frac{7}{9}$? (Loiret.)

1435. Un ouvrier devait faire 9 m. d'ouvrage; il n'a pu en faire que 7 m. $\frac{2}{3}$. Que lui reste-t-il à faire? (Seine.)

1436. On voudrait diviser en 6 parties égales un bâton de 8 m. $\frac{2}{3}$ de longueur. Quelle sera la longueur de chaque partie? (Allier.)

1437. D'une pièce de vin de 209 l. on tire tous les jours 2 l. $\frac{1}{3}$. A quelle date la pièce sera-t-elle vide si elle a été mise en perce le 14 juillet? (Aude.)

1438. Une mère et sa fille travaillent ensemble dans un atelier. La 1re fait 3 m. $\frac{1}{2}$ par jour et la seconde 2 m. $\frac{3}{4}$. Au bout de 18 jours, la mère reçoit 24 fr. 30 de plus que la fille. On demande combien le mètre d'ouvrage a été payé.

1439. Un champ de trèfle a donné une 1re fois une coupe de 835 kg. de foin sec. La 2e a été les $\frac{3}{5}$ de la 1re et la 3e les $\frac{2}{3}$ de la 2e. Combien a-t-il produit de foin et quelle est la valeur de la récolte à 14 fr. 50 le quintal? (Ille-et-Vilaine.)

QUATRIÈME PARTIE

LA RÈGLE DE TROIS ET SES APPLICATIONS

CHAPITRE XVII

166ᵉ LEÇON

RÈGLE DE TROIS SIMPLE DIRECTE

PROBLÈMES ORAUX. — **1440.** 5 m. d'étoffe coûtent 30 fr. Que coûte 1 m. ? que coûtent 8 m. ?

1441. 6 foulards coûtent 24 fr. ? Que coûteront 5 foulards ?

1442. 7 kg. de bœuf ont coûté 14 fr. Combien aura-t-on de kg. avec 22 fr. ?

1443. Avec 33 m. de toile, on a fait 11 chemises. Combien fera-t-on de chemises avec 21 m. ?

1444. Un fumeur fume un paquet de tabac de 0 fr. 40 en 4 jours. Quelle est sa dépense par semaine ?

I

PROBLÈMES ÉCRITS. — **1445.** Un coupon de toile de 8 m. coûte 11 fr. 60. Que coûtent 17 m. ?

1446. Un coupon de drap de $12^m,80$ coûte 153 fr. 60. Combien paiera-t-on pour deux coupons de la même étoffe ayant l'un $8^m,35$ et l'autre $9^m,55$? (Seine.)

1447. J'ai acheté $12^m,50$ de toile pour 20 fr. 50. En vérifiant, j'ai trouvé que le marchand ne m'a donné que $11^m,80$. Combien dois-je réclamer ? (Manche.)

1448. Pour habiller 15 petites filles, on a employé $87^m,50$ d'étoffe à 1 fr. 75 le mètre. Combien dépensera-t-on pour habiller 28 jeunes filles de même taille ? (Nord.)

1449. 3 m. de velours valent autant que 8 m. de drap et 13 m. de drap coûtent 136 fr. 50. Combien valent 29 m. de velours ? (Finistère.)

II

1450. Un domestique gagne 82 fr. 50 par mois. Il quitte sa place après 17 jours, combien lui est-il dû ?

1451. Un ouvrier a reçu 40 fr. pour 16 journées de travail. Quelle somme aurait-il reçue s'il eût travaillé 24 jours de plus ? (Morbihan.)

1452. Une servante était louée à l'année moyennant 450 fr.; au bout de 7 mois 14 jours, elle cesse son service. Combien lui doit-on ? On comptera les mois de 30 jours.

1453. Un travail qui a exigé 88 journées a été payé 325 fr. 60 et a été fait par deux ouvriers. L'un de ces ouvriers a fait 52 journées, et l'autre le reste. Que revient-il à chacun ?

1454. Trois ouvriers travaillant ensemble ont reçu 64 fr. 75 pour 185 heures de travail. Combien chaque ouvrier a-t-il reçu, sachant que le 1er a travaillé 45 heures, le 2e 75 heures, et le 3e le reste ? (Seine.)

1455. Trois ouvriers travaillant ensemble ont reçu 138 fr. pour 33 journées de travail. Combien chaque ouvrier a-t-il reçu, sachant que le 1er a travaillé 12 jours, le 2e, 11, et le 3e, le reste, et que le 1er, qui fournit les outils, a d'abord prélevé 6 fr. ?

167e LEÇON

RÈGLE DE TROIS SIMPLE INVERSE

PROBLÈMES ORAUX. — **1456.** 4 ouvriers ont mis 6 jours pour faire un ouvrage. Combien de jours mettraient : 1 ouvrier ? 2 ouvriers ? 8 ouvriers ?

1457. 6 ouvriers ont mis 8 jours pour faire un travail. Combien de jours mettraient : 1° 2 ouvriers ? 2° 3 ouvriers ? 3° 12 ouvriers ? 4° 24 ouvriers ?

1458. En 9 heures, 5 ouvriers ont fait un travail. Combien faudrait-il d'ouvriers pour que le travail soit fait : 1° en 1 heure ? 2° en 3 heures ?

1459. En 10 heures, 3 ouvriers ont fait un travail. Combien faudrait-il d'heures à : 1° 6 ouvriers ? 2° 10 ouvriers ? 3° 5 ouvriers ?

PROBLÈMES ÉCRITS. — **1460.** 29 ouvriers ont fait un ouvrage en 18 jours. Combien de jours 87 ouvriers emploieraient-ils pour faire un même ouvrage ? (Oise.)

1461. Combien faudra-t-il d'hommes pour faire autant d'ouvrage en 30 jours que 36 hommes en 20 jours ?

1462. 15 ouvriers feraient un certain travail en 10 jours. Combien faudra-t-il y ajouter d'ouvriers pour faire le même travail en 6 jours ? (Seine.)

1463. En 20 jours, 15 ouvriers ont fait la moitié d'un ouvrage. A ce moment, 3 d'entre eux quittent l'atelier. Combien les autres mettront-ils de jours pour faire l'autre moitié ? (Vaucluse.)

1464. Une garnison, composée de 1.200 hommes, a des vivres pour 45 jours. Il arrive un renfort de 200 hommes. Combien de temps dureront les vivres ? (Bouches-du-Rhône.)

168ᵉ LEÇON

RÈGLE DE TROIS COMPOSÉE DIRECTE

1465. En supposant que 35 hommes gagnent 2.030 fr. pendant 29 jours, que gagneraient 43 hommes en 92 jours ?

1466. Une garnison de 3.500 hommes a consommé 34.125 kg. de pain en 13 jours. Combien faudrait-il de kg. de pain pour 4.275 hommes pendant 45 jours ? (Seine.)

1467. Un commerçant a payé 275 francs pour l'éclairage de sa boutique pendant 48 jours à 3 heures par jour. Combien devrait-il payer pour l'éclairage de 96 jours à 5 heures par jour ?

1468. Pour une expédition qui doit durer 14 jours, une colonne de 1.500 hommes consommera 15.750 kg. de pain. Au bout de 8 jours, il survient un renfort de 400 hommes. De combien de kg. la consommation totale sera-t-elle augmentée ?

1469. Pour une expédition qui doit durer 9 jours, une colonne de 700 hommes consommera 4.725 kg. de pain. Au bout de 5 jours, la colonne ne comprend plus que 400 hommes. De combien de kg. la consommation prévue sera-t-elle diminuée ?

169ᵉ LEÇON

RÈGLE DE TROIS COMPOSÉE INVERSE

1470. Une troupe de faucheurs, travaillant 9 heures par jour, a mis 6 jours pour faucher une prairie de 18 ha. Combien ces mêmes ouvriers travaillant 12 heures par jour mettront-ils de jours pour faucher une prairie de 32 ha. ?

1471. 24 hommes peuvent faire un travail en 18 jours de 9 heures de travail. On voudrait que ce travail fût fait en 12 jours par 26 ouvriers. Combien d'heures par jour devront-ils travailler ? (Seine.)

1472. Il a fallu 21 jours à 15 ouvriers travaillant 9 heures par jour pour faire un certain ouvrage. Combien faudrait-il de jours à 45 ouvriers travaillant 7 heures par jour pour faire le même ouvrage ? (Landes.)

1473. 15 hommes peuvent faire un travail en 24 jours de 10 heures de travail. On voudrait que ce travail fût fait en 20 journées de 9 heures. Combien faudra-t-il d'hommes ?

1474. 25 ouvriers travaillant 10 heures par jour pendant 17 jours ont creusé un fossé de 238 m. de longueur. On demande combien il aura fallu d'ouvriers pour creuser un fossé de $2^{hm},65$ de longueur, si ces ouvriers ont employé 25 jours à faire cet ouvrage en travaillant 7 heures par jour.

170ᵉ LEÇON

PROBLÈMES DIVERS SUR LA RÈGLE DE TROIS

1475. Un coupon de velours de $0^m,75$ vaut 12 fr. Combien coûteraient $2^m,50$ de ce velours ? (Indre.)

1476. On doit employer 8 m. d'une étoffe ayant $1^m,05$ de large pour faire une robe. Combien emploierait-on de mètres si l'étoffe avait seulement $0^m,70$ de large ? Sachant que le prix total de l'étoffe est le même dans les deux cas et s'élève à 30 fr., trouver le prix du mètre de la deuxième étoffe. (Nord.)

MINET ET PATIN. — *C. M.*

1477. 3ᵐ,50 d'une étoffe ayant 0ᵐ,80 de largeur ont coûté 18 francs. Combien coûteraient 2ᵐ,60 de la même étoffe, mais qui a 1ᵐ,10 de largeur? (Loire.)

1478. Pour faire carreler une chambre de 5ᵐ,25 de longueur sur 4ᵐ,80 de largeur, on a dû payer 78 fr. Combien payerait-on pour une autre salle de 6ᵐ,80 de long sur 5ᵐ,20 de large? (Pyrénées-Orientales.)

1479. On a employé 34 kg. de laine pour faire 25 m. d'un tissu qui a 0ᵐ,60 de largeur. Quelle serait la longueur d'un tissu que l'on pourrait faire avec 108ᵏᵍ,80 de la même laine, sachant que ce nouveau tissu doit avoir 0ᵐ,80 de largeur? (Rhône.)

1480. Pour creuser un fossé de 9ᵐ,60 de long, 2ᵐ,80 de large et 1ᵐ,50 de profondeur, on a payé 100 fr. 80. Combien paiera-t-on pour creuser un autre fossé de 10ᵐ,20 de long, 2ᵐ,50 de large et 1ᵐ,80 de profondeur? (Seine.)

CHAPITRE XVIII

CALCUL DES INTÉRÊTS

L'**intérêt** est le bénéfice que l'on retire d'une somme prêtée.

La somme prêtée s'appelle le **capital**.

Le **taux** est l'intérêt de 100 francs pendant un an.

Le **temps** est la durée pendant laquelle un capital a été placé.

171ᵉ LEÇON

CALCUL DE L'INTÉRÊT ANNUEL

Problèmes oraux. — **1481.** Au taux de 5 0/0, quel est l'intérêt annuel de 100 fr. ? de 200 fr. ? de 500 fr. ? de 700 fr. ? de 1.000 fr. ?

1482. Au taux de 5 0/0, quel est l'intérêt annuel de 50 fr. ? de 20 fr. ? de 80 fr. ? de 60 fr. ? de 25 fr. ?

1483. Au taux de 4 0/0, quel est l'intérêt annuel de 400 fr. ? de 125 fr. ? 350 fr. ? 275 fr. ?

Problèmes écrits. — **1484.** Calculer l'intérêt annuel de :
1° 430 fr. placés à 5 0/0 (Oise);
2° 4.850 fr. placés à 4 0/0;
3° 540 fr. placés à 4 1/2 0/0 (Nord);
4° 77 fr. placés à 3 fr. 25 0/0;

1485. Une personne emprunte 3.850 fr. à 4 0/0 et rembourse le capital et les intérêts à la fin de l'année. Quelle somme totale donnera-t-elle ? (Ardèche).

1486. Un rentier a 5.800 fr. placés à 4 fr. 10 0/0 et 8.540 fr. placés à 3 fr. 75 0/0. Quel est son revenu annuel ?

1487. Un rentier possède un capital de 53.850 fr. Il en place les 2/3 à 4 0/0 et le reste à 3 1/4 0/0. Quel est son revenu annuel ? (Aisne).

1488. Une personne possède une somme de 18.000 fr.

Elle en place la moitié à 3 0/0 et emploie le reste à l'achat d'une maison qui lui rapporte 30 fr. par mois. Quel est son revenu annuel? (Aisne.)

1489. Un rentier qui possède un capital de 80.000 fr. a placé ce capital à 5 0/0. On le rembourse. Alors il place son argent à 4 1/2 0/0. Quel est son nouveau revenu? De combien le premier revenu a-t-il été diminué? (Aisne.)

172° LEÇON

CALCUL DE L'INTÉRÊT POUR PLUSIEURS ANNÉES

Problèmes oraux. — **1490.** L'intérêt annuel rapporté par un capital est de 50 fr. Quel serait l'intérêt du même capital au bout de 2 ans? 4 ans? 7 ans? 8 ans?

1491. Au taux de 4 0/0, quel est l'intérêt rapporté par 300 fr. placés pendant : 1° 1 an? 2° 3 ans? 3° 5 ans? 4° 10 ans?

1492. Au taux de 3,50 0/0, quel est l'intérêt de 200 fr. placés pendant : 1° 2 ans? 2° 4 ans? 3° 8 ans? 4° 9 ans?

Problèmes écrits. — **1493.** Quel intérêt produirait un capital de :
1° 6.900 fr. placé à 4 0/0 pendant 3 ans?
2° 3.250 fr. placé à 4 1/2 0/0 pendant 6 ans? (Aisne.)
3° 4.560 fr. placé à 3 1/2 0/0 pendant 5 ans?

1494. Une personne emprunte une somme de 8.750 fr. au taux de 4 0/0. Elle la rembourse au bout de 3 ans avec les intérêts. Quelle somme donnera-t-elle? (Var.)

1495. Un capital a été placé pendant 2 ans à 5 0/0. Ce capital de 8.500 fr. et les intérêts ont été employés à acheter du blé à 30 fr. le quintal. Combien a-t-on eu d'hl. de blé de 75 kg.? (Pas-de-Calais.)

1496. Une personne place les 3/4 d'un capital de 28.000 fr. à 4 0/0 et le reste à 3,5 0/0. Combien recevra-t-elle d'intérêts au bout de 2 ans? (Côte-d'Or.)

1497. Un propriétaire place la moitié d'un capital de 16.000 fr. à 5 0/0 et le reste à 4,50 0/0. Au bout de 5 ans, il retire le capital et les intérêts. Quelle somme reçoit-il?

1498. Une personne possède un capital de 25.000 fr. Elle en place la moitié à 4 fr. 50 0/0 et l'autre moitié à

ARITHMÉTIQUE PRATIQUE

$4\frac{1}{4}$ 0/0. Au bout de 4 ans, elle reçoit les intérêts. Combien la 1re moitié du capital lui aura-t-elle rapporté de plus que la 2e ?

173e LEÇON

CALCUL DE L'INTÉRÊT POUR PLUSIEURS MOIS

PROBLÈMES ORAUX. — **1499.** L'intérêt annuel d'un capital est 600 fr. Quel serait l'intérêt du même capital au bout de : 1 mois ? 6 mois ? 3 mois ? 2 mois ? 5 mois ? 9 mois ? 7 mois ?

1500. On a placé 900 fr. au taux de 4 0/0. Quel sera l'intérêt au bout de : 1 an ? 1 mois ? 3 mois ? 2 mois ? 8 mois ? 11 mois ?

1501. On a placé 4.000 fr. au taux de 3 0/0. Quel sera l'intérêt au bout de : 6 mois ? 7 mois ? 8 mois ? 10 mois ?

PROBLÈMES ÉCRITS. — **1502.** Quel est l'intérêt d'une somme de :
1° 760 fr. placée à 5 0/0 pendant 7 mois ? (Dordogne.)
2° 7.230 fr. placée à 4,5 0/0 pendant 11 mois ?
3° 6.480 fr. placée à 3,75 0/0 pendant 1 trimestre ? (Nord.)

1503. On a prêté 2.800 fr. à 6 0/0. Combien l'emprunteur devra-t-il rendre, capital et intérêt compris, au bout de 8 mois ?

1504. Un entrepreneur a emprunté au taux de 3,75 0/0 une somme de 30.000 fr. Au bout de 9 mois, il rembourse la moitié du capital et paie les intérêts de toute la somme. Combien a-t-il versé ? (Nord.)

1505. Un propriétaire a acheté 35 fr. l'are un terrain rectangulaire de 160 m. de longueur sur 80m,40 de largeur. Il propose de payer la moitié comptant et le reste dans 6 mois avec les intérêts à 3 1/2 0/0. Quel sera le montant du 2e paiement ? (Côte-d'Or.)

1506. Une personne qui doit payer son loyer à la fin de chaque trimestre convient avec son propriétaire de ne le payer qu'au bout de l'année, à la condition de lui tenir compte des intérêts. Le loyer annuel est de 600 fr. L'intérêt est compté à 4 0/0. Combien ce propriétaire devra-t-il recevoir pour l'année entière ? (Haute-Marne.)

1507. Une personne possède un capital de 4.200 fr. Elle en place les 3/5 à 5 0/0 et le reste à 4 1/2 0/0. Quel sera l'intérêt total produit au bout de 18 mois? (Seine-Inférieure.)

174ᵉ LEÇON

CALCUL DE L'INTÉRÊT POUR PLUSIEURS JOURS

Dans le calcul des intérêts, l'année est comptée comme ayant **360 jours**, et les mois **30 jours**, à moins que les dates ne soient indiquées. Si les dates sont indiquées, on compte le premier jour et l'on ne compte pas le dernier ; et dans ce cas on compte le nombre exact de jours de chaque mois.

Exercices oraux. — **1508.** Combien s'écoule-t-il de jours : 1° du 21 mars au 3 juin ? 2° du 12 juillet au 4 octobre ? 3° du 18 octobre au 7 janvier de l'année suivante ? du 9 décembre au 21 mars de l'année suivante ?

1509. Un capital a rapporté un intérêt annuel de 360 fr., quel serait l'intérêt pour : 1° 2 jours ? 2° 15 jours ? 3° 38 jours ? 4° du 11 janvier au 3 avril ? 5° du 24 novembre au 2 février de l'année suivante ?

Problèmes écrits. — **1510.** Calculez l'intérêt d'une somme de :

1° 6.809 fr., placée à 3 0/0 pendant 125 jours (Nord);
2° 915 fr. 80, placée à 4 1/2 0/0 pendant 54 jours (Nord);
3° 815 fr., placée à 3,50 0/0 pendant 225 jours (Corrèze).

1511. Une personne emprunte une somme de 2.850 fr. au taux de 3,50 0/0. Combien rendra-t-elle au bout de 72 jours, capital et intérêts réunis ? (Doubs.)

1512. Une personne achète une prairie rectangulaire de 123 m. de long sur 92 m. de large, à raison de 68 fr. l'are. Elle paie son achat 88 jours après avec les intérêts comptés à raison de 5 0/0 par an. Combien devra-t-elle débourser?

1513. Une somme de 1.280 fr. a été placée du 15 janvier au 25 novembre de la même année à 4 1/2 0/0. Quels sont les intérêts qu'elle a produits? (Nord.)

1514. Une personne a prêté 450 fr. le 20 janvier 1903,

ARITHMÉTIQUE PRATIQUE 199

on l'a remboursée le 25 mai suivant en lui payant les intérêts au taux de 4,50 0/0. Combien a-t-elle reçu? (Nord.)

1515. On achète, le 12 décembre 1902, un champ de 6 ha. 80 ca. à raison de 3.205 fr. l'hectare. On a payé, le 20 juillet 1903, le prix de ce champ plus les intérêts à 5 0/0 depuis le jour de l'acquisition. Quelle somme a-t-on payée?

175ᵉ LEÇON
CALCUL DE L'INTÉRÊT POUR PLUSIEURS ANNÉES ET FRACTIONS D'ANNÉE

PROBLÈMES ÉCRITS. — **1516.** Quel est l'intérêt rapporté par un capital de :
1° 36.800 fr., placé pendant 1 an 2 mois à 3 0/0?
2° 25.465 fr., placé pendant 3 ans 5 mois à 4 1/2 0/0? (Eure.)
3° 9.885 fr., placé pendant 4 ans 7 mois à 3 1/2 0/0?

1517. Quel est l'intérêt rapporté par un capital de :
1° 12.500 fr., placé pendant 2 ans 25 jours à 3,50 0/0?
2° 10.900 fr., placé pendant 3 ans 28 jours à 4,50 0/0?

1518. Quel est l'intérêt produit par un capital de :
1° 9.500 fr., placé pendant 5 mois 18 jours à 4 0/0?
2° 7.880 fr., placé pendant 7 mois 25 jours à 3,50 0/0?

1519. Quel est l'intérêt produit par un capital de :
1° 12.800 fr., placé pendant 4 ans, 5 mois, 18 jours à 3 0/0?
2° 36.800 fr., placé pendant 1 an, 2 mois, 14 jours à 4 1/2 0/0? (Nord.)

1520. Quelle somme (capital et intérêts) remboursera-t-on pour un emprunt de :
1° 5.400 fr. pendant 3 ans et 3 mois à 4 0/0? (Orne.)
2° 8.400 fr. pendant 2 ans et 48 jours à 3,25 0/0? (Loire.)
3° 7.830 fr. pendant 4 ans, 3 mois et 26 jours à 4,5 0/0?

176ᵉ LEÇON
PROBLÈMES DIVERS SUR LE CALCUL DE L'INTÉRÊT

1521. Une personne emprunte un capital de 6.800 fr. et paie les intérêts au taux de 3,75 0/0 au bout de 7 mois 9 jours. Combien donne-t-elle? (Vosges.)

1522. Un particulier emprunte une somme de 11.800 fr. et la rend au bout de 5 mois 14 jours en payant les intérêts à 4 0/0 par an. Combien donne-t-il? (Seine.)

1523. Quelle somme, intérêts et capital, doit retirer une personne qui place 350 fr. à 5 0/0 pendant 1 an et demi?

1524. Un champ rectangulaire a 126 m. de long et 90 m. de large. Le propriétaire a vendu ce champ à raison de 25 fr. l'are. Il place le produit de cette vente à 5 0/0 l'an. Quel revenu en retirera-t-il? (Orne.)

1525. Un fermier a vendu 180 sacs de blé, pesant chacun 150 kg., au prix de 25 fr. le quintal. Quel revenu se fera-t-il par an et par jour, s'il place son argent à 4 0/0?

1526. Une somme de 6.000 fr. formant les 3/4 d'un capital est placée à 5 0/0 par an. Quel serait l'intérêt du capital total placé dans les mêmes conditions pendant 5 mois?

177ᵉ LEÇON

CALCUL DU MONTANT D'UN CAPITAL

1ᵉʳ Placé pendant un an

PROBLÈMES ORAUX. — **1527.** Calculez le capital qui, placé pendant un an :

A 4 0/0, rapporte : 4 fr.; 8 fr.; 36 fr.; 2 fr.; 6 fr; 1 fr;
A 3 0/0, rapporte : 9 fr.; 4 fr. 50; 1 fr. 50; 33 fr.; 45 fr.;
A 2,50 0/0, rapporte : 5 fr.; 25 fr.; 250 fr.; 7 fr. 50; 1 fr. 25.

PROBLÈMES ÉCRITS. — **1528.** Calculez le capital qui, placé pendant un an :

A 4 0/0, rapporte 260 fr. d'intérêt;
A 3 0/0, rapporte 4.320 fr. d'intérêt (Mayenne);
A 3 1/2 0/0, rapporte 91 fr. 875 d'intérêt (Hautes-Alpes).

1529. Un rentier peut dépenser 7 fr. 80 par jour. On sait que son capital est placé à 5 0/0. Dites quel est ce capital.

1530. Quelle somme a-t-il fallu placer à 5 0/0 pour que l'intérêt reçu en un an soit suffisant pour payer un terrain de 20ᵃ,50 à raison de 25 fr. l'are? (Yonne.)

1531. Une personne vend à 6.000 fr. l'hectare une propriété dont elle place le prix à 4,50 0/0. Calculez la superficie de cette propriété, sachant que l'intérêt annuel produit par le placement s'élève à 123 fr. 50. (Marne.)

1532. Un particulier place les 3/5 de son capital à 4 0/0 et se fait ainsi une rente de 235 fr. 20. Quel est ce capital?

1533. Quelle est la somme qui, placée à 5 0/0, vaut au bout d'un an 2.717 fr. 40? (Seine-Inférieure.)

2° Placé pendant plusieurs jours

1534. Quel est le capital qui, placé au taux :
1° De 4 0/0, produit 342 fr. 40 en 240 jours?
2° De 5 0/0, rapporte 424 fr. en 147 jours? (Haute-Garonne.)
3° De 3,60 0/0, rapporte 342 fr. 99 en 185 jours.

1535. Le 12 mars, on a prêté une somme à 4 0/0 jusqu'au 30 septembre de la même année. L'intérêt s'est alors élevé à 109 fr. 977. Quelle est cette somme? (Côte-d'Or.)

1536. Un capital placé à 3,20 0/0 par an a produit au bout de 150 jours un intérêt qui a permis d'acheter 192 m. de toile à 1 fr. 50 le mètre. Quel est ce capital?

1537. Quel est le capital qui, augmenté de ses intérêts à 4 0/0 pendant 270 jours, est devenu 6.695 fr.? (Haute-Marne.)

1538. Le 1er janvier 1903, on a prêté une somme à 5 0/0 jusqu'au 1er avril 1904. Le capital et les intérêts réunis s'élèvent alors à 5.100 fr. Quel est ce capital? (Côte-d'Or.)

3° Placé pendant plusieurs années ou plusieurs mois

1539. Quel est le capital qui, placé pendant :
1° 4 ans à 3 1/2 0/0, a produit 763 fr. d'intérêts simples?
2° 9 mois à 4 0/0, a produit 126 fr. d'intérêts? (Manche.)
3° 7 ans à 5 0/0, a produit 37.800 fr., capital et intérêts compris?
4° 8 mois à 3 0/0, est devenu 6.976 fr. 80, capital et intérêts réunis?

178° LEÇON

CALCUL DU TEMPS

PROBLÈMES ORAUX. — **1540.** Une somme de 100 fr. est placée au taux de 4 0/0. Au bout de combien de temps produira-t-elle 4 fr.? 12 fr.? 2 fr.? 1 fr.? 3 fr.? 20 fr.?

1541. Une somme de 400 fr. est placée à 3 0/0. Au bout de combien de temps produira-t-elle 12 fr. ? 36 fr. ? 4 fr. ? 6 fr. ? 2 fr. ? 18 fr. ? 27 fr. ?

1542. Une somme de 600 fr. est placée à 2,50 0/0. Au bout de combien de temps produira-t-elle 15 fr. ? 30 fr. ? 7 fr. 50 ? 20 fr. ? 45 fr. ? 5 fr. ?

Problèmes écrits. — **1543.** Au bout de combien d'années un capital :
1° De 1.250 fr., placé à 4 0/0, rapportera-t-il 125 fr. ?
2° De 6.200 fr., placé à 5 0/0, rapportera-t-il 930 fr. ? (Nord).

1544. Au bout de combien de mois un capital :
1° De 5.500 fr., placé à 4,25 0/0, rapportera-t-il 127 fr. 50 ?
2° De 1.800 fr., placé à 3 0/0, rapportera-t-il 22 fr. 50 ? (Var.)

1545. Au bout de combien de jours un capital :
1° De 5.760 fr., placé à 4 0/0, rapportera-t-il 122 fr. 88 ?
2° De 4.320 fr., placé à 2 1/2 0/0, rapportera-t-il 13 fr. 50 ?

1546. Au bout de combien de temps un capital :
1° De 8.700 fr., placé à 5 0/0, est-il devenu, avec ses intérêts, 13.050 fr. ? (Eure-et-Loir).
2° De 25.200 fr., placé à 3,60 0/0, est-il devenu, avec ses intérêts, 25.729 fr. 20 ?
3° De 3.400 fr., placé à 4 0/0, est-il devenu, avec ses intérêts, 3.450 fr. ? (Meuse).

1547. Une personne emprunte à 5 0/0 une somme de 4.800 fr. et la rembourse, en donnant 5.036 fr. pour le capital et les intérêts. Combien de temps a-t-elle gardé cette somme ? (Charente).

1548. Pendant combien de temps est restée placée une somme de 6.482 fr., qui, à intérêts simples et à 5 0/0, est devenue 6.927 fr. 50 ? (Seine).

179ᵉ LEÇON

CALCUL DU TAUX : LE CAPITAL EST PLACÉ PENDANT UNE OU PLUSIEURS ANNÉES

Problèmes oraux. — **1549.** A quel taux a-t-on placé 200 fr. pendant un an pour avoir un intérêt de 8 fr. ? 6 fr. ? 10 fr. ? 7 fr. ? 5 fr. ? 8 fr. 50 ?

ARITHMÉTIQUE PRATIQUE

1550. A quel taux a-t-on placé 300 fr. pendant un an pour avoir un intérêt de 15 fr. ? 9 fr. ? 12 fr. ? 7 fr. 50 ? 13 fr. 50 ?

1551. A quel taux a-t-on placé 100 fr. pendant 4 ans pour avoir un intérêt de 12 fr. ? 16 fr. ? 10 fr. ? 14 fr. ? 18 fr. ?

1552. A quel taux a-t-on placé 500 fr. pendant 3 ans pour avoir un intérêt de 60 fr. ? 75 fr. ? 45 fr. ? 30 fr. ?

PROBLÈMES ÉCRITS. — **1553.** A quel taux a-t-on placé un capital :
1° De 9.600 fr., qui rapporte 432 fr. d'intérêts par an ?
2° De 4.800 fr., qui rapporte 240 fr. d'intérêts par an ?
3° De 2.500 fr., qui rapporte 115 fr. 50 d'intérêts par an ?

1554. A quel taux a-t-on placé un capital :
1° De 800 fr., qui a rapporté 114 fr. d'intérêts en 3 ans ?
2° De 8.500 fr., qui a rapporté 1.360 fr. d'intérêts en 4 ans ?

1555. A quel taux faut-il placer une somme de 8.775 fr. pour avoir un revenu mensuel de 40 fr. ? (Seine.)

1556. On a emprunté une somme de 6.300 fr. et on rend à la fin de l'année 6.552 fr. pour le capital et les intérêts. A quel taux avait-on emprunté cette somme ? (Oise.)

1557. A quel taux place-t-on son argent, quand 5.800 fr. deviennent au bout de 4 ans, capital et intérêts réunis, 6.728 fr. ? (Ardèche.)

1558. Une somme placée pendant 2 ans est devenue, avec ses intérêts simples, 16.200 fr. ; la même somme, placée pendant 4 ans au même taux, est devenue avec ses intérêts 17.400 fr. Quelle est la somme et quel est le taux de l'intérêt ? (Meurthe-et-Moselle.)

180ᵉ LEÇON

CALCUL DU TAUX : LE CAPITAL EST PLACÉ PENDANT UNE FRACTION D'ANNÉE

1559. A quel taux a-t-on placé un capital :
1° De 250 fr. qui a rapporté 2 fr. 50 d'intérêts en 3 mois ?
2° De 25.200 fr. qui a rapporté 367 fr. 50 d'intérêts en 5 mois ?
3° De 10.500 fr. qui a rapporté 220 fr. 50 d'intérêts en 7 mois ?

1560. A quel taux a-t-on placé un capital :

1° De 600 fr. qui a rapporté 3 fr. d'intérêts en 60 jours ?

2° De 15.438 fr. qui a rapporté 170 fr. 20 d'intérêts en 121 jours ? (Nord.)

3° De 12.600 fr. qui a rapporté 88 fr. 20 d'intérêts en 105 jours ?

1561. A quel taux a-t-on placé un capital :

1° De 900 fr. qui a rapporté 15 fr. du 1er décembre 1903 au 30 mars 1904 ?

2° De 5.640 fr. qui a rapporté 564 fr. du 1er juillet 1871 au 3 mars 1873 ? (Seine-et-Oise.)

3° De 15.120 fr. qui a rapporté 454 fr. 23 du 1er août 1897 au 5 juin 1898 ?

1562. A quel taux a-t-on placé un capital :

1° De 1.200 fr. qui a produit 72 fr. d'intérêts en 1 an et 6 mois ?

2° De 2.400 fr. qui a produit 144 fr. d'intérêts en 1 an 4 mois ? (Seine.)

3° De 3.750 fr. qui a rapporté 719 fr. 50 d'intérêts en 2 ans et 6 mois ? (Puy-de-Dôme.)

1563. A quel taux a-t-on placé un capital :

1° De 1.200 fr. qui devient 1.227 fr., capital et intérêts, au bout de 9 mois ? (Nord.)

2° De 3.750 fr. qui devient 3.840 fr., capital et intérêts, au bout de 240 jours ? (Lozère.)

3° De 7.200 fr. qui devient 7.335 fr., capital et intérêts, du 3 mars au 31 juillet de la même année ?

181e LEÇON

PROBLÈMES DIVERS SUR LES INTÉRÊTS

PROBLÈMES ÉCRITS. — **1564.** Une personne possédait une ferme qu'elle louait 2.600 fr. ; elle la revend 86.200 fr. et place son argent à 4 1/2 0/0. De combien augmente-t-elle son revenu ? (Vosges.)

1565. Une personne achète 15 obligations de chemin de fer au prix de 632 fr. l'une. Quel intérêt reçoit-elle à la fin de l'année si chaque obligation produit 4,50 0/0? (Charente-Inférieure.)

1566. Une personne avait placé 350 fr. à 3 1/2 0/0; lorsqu'elle les a retirés, elle a reçu 356 fr. 45 pour le capital et les intérêts. Pendant combien de temps avait-elle laissé son argent? (Vienne.)

1567. Quelle somme faut-il placer à 5 0/0 pendant 1 an pour avoir, capital et intérêts compris, de quoi acheter 275 hl. de blé pesant 75^{kg},6, à raison de 24 fr. 50 le quintal?

1568. Une personne a placé une certaine somme à 4,75 0/0 pendant 4 ans 3 mois. Quelle est cette somme, sachant qu'elle a produit pendant ce temps 969 fr. d'intérêts?

1569. Une personne a emprunté une certaine somme à 5 0/0. Au bout d'un an, elle donne comme acompte, sur le capital et pour les intérêts, la somme de 600 fr. L'année d'après, elle se libère moyennant une somme de 2.016 fr. Quel était le capital primitif? (Orne.)

REVENU DES PROPRIÉTÉS

182ᵉ LEÇON

CALCUL DU PRIX DE LOCATION

I

1570. Une maison a coûté, tous frais payés, 12.950 fr. Combien doit-on la louer par an pour que l'argent dépensé rapporte 4,5 0/0? (Ardennes.)

1571. Une maison a coûté 3.000 fr. On y a fait pour 550 fr. de réparations. Combien devra-t-on la louer pour retirer un revenu de 6,5 0/0? (Basses-Pyrénées.)

1572. Une propriété de 3^{ha},25 a été achetée au prix de 24 fr. l'are. Les frais d'acquisition se sont élevés à 8 fr. 50 0/0 du prix d'achat. Combien faut-il la louer pour en tirer un revenu de 5 0/0? (Haute-Saône.)

1573. On achète une maison pour 11.000 fr. Les frais d'acquisition ont été de 9 0/0 du prix d'achat. On y fait pour 1.250 francs de réparations. Combien doit-on la louer pour que tout l'argent dépensé soit placé à 4,50 0/0?(Meuse.)

1574. Un propriétaire achète, à raison de 1 fr. 75 le mètre carré, un terrain rectangulaire ayant 72^m,75 de longueur sur 35^m,40 de largeur. Il fait construire sur ce terrain une maison qui lui coûte 20.675 fr. Combien doit-il louer le tout pour que l'argent qu'il a dépensé lui rapporte 4 1/2 0/0 ?

1575. On achète une maison 14.800 fr., tous frais compris ; on y fait pour 200 francs de réparations et on la loue 850 fr. L'argent qu'on a consacré à cet achat était placé à 3 fr. 50 0/0. L'acquisition est-elle avantageuse ? Démontrez-le. (Nord.)

II

1576. Mon père achète une maison pour 8.750 fr.; elle exige tous les ans 175 fr. de réparations. Combien doit-il louer pour en retirer 4 0/0 ? (Seine-Inférieure.)

1577. Une maison a coûté 15.800 fr. Le propriétaire paie les impôts, qui s'élèvent à 65 fr. par an. Combien doit-il la louer par an pour que son argent lui rapporte 5 0/0 ? (Marne.)

1578. Une maison achetée 14.800 fr. exige en moyenne 125 fr. de réparations par an. En outre, le propriétaire paie les impôts, qui sont de 58 fr. Combien la maison doit-elle être louée pour que le prix d'achat rapporte 4 0/0 ?

1579. Une personne achète une propriété de 5^{ha},25 à raison de 5.600 fr. l'hectare. Les frais d'acquisition se sont élevés à 9 0/0 du prix d'achat. Combien doit-elle louer sa propriété pour que l'argent déboursé lui rapporte 3 0/0, si elle paie les impôts, qui se montent à 58 fr. 50 ?

1580. La construction d'une maison a coûté 18.500 fr. Elle est bâtie dans un terrain rectangulaire dont la longueur est de 76^m,20 et la largeur 28^m,60. Le terrain a été payé à raison de 8.700 fr. l'hectare. Combien faut-il louer la propriété pour qu'elle rapporte 4 0/0 ? On compte qu'il faudra chaque année 250 fr. de réparations. (Haute-Marne.)

1581. On achète une maison pour 14.500 fr. Les frais d'acquisition s'élèvent à 9 0/0 du prix d'achat et l'on est obligé de faire immédiatement 1.250 fr. de réparations. Combien faudra-t-il la louer par an pour que l'argent dépensé rapporte 5 0/0, sachant que le propriétaire paie les impôts, qui se montent à 158 fr. 25, et fait chaque année 289 fr. de réparations ?

183ᵉ LEÇON

REVENU DES PROPRIÉTÉS. — CALCUL DU TAUX

1582. On a acheté 25.000 fr. une maison qui est louée 1.800 fr. par an. A quel taux a-t-on placé son argent ? (Nord.)

1583. Un propriétaire achète une maison qui lui revient, tous frais payés, à 15.000 fr. ; il y fait pour 3.000 fr. de réparations et la loue ensuite 810 fr. A quel taux a-t-il placé son argent ? (Basses-Pyrénées.)

1584. Une maison qui a coûté 12.500 fr. est louée 680 fr. A quel taux le propriétaire a-t-il placé son argent, sachant qu'il fait chaque année, en moyenne, 45 fr. de réparations ?

1585. On achète un champ rectangulaire de 180^m,80 sur 67^m,50 à 2.500 fr. l'hectare. On paie en outre 8 0/0 de frais sur le prix d'achat. Trouver le taux du placement de l'argent déboursé, si ce terrain est loué 1 fr. 15 l'are.

1586. Un propriétaire a acheté une maison 8.750 fr. ; il la loue 525 fr. par an ; mais il dépense chaque année 100 fr. pour l'entretien de cette maison et paie 75 fr. d'impôts. Combien retire-t-il net pour 100 du capital qu'il a employé ?

1587. Un terrain de forme rectangulaire ayant 66 m. de long et 42 m. de large se vend 80 fr. l'are ; les frais augmentent le prix de 10 0/0 ; ce terrain se loue 80 fr. par an et paie 7 fr. 50 d'impôt. A quel taux placerai-je mon argent en l'achetant ? (Ardèche.)

CHAPITRE XIX

RENTES SUR L'ÉTAT

On appelle **rentes sur l'État** l'intérêt annuel que l'on retire d'une somme prêtée à l'État.

Il n'existe plus actuellement qu'une seule sorte de rente sur l'État : le 3 0/0.

Le **cours** de la rente est la somme qu'il faut payer pour acheter 3 francs de rente.

La rente est **au pair** lorsque le cours est de 100 francs.

La rente est **au-dessus du pair** lorsque le cours dépasse 100 francs.

La rente est **au-dessous du pair** lorsque le cours n'atteint pas 100 francs.

184° LEÇON

1° Calcul de la rente

PROBLÈMES ORAUX. — **1588.** Si la rente 3 0/0 est au pair, c'est-à-dire à 100 fr., quel titre de rente aura-t-on avec 100 fr. ? 200 fr. ? 1.200 fr. ? 2.000 fr. ? 25.000 fr. ?

1589. Si le cours de la rente 3 0/0 est à 99 fr., quel titre de rente aura-t-on avec 99 fr. ? 990 fr. ? 9.900 fr. ? 198 fr. ? 1.980 fr. ?

1590. Si le cours de la rente 3 0/0 est à 101 fr., quel titre de rente aura-t-on avec 101 fr. ? 1.010 fr. ? 202 fr. ? 808 fr. ? 2.020 fr. ?

PROBLÈMES ÉCRITS. — **1591.** Une personne qui dispose d'un capital de 15.631 fr. 75 achète pour cette somme de la rente 3 0/0 au cours de 100 fr. 85. Quel titre de rente aura-t-elle ? (Seine.)

1592. Combien pourrait-on acheter de rente 3 0/0 au cours de 99 fr. 50 avec le produit de la vente d'une prairie rectangulaire de 150^m,70 de long et 78^m,60 de large, estimée 103 fr. 50 l'are ? (Seine-Inférieure.)

1593. Un particulier recevait pour la location d'une terre 300 fr. par an. Il vend cette terre 12.000 fr. et il achète avec cette somme de la rente 3 0/0 au cours de 97 fr. 80. Son revenu sera-t-il augmenté ou diminué et de combien ? (Nord.)

1594. Une personne fait un héritage de 135.000 fr. Pour se loger, elle achète une maison qui lui revient à 15.600 fr. Avec le reste, elle achète de la rente 3 0/0 au cours de 98 fr. 25. Quel revenu aura-t-elle ? (Seine.)

1595. Une personne qui possède 6.600 fr. de capital affecte le 1/3 de sa fortune à l'acquisition d'une maison rapportant net 6 0/0 de son prix d'achat. Avec le reste, elle achète de la rente 3 0/0 au cours de 99 fr. 50. Quel est le revenu annuel de cette personne ? (Corrèze.)

2° Calcul du taux

1596. A quel taux place-t-on son argent en achetant de la rente 3 0/0 au cours :
 1° De 98 fr. 25 ? (Haute-Marne.)
 2° De 101 fr. 35 ? (Ariège.)

1597. A quel taux place-t-on son argent en achetant, pour 395 fr., une obligation du Crédit Foncier, qui rapporte net 10 fr. 64 par an ?

1598. On a acheté, au cours de 484 fr., 15 obligations du Crédit Foncier de France, et l'on reçoit tous les ans 172 fr. 50 d'intérêt. A quel taux l'argent est-il placé ?

1599. On a acheté, au cours de 475 francs, 2 obligations du Crédit Foncier de France. Le 1er juin et le 1er décembre de chaque année, on reçoit 12 fr. 42 d'intérêt. A quel taux l'argent est-il placé ?

1600. On a acheté, au cours de 402 francs, 4 obligations de la Ville de Paris. Deux fois par an, on reçoit 17 fr. 20 d'intérêt. A quel taux l'argent est-il placé ?

3° Calcul du capital

PROBLÈMES ORAUX. — **1601.** La rente 3 0/0 étant au pair, quel capital faut-il pour avoir 3 fr. de rente ? 9 fr. ? 15 fr. ? 24 fr. ? 300 fr. ?

1602. Le cours de la rente 3 0/0 étant à 98 fr., quel capital faut-il pour avoir 3 fr. de rente ? 30 fr. ? 300 fr. ? 6 fr. ? 60 fr. ?

1603. Le cours de la rente 3 0/0 étant à 101 fr., quel capital faut-il pour avoir 6 fr. de rente ? 30 fr. ? 9 fr. ? 18 fr. ?

Problèmes écrits. — **1604.** Que coûtent 1.000 fr. de rente 3 0/0 au cours de 97 fr. 80 ? (Seine-et-Oise.)

Que coûtent 445 fr. de rente 3 0/0 au cours de 101 fr. 25 ? (Yonne.)

1605. Une personne veut toucher 250 fr. de rente par mois. Combien doit-elle placer en 3 0/0 au cours de 97 fr. ? (Ardennes.)

1606. Quelle somme faudrait-il débourser pour s'assurer un revenu de 550 fr. par trimestre, en achetant de la rente 3 0/0 au cours de 98 fr. 50 ? (Seine.)

1607. Une personne veut se faire un revenu de 3 fr. 60 par jour en achetant de la rente 3 0/0 au cours de 101 fr. 50. Quelle somme doit-elle débourser ? (Seine.)

1608. Une personne a acheté 780 fr. de rente 3 0/0 au cours de 99 fr. 50 ; elle revend son titre au cours de 100 fr. 75. Quel est son gain total ? (Somme.)

CHAPITRE XX

ESCOMPTE DES BILLETS

L'escompte est la retenue faite sur un billet payé avant son échéance.

On appelle encore escompte la **remise** faite sur le montant d'un achat payé comptant.

L'escompte se calcule comme l'intérêt. On l'obtient en cherchant l'intérêt produit par la somme inscrite au billet depuis le jour du paiement jusqu'au jour de l'échéance.

185ᵉ LEÇON

CALCUL DE L'ESCOMPTE DES BILLETS

Problèmes écrits. — **1609.** Calculer l'escompte d'un billet :
1° De 2.580 fr., payable dans deux mois, au taux de 4 1/2 0/0 (Rhône) ;
2° De 880 fr., payable dans 3 mois, au taux de 5 0/0.

1610. Calculer l'escompte d'un billet :
1° De 1.590 fr., payable dans 65 jours, au taux de 5 0/0 ;
2° De 1.850 fr., payable dans 85 jours, au taux de 4 1/2 0/0.

1611. Calculer l'escompte d'un billet :
1° De 12.640 fr., payable le 27 décembre, et escompté le 3 septembre précédent au taux de 4 1/2 0/0 (Somme) ;
2° De 1.875 fr., payable le 2 novembre, et escompté le 12 juillet précédent au taux de 5 0/0 (Seine).

1612. Quelle somme donnera-t-on au porteur d'un billet :
1° De 1.375 fr., payable dans 2 mois, et escompté au taux de 5 0/0 ? (Indre-et-Loire.)

2° De 1.280 fr., payable dans 90 jours, et escompté au taux de 5 0/0 ? (Nord.)

3° De 1.960 fr., payable le 29 juin, et escompté le 3 avril précédent au taux de 5 0/0 ? (Indre-et-Loire.)

186ᵉ LEÇON

CALCUL DU TAUX DE L'ESCOMPTE

1613. Un billet de 1.850 fr., payable dans 2 mois, a donné lieu à un escompte de 17 fr. 575. A quel taux a-t-il été escompté ? (Landes.)

1614. Un billet de 1.800 fr., payable à 28 jours, a donné lieu à un escompte de 8 fr. 12. A quel taux a-t-il été escompté ? (Cantal.)

1615. On a escompté, le 4 avril, un billet de 8.000 fr. payable le 15 juin. L'escompte a été de 96 fr. On demande le taux de l'escompte. (Haute-Marne.)

1616. Une personne a un billet de 1.270 fr., payable dans 8 mois. Elle le fait escompter par un banquier qui lui donne 1.225 fr. Quel est le taux de l'escompte ? (Seine.)

1617. Un billet de 2.500 fr., payable dans 84 jours, a été escompté, et le banquier a donné 2.473 fr. 17. A quel taux a-t-il été escompté ? (Somme.)

1618. On a escompté le 3 août un billet payable le 22 septembre. Le banquier a remis 3.166 fr. 67 sur le billet, dont le montant est de 3.200 fr. Quel a été le taux de l'escompte ?

187ᵉ LEÇON

CALCUL DU MONTANT DES BILLETS

1619. Je possède un billet payable dans 3 mois et je le porte au banquier qui me l'escompte au taux de 4,50 0/0 ; il me retient ainsi une somme de 29 fr. 70. Quel est le montant de mon billet ? (Seine.)

1620. Un billet payable dans 72 jours a donné lieu à un

escompte de 20 fr. 16 au taux de 5 0/0. Quel était le montant du billet? (Seine.)

1621. On a présenté à l'escompte le 5 octobre un billet payable le 4 décembre de la même année. Au taux de 5 0/0, l'escompte a été de 15 fr. 75. Cherchez le montant du billet.

1622. On a reçu 5.850 fr., le 15 mai, pour un billet payable à 3 mois. Le taux de l'escompte étant 5 0/0, quelle était la valeur nominale du billet? (Deux-Sèvres.)

1623. Un billet payable dans 45 jours est escompté au taux de 5 0/0 par an. Sa valeur actuelle est de 8.380 fr. 80. On demande sa valeur nominale. (Corrèze.)

1624. Un commerçant a fait escompter le 12 juin, au taux de 4,50 0/0, un billet payable le 3 septembre suivant et pour lequel il a reçu 8.603 fr. 72. Quelle était la valeur nominale du billet? (Charente-Inférieure.)

188ᵉ LEÇON

CALCUL DE L'ÉCHÉANCE DES BILLETS

1625. Un billet de 3.960 fr., escompté au taux de 4,50 0/0, donne lieu à un escompte de 29 fr. 70. Dans combien de mois est-il payable?

1626. Un commerçant possède un billet de 990 fr. On le lui escompte au taux de 5,40 0/0 et on lui retient 5 fr. 94. Dans combien de jours le billet est-il payable?

1627. Un billet de 2.000 fr. escompté à 5 0/0, le 3 juin, a subi une retenue de 75 fr. Quelle était l'échéance du billet?

1628. Un billet de 2.880 fr. ayant été escompté à 5 0/0, il se trouve que le banquier donne 2.832 fr. On demande à combien de mois d'échéance était le billet.

1629. Un billet de 750 fr. ayant été escompté à 5 0/0, il se trouve que le banquier donne 745 fr. 05. On demande à combien de jours d'échéance était le billet. (Meuse.)

1630. Une personne fait un billet à ordre de 500 fr. et reçoit 500 fr. avec escompte à 5 0/0. Quelle est la date du paiement, le billet étant fait le 6 janvier? (Indre.)

CHAPITRE XXI

TANT POUR CENT

Quand on achète des marchandises et qu'on les paie comptant, le vendeur fait souvent une **remise** de 2, 3, 4, etc., pour 100, sur le prix fort des marchandises.

Le **prix net** à payer s'obtient en retranchant la remise du prix fort.

189ᵉ LEÇON

CALCUL DE LA REMISE ET DU PRIX NET

PROBLÈMES ORAUX. — **1631.** Quelle sera la remise pour un achat de 200 fr. si l'on accorde un escompte pour 100 de 2 fr. ? 2 fr. 50 ? 3 fr. ? 4 fr. ? 4 fr. 50 ?

1632. Pour un achat au comptant, l'escompte étant de 2 0/0, quelle sera la remise pour un achat de 100 fr. ? de 200 fr. ? de 250 fr. ? de 300 fr. ? de 450 fr. ?

1633. L'escompte étant de 4 0/0, combien paiera-t-on pour un achat de 100 fr. ? de 200 fr. ? de 400 fr. ? de 225 fr. ? de 350 fr. ?

PROBLÈMES ÉCRITS. — **1634.** Une personne achète 28ᵐ,50 de drap à 8 fr. 75 le mètre ; on lui fait une remise de 2 0/0. Combien doit-elle payer ? (Vosges.)

1635. Une dame achète 12 m. d'étoffe pour robe à 7 fr. 25 le mètre. Comme elle paie comptant, on lui fait une remise de 3 fr. 75 0/0. Combien le marchand doit-il remettre sur un billet de 100 fr. ? (Nord.)

1636. On a acheté 57 m. de toile à 1 fr. 45 le mètre et 52 m. de calicot à 0 fr. 75 le mètre, payés comptant moyennant une remise de 2 0/0. Combien a-t-on déboursé ?

1637. Une mère de famille achète 15 m. de drap à 15 fr. 50 le mètre, 37 m. de toile à 1 fr. 85 le mètre et 49 m. de ruban à 0 fr. 20 le mètre. Elle paie comptant. On lui fait une remise de 6 0/0. Combien doit-elle donner? (Nord.)

1638. On a acheté 37 m. de toile à 1 fr. 80 le mètre, 48 m. de calicot à 0 fr. 60 le mètre. On paie comptant moyennant une remise de 3 0/0 sur la toile et de 4,25 0/0 sur le calicot. Combien doit-on débourser ? (Vienne.)

1639. Un pépiniériste a vendu 475 pommiers à 3 fr. 25 l'un et accorde 2 0/0 d'escompte. Combien doit-il livrer de pommiers, s'il s'est engagé à en donner 104 pour cent, et quelle somme doit-il recevoir? (Côtes-du-Nord.)

190ᵉ LEÇON

CALCUL DE LA REMISE POUR CENT

PROBLÈMES ÉCRITS. — **1640.** Quelle est la remise pour 100 quand on obtient :
1° Une remise de 37 fr. 50 sur un achat de 1.250 fr. ?
2° Une remise de 51 fr. 75 sur un achat de 1.450 fr. ?

1641. Quelle est la remise pour 100 quand on paie :
1° 352 fr. 80 sur un achat de 360 fr. ?
2° 30 fr. 40 sur un achat de 32 fr. ? (Loiret.)

1642. Un marchand achète 40 kg. de sucre à 0 fr. 95 le kilogramme. Il paie comptant et ne donne que 45 fr. 60. Quelle remise 0/0 lui a-t-on faite sur le prix d'achat? (Somme.)

1643. Une ménagère achète 25 m. de toile à 2 fr. le mètre et 10 m. à 1 fr. 25. Le marchand n'exige que 60 fr. Quel escompte fait-il pour 100? (Aisne.)

1644. Un marchand a acheté 95 kg. de sucre à 62 fr. le quintal et 60 kg. de savon à 42 fr. 50 les 50 kg. Il paie comptant et donne 93 fr. Quelle remise pour 100 lui a-t-on faite? (Aisne.)

1645. Un négociant achète 350 m. de toile à 1 fr. 10 le mètre et 115 m. de soierie à 3 fr. 60 le mètre. Il paie comptant : pour la toile, il donne 369 fr. 60, et pour la soierie

393 fr. 30. Quelle remise pour 100 lui a-t-on faite : 1° pour la toile? 2° pour la soierie? (Vienne.)

191° LEÇON

CALCUL DU PRIX D'ACHAT

PROBLÈMES ORAUX. — **1646.** Le bénéfice étant de 4 0/0, quel est le prix de vente d'une marchandise achetée 100 fr. ? 400 fr. ? 50 fr. ? 350 fr. ? 125 fr. ?

1647. Le bénéfice sur le prix d'achat étant de 6 0/0, quel est le prix d'achat d'une marchandise vendue 106 fr. ? 318 fr. ? 53 fr. ? 159 fr. ? 1.060 fr. ?

PROBLÈMES ÉCRITS. — **1648.** Calculer le prix d'achat d'une marchandise vendue : 1° 1.026 fr. en gagnant 8 0/0 sur le prix d'achat ;

2° 2.120 fr. en gagnant 6 0/0 sur le prix d'achat (Gironde) ;

3° 2.475 fr. 20 en gagnant 12 0/0 sur le prix d'achat (Paris).

1649. Un négociant vend une pièce de toile de 85 m. pour 238 fr. 75 ; il gagne 18 0/0 sur le prix d'achat ; combien lui coûtait le mètre? (Morbihan.)

1650. En revendant de la toile 1 fr. 75 le mètre, un marchand gagne 12 0/0 sur le prix d'achat ; combien lui coûteraient 80 m. de cette toile ? (Indre.)

1651. En revendant 10 fr. 90 le mètre d'étoffe, un marchand fait un bénéfice de 9 0/0 sur le prix d'achat. On demande ce qu'il a déboursé pour acheter 4 coupons de 20 m. chacun. (Côte-d'Or.)

1652. On vend 19^{hl}1/2 de blé pesant chacun 76 kg. à raison de 18 fr. 75 le quintal, en faisant un gain de 3 0/0. Chercher le prix d'achat de l'hectolitre.

1653. Un champ de 3^{ha}7 ares a été vendu à raison de 125 fr. la boisselée de 4^a. Quel est le prix du champ ? — A ce marché, le vendeur a gagné 8 0/0 sur le prix d'achat. On demande ce que lui coûtait le champ. (Haute-Garonne.)

192ᵉ LEÇON

CALCUL DU PRIX DE VENTE DE L'UNITÉ

1654. Un marchand achète de la toile à 1 fr. 50 le mètre. Combien doit-il la revendre pour gagner 25 0/0 sur le prix d'achat ? (Mayenne.)

1655. Une pièce de drap de 32 m. coûte 485 fr. Combien faut-il revendre le mètre pour gagner 12 0/0 sur le prix d'achat ? (Finistère.)

1656. Une pièce de vin de 220 l. coûte 93 fr. 50 d'achat et 16 fr. 50 de frais divers. Combien devra-t-on vendre le litre pour gagner 25 0/0 sur le prix d'achat ? (Var.)

1657. Un épicier a acheté 42 pains de sucre, pesant chacun $7^{kg},400$, pour la somme de 372 fr. 45. On demande combien il doit revendre le kilogramme de sucre pour gagner 18 0/0 sur le prix d'achat. (Seine-Inférieure.)

1658. Un marchand a un troupeau de 45 moutons qui lui coûtent en moyenne 36 fr. chacun ; en les revendant, il veut réaliser un bénéfice de 10 0/0 sur le tout. Il en vend 20 à 39 fr. par tête ; combien doit-il vendre chacun des autres ? (Ardèche.)

1659. Une marchande a acheté 350 m. d'étoffe pour 1,375 fr. Elle en a vendu la moitié avec un bénéfice de 2 fr. 50 par mètre. Combien faut-il qu'elle revende le mètre de l'autre moitié pour gagner 15 0/0 sur son marché ? (Nord.)

193ᵉ LEÇON

CALCUL DU BÉNÉFICE POUR CENT

1660. On a acheté un objet 36 fr. et on l'a revendu 43 fr. 50. Combien a-t-on gagné pour 100 sur le prix d'achat ?

1661. Un marchand, qui a acheté 18 pièces de toile de chacune $25^m,50$ à 1 fr. 60 le mètre, revend le tout 872 fr. 10. Que gagne-t-il pour 100 ? (Nord.)

1662. On vend $58^m,75$ de drap pour 900 fr. en faisant

un bénéfice de 2 fr. 40 par mètre. A combien pour 100 s'élève le bénéfice ? (Somme.)

1663. Des marchandises ont été vendues 750 fr. En les vendant 50 fr. de plus, on aurait gagné 200 fr. Combien a-t-on gagné pour 100 sur le prix d'achat ? (Seine.)

1664. Une rame de papier à lettres revient à 19 fr. 20 et se compose de 4 paquets de 40 cahiers de 6 feuilles. Combien gagnera-t-on pour 100 en revendant ce papier un sou les deux feuilles ? (Ardennes.)

1665. Un marchand achète des objets à raison de 1 fr. 60 la douzaine et les revend à raison de 12 fr. le 100. Quel est son bénéfice pour 100 fr. de vente ? pour 100 fr. d'achat ?

194ᵉ LEÇON

ACHAT ET VENTE A LA DOUZAINE : 13ᵉ EN PLUS ET REMISE POUR CENT

1666. Un libraire achète à un éditeur 78 volumes, marqués 2 fr. 50 chacun, avec 15 pour 0/0 de remise et le 13ᵉ gratis. Combien doit-il ? (Nord. — Meurthe-et-Moselle.)

1667. Un libraire achète 650 dictionnaires à raison de 31 fr. 50 la douzaine. Sachant qu'on lui accorde gratuitement un volume par douzaine et qu'en payant il obtient un escompte de 3 0/0, dites ce qu'il débourse et à combien lui revient chaque dictionnaire. (Marne.)

1668. On a acheté 14 douzaines de livres à 1 fr. 80 la pièce ; on a eu le 13ᵉ gratis et on a obtenu en outre une remise de 3 0/0 du prix d'achat. Combien gagnerait-on sur le tout en revendant chaque volume 2 fr. 35 ? (Eure.)

1669. Un chef d'établissement achète, à 25 0/0 de remise sur le prix fort et 13 pour 12, un certain nombre de volumes dont le prix fort est de 1 fr. 60. Il paie 57 fr. 60 ; combien reçoit-il de volumes ? (Loiret.)

1670. Un mercier achète 12 douzaines de paires de gants à 19 fr. 50 la douzaine ; on lui donne le 13ᵉ en sus et on lui fait une remise de 2 0/0 ; il revend ces gants au détail 2 fr. 35 la paire. Combien gagne-t-il pour 100 ? (Allier.)

195ᵉ LEÇON

TROUVER UN NOMBRE CONNAISSANT LE TANT POUR CENT DE CE NOMBRE

1671. Quel est le montant d'une facture dont l'escompte :
1° A 4 0/0 est de 27 fr. ? (Gard.)
2° A 3 0/0 est de 37 fr. 50 ? (Gironde.)
3° A 2,5 0/0 est de 17 fr. 20 ?

1672. Quel est le montant d'une facture pour laquelle on a payé :
1° 1.527 fr. 75 avec une remise de 3 0/0 ? (Nord.)
2° 2.530 fr. 75 avec une remise de 4 1/2 0/0 ? (Seine.)

1673. Quel est le prix d'achat d'une marchandise avariée, vendue :
1° 160 fr. avec une perte de 20 0/0 ? (Seine-et-Marne.)
2° 334 fr. 10 avec une perte de 18 0/0 ? (Nord.)

1674. Un négociant achète au comptant 380 m. de toile et obtient une remise de 3,50 0/0. Il ne paie que 550 fr. 05. Combien coûte le mètre de toile sans la remise ?

1675. Une personne, ayant acheté du seigle à raison de 12 fr. 40 l'hectolitre, s'aperçoit qu'on ne lui a pas livré la quantité demandée. Elle obtient alors une réduction de 12 0/0 sur le prix convenu et ne paie ainsi que 409 fr. 20. Quelle somme devait-elle payer et quelle quantité de grain avait-elle achetée ? (Saône-et-Loire.)

CHAPITRE XXII

PARTAGES PROPORTIONNELS

Lorsque plusieurs ouvriers font un travail en commun, le gain total est partagé **proportionnellement** au nombre de jours et d'heures de travail de chacun.

196ᵉ LEÇON

RÉPARTITION DU GAIN DES OUVRIERS

1° D'après le nombre de jours de travail

1676. Deux ouvriers ont fait ensemble un travail qui leur a été payé 144 fr. Le 1ᵉʳ a travaillé pendant 15 jours, et le 2ᵉ pendant 21 jours. Que revient-il à chacun? (Vienne.)

1677. Trois maîtres-ouvriers ont fait une entreprise de 1.200 fr. Le 1ᵉʳ y a travaillé 15 jours; le 2ᵉ, 20, et le 3ᵉ, 25. Combien chacun recevra-t-il? (Creuse.)

1678. Trois ouvriers se sont associés pour faire un travail estimé à 117 fr. Le 1ᵉʳ a travaillé 15 jours; le 2ᵉ, 13 jours, et le 3ᵉ, 3 jours de moins que le 2ᵉ. Combien chaque ouvrier devra-t-il recevoir? (Aveyron.)

1679. Un ouvrier avait entrepris un travail à forfait pour lequel il devait recevoir 275 fr. Après avoir travaillé 18 jours, il s'adjoint 2 autres ouvriers qui, après 8 jours de travail, achèvent l'ouvrage avec lui. Que revient-il à chacun de ces ouvriers? (Nord.)

1680. Deux ouvriers ont fait ensemble en 15 jours un ouvrage qui leur a été payé 159 fr. Sachant que le 1ᵉʳ a perdu 2 journées 1/2, et le 2ᵉ 1 journée, que revient-il à chacun? (Gironde.)

1681. Deux ouvriers ont fait ensemble un ouvrage qu'on a payé 165 fr. 50; l'un d'eux a travaillé 8 jours 1/2, et l'autre, 10 jours 1/2. Quel doit être le salaire de chacun?

2° D'après le nombre de jours et d'heures de travail

1682. Deux ouvrières ont fait ensemble, en 5 jours, un travail de tapisserie évalué 38 fr. Sachant que la 1re ouvrière travaillait 10 heures, et la 2e, 9 heures, répartir entre elles la somme à payer. (Nord.)

1683. Deux ouvriers ont fait ensemble un ouvrage qui leur a été payé 240 fr. Le 1er y a travaillé 19 jours et 8 heures par jour; le 2e, 18 jours et 10 heures par jour. Que revient-il à chacun? (Gers.)

1684. Trois ouvriers ont entrepris en commun un ouvrage qui leur a été payé 600 fr. Le 1er y a travaillé pendant 24 jours de 8 heures; le 2e, pendant 15 jours de 9 heures, et le 3e, pendant 18 jours de 10 heures. Que revient-il à chacun?

1685. Trois ouvriers ont entrepris en commun un travail qui leur a été payé 200 fr. Le 1er a travaillé 15 journées de 11 heures; le 2e, 12 journées de 10 heures, et le 3e, 10 journées de 9 heures. Le 1er, qui fournit les outils, prélève d'abord 5 0/0 sur le salaire. Que revient-il à chacun?

CHAPITRE XXIII

RÈGLE DE SOCIÉTÉ

Dans une association, les bénéfices ou les pertes sont partagés **proportionnellement aux mises des associés**.

Mais, si les mises ne sont pas restées pendant le même temps dans l'association, la répartition se fait **proportionnellement aux mises et au temps**.

197ᵉ LEÇON

1° Répartition d'après les mises des associés

1686. Deux associés ont placé dans une entreprise, le 1er, 14.800 fr., et le 2e, 12.500 fr. Le bénéfice réalisé ayant été de 1.538 fr., quelle doit être la part de chaque associé? (Nièvre.)

1687. Trois associés ont placé dans une entreprise, le 1er, 9.700 fr.; le 2e, 7.500 fr.; le 3e, 6.800 fr. Le bénéfice réalisé ayant été de 3.900 fr., quelle doit être la part de chaque associé? (Nord.)

1688. Deux associés ont mis dans le commerce, le 1er, 35.800 fr., et le 2e, 24.500 fr. Ils ont réalisé un bénéfice de 7.236 fr., sur lesquels le 1er associé prélève d'abord 8 0/0 pour frais de gestion; quelle est la part de chacun dans les bénéfices réalisés? (Nord.)

1689. Deux associés ont fait une entreprise. L'un a mis 25.640 fr.; l'autre, 22.400 fr. Le 1er a reçu 648 fr. de gain de plus que le second; on demande le gain de chacun. (Calvados.)

1690. Trois associés ont mis, le 1er, 8.000 fr.; le 2e, 6.000 fr., et le 3e, 4.000 fr., dans une entreprise. Le 1er a eu une part de 400 fr. de bénéfice. Dites la part des deux autres. (Ardèche.)

1691. Trois associés ont fait un bénéfice de 18.000 fr., dont 7.500 sont pour le 1ᵉʳ, 5.000 fr. pour le 2ᵉ et le reste pour le 3ᵉ. Le 1ᵉʳ avait mis 36.090 fr. dans la société. Combien avaient mis les deux autres ? (Deux-Sèvres.)

2° Répartition d'après les mises et le temps

1692. Les mises de 3 associés sont égales ; elles sont restées dans la société 3, 5, 7 mois. Combien revient-il à chacun, le gain étant de 4.500 fr.? (Ardennes.)

1693. Deux personnes ont mis, l'une 15.000 fr. pendant 2 ans, l'autre 18.900 fr. pendant 3 ans, dans une entreprise. Elles gagnent 28.000 fr. Dites la part de bénéfice qui revient à chacune. (Ardennes.)

1694. Trois personnes ont mis, la 1ʳᵉ, 14.000 fr. pendant 7 mois ; la 2ᵉ, 15.000 fr. pendant 9 mois ; la 3ᵉ, 8.000 fr. pendant 11 mois, dans une entreprise. Elles ont gagné 9.630 fr. Quelle part de bénéfice revient-il à chacune ?

1695. Une personne commence une entreprise avec 25.000 fr. ; 4 mois après, elle s'adjoint un associé qui apporte 15.000 fr. ; 8 mois après a lieu la liquidation, qui donne un bénéfice de 6.300 fr. Quelle part de bénéfice revient-il à chacun ?

1696. Trois personnes se sont associées : la 1ʳᵉ a mis 18.000 fr. pendant 9 mois ; la 2ᵉ, 22.000 fr. pendant 7 mois, et la 3ᵉ, 25.000 fr. pendant 5 mois. La liquidation de l'entreprise donne 78.230 fr., capitaux et bénéfices réunis. Quelle somme revient-il à chaque associé ?

CHAPITRE XXIV

RÈGLES DE MÉLANGE

Dans les problèmes sur les règles de mélange, on doit calculer le prix **moyen** de l'unité de mélange, connaissant la quantité et le prix des matières mélangées, ou bien calculer les **proportions** d'un mélange, connaissant le prix des matières qui le composent et le prix de revient de l'unité de mélange.

198ᵉ LEÇON

CALCUL DU PRIX MOYEN DE L'UNITÉ DE MÉLANGE

PROBLÈMES ORAUX. — **1697.** On mélange 1 kg. de café à 3 fr. avec 1 kg. à 5 fr. Quel est le prix du kg. de mélange ?

1698. On mélange 1 l. de cognac à 3 fr. avec 2 l. à 4 fr. 50. Quel est le prix du litre de mélange ?

1699. On mélange 2 hl. de blé à 15 fr. avec 3 hl. de seigle à 10 fr. Quel est le prix de l'hl. de mélange?

PROBLÈMES ÉCRITS. — **1700.** Quel est le prix du litre d'un mélange composé de :

1° 155 l. de vin à 0 fr. 40 et de 145 l. à 0 fr. 75 ? (Loiret.)
2° 125 l. de vin à 0 fr. 80 et de 85 l. à 0 fr. 90 ? (Loiret.)

1701. Quel est le prix du litre d'un mélange composé de :

1° 24^{hl},25 de vin à 0 fr. 45 le litre et de 16^{hl},75 d'un autre vin à 50 fr. l'hectolitre ? (Rhône.)
2° 24 hl. de blé à 15 fr. l'hectolitre avec 17^{hl},5 de blé à 17 fr. l'hectolitre ? (Seine.)

1702. Un marchand achète 25^{hl},58 de vin à 43 fr. 35 l'hectolitre ; il les verse dans un tonneau qui contenait déjà 31^{hl},17 de vin nouveau acheté à raison de 0 fr. 24 le litre.

Combien devra-t-il revendre le litre de ce mélange s'il veut gagner 310 fr. ? (Jura.)

1703. Un marchand épicier a 3 sortes de café, savoir : 61 kg. à 4 fr. 50 le kg., 34 kg. à 2 fr. 45 le kg. et 18^{kg},5 à 3 fr. 20 le kg. Il les mélange et veut, en les revendant, gagner 6 0/0 sur le tout. Combien doit-il vendre le kilogramme du mélange ? (Mayenne.)

1704. On mélange 2 hl. et demi de vin à 38 fr. l'un avec 4^{hl},5 à 0 fr. 42 le litre. Combien devra-t-on revendre le litre pour gagner $\frac{1}{5}$ du prix d'achat ? (Ardennes.)

1705. Un marchand de vin a acheté 25 hl. de vin à 0 fr. 35 le litre et 35 hl. à 4 fr. 25 le décalitre. Il mélange le tout et en revend la moitié à 41 fr. l'hl.; combien devra-t-il revendre l'hl. du reste pour gagner 127 fr. 50 sur le tout ? (Savoie.)

199ᵉ LEÇON

CALCUL DES PROPORTIONS D'UN MÉLANGE

1706. Dans quelle proportion faut-il mélanger du vin :
1° A 0 fr. 58 et du vin à 0 fr. 72 pour obtenir un mélange à 0 fr. 63 le litre ? (Creuse.)
2° A 65 fr. l'hectolitre et du vin à 35 fr. l'hectolitre pour obtenir un mélange à 52 fr. l'hectolitre ?

1707. Combien faudra-t-il prendre de café à 6 fr. 20 le kg. et de café à 4 fr. 50 le kg. pour obtenir, en les mélangeant, 510 kg. de café à 5 fr. 18 le kg. ? (Haute-Marne.)

1708. Un débitant a du vin à 0 fr. 40 et à 0 fr. 60. Il veut faire un mélange pour une pièce de 228 l., de manière que cette pièce lui revienne à 114 fr. Combien devra-t-il prendre de litres de chaque espèce ? (Rhône.)

1709. Un marchand mélange deux vins, l'un à 0 fr. 50 le litre, l'autre à 0 fr. 75 le litre. Combien devra-t-il ajouter de litres du second vin à 250 l. du premier pour obtenir un mélange qui lui revienne à 0 fr. 65 le litre ? (Nord.)

1710. Un marchand a 120 kg. de café à 4 fr. 20 le kg.

Combien doit-il ajouter de kg. de café à 3 fr. 60 pour qu'en revendant le kg. du mélange 4 fr., il gagne 96 fr. sur son marché ?

1711. On a des vins à 0 fr. 35, à 0 fr. 38 et à 0 fr. 56. Combien doit-on mettre de litres de chaque qualité pour remplir un tonneau de 220 l. coûtant 88 fr., à la condition qu'il y ait 2 fois plus de vin de la 1re qualité que de la 3e ? (Basses-Alpes.)

CHAPITRE XXV

RÈGLES D'ALLIAGE

On appelle **alliage** la combinaison de plusieurs métaux comme l'or et le cuivre, l'argent et le cuivre, etc.

On donne de la dureté à l'or et à l'argent en les alliant avec le cuivre.

Dans un alliage, l'or et l'argent sont les **métaux précieux** ; le cuivre est le **métal vulgaire**.

Le **titre** d'un alliage est le **rapport** entre le poids du métal précieux et le poids total de l'alliage.

On trouve le titre d'un alliage en **divisant** le poids du métal précieux par le poids total de l'alliage.

200ᵉ LEÇON

CALCUL DU TITRE D'UN ALLIAGE

PROBLÈMES ORAUX. — **1712.** Quel est le titre d'un objet en argent pesant 10 g. et contenant 8 g. d'argent pur ?

1713. Quel est le titre d'un alliage pesant 1.000 g. et contenant 920 g. de métal précieux ?

1714. Quel est le titre d'un alliage obtenu en fondant ensemble 90 g. d'or pur et 10 g. de cuivre ?

1715. Quel est le titre de l'alliage obtenu en fondant ensemble 835 g. d'argent pur et 165 g. de cuivre ?

PROBLÈMES ÉCRITS. — **1716.** Quel est le titre d'un alliage pesant :

1° 2 kg. et contenant 1^{kg},840 d'or pur ?
2° 625 g. et contenant 525 g. d'or pur ?
3° 1^{kg},400 et contenant 1^{kg},05 d'or pur ?

1717. Quels seraient le poids et le titre d'un lingot qu'on obtiendrait en fondant :

1° 250 g. au titre de 0,750 et 425 g. au titre de 0,840 ? (Orne).
2° 1^{kg},860 au titre de 0,820 et 2^{kg},970 au titre de 0,875 ?

1718. Calculer le titre de l'alliage obtenu en fondant ensemble :

1° 520 g. d'or au titre de 0,750, 450 g. au titre de 0,840 et 602 g. au titre de 0,920 (Allier);

2° 548 g. d'argent au titre de 0,900, 647 g. au titre de 0,840 et 285 g. au titre de 0,650 (Alger).

1719. Combien y a-t-il d'argent pur et de cuivre dans : 1° 1.200 fr. en pièces de 5 fr. ? 2° 200 fr. en pièces divisionnaires ? Si on fond toutes ces pièces ensemble, quel titre obtiendra-t-on ? (Manche.)

1720. On fond ensemble 39 pièces de 5 fr., 127 pièces de 2 fr. et 315 pièces de 0 fr. 50. On demande : 1° le titre du métal ainsi obtenu ; 2° le poids du cuivre contenu dans le lingot. (Calvados.)

1721. Une personne a reçu d'un orfèvre 132 fr. 20 pour un vase d'argent pesant 750 g. A quel titre était ce vase, le kilogramme d'argent valant 220 fr. 56 ? (Loire.)

1722. On a un alliage composé de 150 g. d'un lingot au titre de 0,9 et d'un autre lingot à un titre inconnu et pesant 350 g. Trouver ce titre, sachant que 100 g. de l'alliage contiennent 72^g,5 d'argent pur. (Seine.)

201e LEÇON

1° Abaisser le titre d'un lingot d'or

1723. Combien faut-il ajouter de cuivre :

1° A 1^{kg},650 d'argent pur pour avoir un alliage au titre de 0,950 ?

2° A 1^{kg},680 d'or pur pour avoir un alliage au titre de 0,840 ?

1724. Combien faut-il ajouter de cuivre :

1° A 800 g. d'un lingot d'or au titre de 0,840 pour abaisser le titre du lingot à 0,750 ? (Somme.)

2° A 2^{kg},850 d'un lingot d'argent au titre de 0,940 pour abaisser le titre du lingot à 0,900 ?

1725. On fond 1.375 pièces de 5 fr. en argent. Combien faut-il y ajouter de cuivre pour en faire des pièces de 1 fr. ?

Combien fera-t-on de pièces avec le nouvel alliage obtenu?

1726. On a 600 g. d'or au titre de 0,950. On demande combien on devrait ajouter de cuivre pour avoir un alliage au titre monétaire.

2° Élever le titre d'un lingot

1727. Combien entre-t-il de métal précieux dans un lingot :
1° Au titre de 0,840 et contenant 600 g. de cuivre?
2° Au titre de 0,800 et contenant 565 g. de cuivre?

1728. Combien faut-il ajouter d'or pur :
1° A 500 g. d'un lingot d'or au titre de 0,900 pour élever le titre à 0,920 ? (Corse.)
2° A 1^{kg},800 d'un lingot d'or au titre de 0,750 pour élever le titre à 0,800?

1729. On a un lingot d'or de 1^{kg},950 au titre de 0,840. Combien faut-il y ajouter d'or pur pour en faire de l'or monnayé?

1730. On a un lingot d'argent pesant 875 g. au titre de 0,805. Que faut-il ajouter d'argent pur pour en faire des pièces divisionnaires ? Quelle sera la valeur du lingot obtenu? (Aude.)

1731. On a allié 4.385 grammes d'argent avec 25 hg. de cuivre. Combien faut-il ajouter d'argent pur à cet alliage pour faire des pièces de 5 fr. ? Combien aura-t-on de pièces?

1732. Dans quelle proportion faudra-t-il allier des pièces de 2 fr. et de l'argent pur pour faire un alliage propre à fabriquer des pièces de 5 francs en argent? (Lozère.)

1733. On a un cube d'argent de 0^m,09 d'arête, et au titre de 0,795. On y ajoute le métal nécessaire pour en faire des pièces de 5 fr. Quelle sera la quantité de métal ajouté ? La densité de l'alliage est de 10,54. (Somme.)

3° Former un alliage déterminé

1734. On veut former un lingot d'argent au titre de 0,800 avec 2 lingots dont l'un est au titre de 0,950 et l'autre au titre de 0,750. Dans quel rapport doit-on allier ces deux lingots?

1735. Combien faut-il prendre de grammes d'argent et de grammes de cuivre pour qu'en les fondant ensemble on ait un lingot monnayé de 1.200 g. destiné à faire des pièces de 1 fr. ? (Loiret.)

1736. On a 2 lingots d'argent : l'un au titre de 0,950 et l'autre au titre de 0,780. Combien doit-on prendre de chaque lingot pour avoir 2^{kg},600 au titre de 0,800 ? (Calvados.)

1737. On a un lingot d'or de 1^{kg},400 au titre de 0,920. Combien doit-on prendre d'un autre lingot au titre de 0,750 pour former un nouvel alliage au titre de 0,840 ?

202ᵉ LEÇON

PROBLÈMES DIVERS SUR LES ALLIAGES

1738. On fond ensemble 740 pièces de 5 fr. en argent et 660 pièces de 2 fr. Quel est le poids de l'argent fin et quel est le poids du cuivre par kg. d'alliage ainsi formé ?

1739. Le métal des canons est de 0,9 de cuivre et de 0,1 d'étain. Le cuivre vaut 4 fr. 10 le kg. et l'étain 5 fr. 25. On demande le prix de revient d'un canon du poids de 2.540 kg. (Charente.)

1740. Le bronze des cloches est un alliage de cuivre et d'étain dans lequel le cuivre est les 0,78 du poids total. Sachant qu'il est entré dans une cloche 12^{kg},500 d'étain, on demande de calculer : 1º le poids du cuivre qu'on a dû y ajouter ; 2º le poids total de la cloche. (Nord.)

1741. Un lingot d'un certain métal pèse 3^{kg},75 et a coûté 54 fr. 50. Un second lingot d'un autre métal pèse 7^{kg},5 et a coûté 38 fr. 50. On fond ensemble ces deux lingots. Quelle sera la valeur de 1 kg. de l'alliage, si l'on admet que la fonte occasionne un déchet de 2 0/0 et que les frais de fabrication se sont élevés à 6 fr. 50 ? (Nord.)

1742. On fait une cloche en fondant 110 kg. d'étain avec 390 kg. de cuivre, 5 kg. de zinc et 4 kg. de plomb. L'étain est à 2 fr. 80 le kg., le cuivre à 2 fr. 10, le zinc à 0 fr. 50 et le plomb à 0 fr. 70. Dites le prix de la cloche et celui de 1 kg. de ce bronze. (Gard.)

CHAPITRE XXVI

MOUILLAGE DES VINS

Dans l'opération du **mouillage des vins**, on ajoute de l'eau aux vins trop chers ou trop forts pour en diminuer le prix ou la force.

203ᵉ LEÇON

CALCUL DU PRIX DE REVIENT

Problèmes oraux. — **1743.** A 10 l. de vin coûtant 15 fr., on ajoute 5 l. d'eau. Quel est le prix du litre de mélange ?

1744. A 8 l. de vin coûtant 5 fr., on ajoute 2 l. d'eau. Quel est le prix du litre de mélange ?

1745. A 6 l. de cognac coûtant 4 fr. le litre, on ajoute 2 l. d'eau. Quel est le prix du litre de mélange ?

Problèmes écrits. — **1746.** On achète 225 l. de vin pour 105 fr. On y ajoute 75 l. d'eau ; quel est le prix du litre de mélange ? (Aude.)

1747. Dans un tonneau de 228 l., on verse 74 l. de vin à raison de 0 fr. 38 le litre, 123 l. à 0 fr. 42, et on achève de remplir avec de l'eau. Dites à combien reviendra 1 hl. du mélange obtenu. (Aisne.)

1748. On mélange 320 l. de vin à 0 fr. 85 avec 350 l. à 0 fr. 90, et l'on ajoute 140 l. d'eau. A combien revient la bouteille de $0^l,80$ de mélange ? (Gard.)

1749. Un marchand de vin achète une pièce de vin de 2 hl. pour 75 fr. Il la transvase dans une pièce de $2^{hl},5$ et achève de remplir avec de l'eau. Combien gagne-t-il s'il revend le mélange 0 fr. 40 le litre ? (Saône-et-Loire.)

1750. Un marchand a acheté 14 hl. de vin à 0 fr. 45 le litre. Il y ajoute 90 l. d'eau. Combien doit-il revendre le litre pour gagner 20 0/0 sur son marché ? (Nord.)

1751. En mélangeant 313 l. de vin à 0 fr. 80 avec

180 l. d'une autre qualité et 3 l. d'eau, on obtient un vin qui revient à 0 fr. 65 le litre. Quel est le prix de 180 l. de la 2ᵉ qualité? (Saône-et-Loire.)

204ᵉ LEÇON

CALCUL DE LA QUANTITÉ D'EAU A AJOUTER

PROBLÈMES ORAUX. — **1752.** 4 l. de vin coûtent 5 fr. Combien faut-il y ajouter d'eau pour que le litre de mélange ne coûte que 1 fr.?

1753. 10 l. de vin coûtent 6 fr. Combien faut-il y ajouter d'eau pour que le litre de mélange ne coûte que 0 fr. 50?

1754. On a 20 l. de cognac à 5 francs. Combien faut-il ajouter d'eau pour que le litre de mélange ne coûte que 4 fr.?

PROBLÈMES ÉCRITS. — **1755.** Un marchand achète une barrique de vin de 220 l. qui lui coûte, tous frais payés, 150 fr. Combien devra-t-il ajouter de litres d'eau pour que le litre de mélange lui revienne à 0 fr. 60? (Seine-Inférieure.)

1756. On a mélangé 50 l. de vin à 0 fr. 85 le litre et 60 litres à 0 fr. 75. Combien faut-il ajouter de litres d'eau pour que le mélange revienne à 0 fr. 77 le litre? (Cher.)

1757. On achète 12 hl. de cidre à 0 fr. 125 le litre. On veut y ajouter de l'eau de manière que le mélange ne revienne qu'à 10 fr. l'hl. Combien devra-t-on ajouter de litres d'eau? (Somme.)

1758. Combien faut-il mettre d'eau dans 200 l. de vin qui coûtent 95 fr. pour qu'on puisse vendre le litre 0 fr. 50 en gagnant 20 0/0? (Vendée.)

1759. On verse dans un tonneau 153 l. de vin à 39 fr. l'hl., 1ʰ,2 d'un autre vin à 0 fr. 40 le litre, et on achève de le remplir avec de l'eau. En supposant que la boisson ainsi produite ne revienne qu'à 0 fr. 17 le litre, quelle est la capacité du tonneau et la quantité d'eau ajoutée? (Sarthe.)

1760. Un fermier a acheté 6 pièces de vin de 230 l. à raison de 24 fr. l'hl. Les frais de transport et autres se sont élevés à 6 fr. 20 par hectolitre. Quelle quantité d'eau doit-il ajouter à son acquisition s'il veut faire du vin qui ne lui revienne plus qu'à 0 fr. 20 le litre? Combien avait-il d'hectolitres après le mélange? (Somme.)

205ᵉ LEÇON

PROBLÈMES DIVERS SUR LE MOUILLAGE DES VINS

1761. Un fût de 945 l. a été rempli de cidre pur; on en retire 187 l. que l'on remplace par de l'eau. Combien y a-t-il de cidre pur dans 1 l. de mélange? (Eure.)

1762. 75 l. d'un mélange de vin à 0 fr. 50 le litre et d'eau ont coûté 33 fr. 75. Combien de litres d'eau ce mélange contient-il? (Pas-de-Calais.)

1763. On a acheté 14 hl. de cidre à 28 fr. l'hl.; on veut y ajouter de l'eau de manière que le mélange ne revienne qu'à 0 fr. 20 le litre. Combien devrait-on ajouter de litres d'eau? (Calvados.)

1764. Un marchand achète 1 pièce de vin de 228 l. à raison de 52 fr. l'hectolitre. Il a dû payer en outre 9 fr. 50 de frais. Il veut gagner 50 fr. sur la vente de la pièce de vin à raison de 0 fr. 50 le litre. Combien devra-t-il ajouter de litres d'eau?

1765. Un marchand de vin achète 8 pièces de 228 l. chacune à raison de 40 fr. l'hectolitre. Il veut le revendre le même prix. Quelle quantité d'eau doit-il ajouter pour gagner 15 0/0 sur son marché? (Ardennes.)

1766. On fait un mélange de 84 l. de vin avec 16 l. d'eau pour que 75 l. du nouveau mélange ne contiennent que 4 l. d'eau. Que faut-il ajouter de vin? (Seine-et-Oise.)

206ᵉ LEÇON

PROBLÈMES RÉCAPITULATIFS

1° Sur les fractions

1767. Quel est le nombre qui, augmenté de sa moitié et de son tiers, donne 110? (Vosges.).

1768. En revendant une marchandise 560 fr., je gagne

1/3 du prix d'achat. Calculer le prix d'achat. (Finistère).

1769. En revendant de la toile 2 fr. 70 le mètre, on perd le 1/4 du prix d'achat. Combien avait coûté le mètre de cette toile ? (Vienne.)

1770. Une allocation annuelle de 600 fr. a été partagée entre 2 fonctionnaires, dont l'un a exercé pendant 2 mois 2/5 et l'autre pendant le reste de l'année. Quelle a été la part de chacun ? (Somme.)

1771. Deux ouvriers mettent l'un 8 jours 2/3, l'autre 9 jours 3/4 pour sarcler un champ de la même étendue. Ils ont reçu la même somme. Combien le second a-t-il gagné par jour si la journée du premier revient exactement à 3 fr. 744 ? (Nord.)

1772. Un maçon a travaillé 19 jours 1/2 à la construction d'un mur qui lui a été payée 248 fr. 75. Sachant que les matières premières (chaux, sable, pierre) qu'il a fournies représentent les 5/11 de la somme qu'il a reçue, on demande combien il a gagné par jour. (Pas-de-Calais.)

2° Sur les intérêts

1773. Calculer mentalement l'intérêt de 700 fr. pendant 9 mois au taux de 4 0/0. Dites les procédés employés pour arriver au résultat. (Haute-Marne.)

1774. Quel est l'intérêt à 5 0/0 d'une somme de 3.600 fr. placée pendant 45 jours ? (Seine.)

1775. Un cultivateur a vendu 208 sacs de blé pesant chacun 120 kg., au prix de 26 fr. 50 le quintal métrique. Il place le produit de cette vente à 5 0/0 ; quel revenu se fera-t-il : 1° par an ? 2° par mois ? (Vosges.)

1776. Un propriétaire a acheté à raison de 44 fr. l'are un terrain de forme rectangulaire ayant 184 m. de long et 65 m. de large. Il propose de payer moitié comptant et le reste dans un an avec les intérêts à 5 0/0. Quels sont les 2 paiements ? (Deux-Sèvres.)

1777. Un marchand a acheté 450 hl. de vin au prix de 45 fr. l'hl. ; il les revend avec un bénéfice de 25 0/0 sur le prix d'achat. Il place la somme qu'il reçoit au taux de 4,50 0/0. Calculer l'intérêt qu'elle aura rapporté au bout de 8 ans. (Ain.)

3° Sur les partages proportionnels

CALCUL MENTAL. — **1778.** Trois cultivateurs se sont associés pour acheter une machine à battre coûtant 1.200 fr. Le 1ᵉʳ s'en sert 48 jours par an ; le 2ᵉ, 39 jours, et le 3ᵉ, 83 jours. Combien chacun d'eux doit-il payer du prix d'achat si la part est proportionnelle au temps employé ? — Indiquer la marche à suivre. (Pas-de-Calais.)

1779. Deux cultivateurs louent une prairie de 18 ha. à 140 fr. l'hectare. Le 1ᵉʳ y a fait paître 36 bœufs, et le 2ᵉ 27. Quelle est la somme que chacun doit payer? (Doubs.)

1780. Deux marchands de bœufs louent une propriété pour 650 fr. ; le 1ᵉʳ y met paître 150 bœufs pendant 3 mois; le 2ᵉ, 80 bœufs pendant 6 mois. Quelle somme chacun doit-il payer? (Indre-et-Loire.)

1781. Trois personnes se sont associées; la 1ʳᵉ a mis 12.000 fr.; la 2ᵉ, 7.000 fr., et la 3ᵉ, 11.000 fr. A la liquidation, elles ont une somme de 42.000 fr. Que doit recevoir chacune d'elles ? (Meurthe-et-Moselle.)

1782. Deux associés ont fait une entreprise et ont mis pendant le même temps, l'un 48.500 fr. et l'autre 12.000 fr. Le 1ᵉʳ a gagné 1.000 fr. de plus que le 2ᵉ. Quel a été le gain de chaque associé et le gain 0/0 de la société ? (Aude.)

CINQUIÈME PARTIE

GÉOMÉTRIE PRATIQUE

LES POLYGONES. — LES QUADRILATÈRES

Un **polygone** est une surface plane limitée par des lignes droites.

Un **quadrilatère** est un polygone qui a quatre côtés.

Les principaux quadrilatères sont : le **carré**, le **rectangle**, le **losange**, le **parallélogramme** et le **trapèze**.

CHAPITRE XXVII

LE CARRÉ

Le **carré** est un quadrilatère dont les **quatre côtés sont égaux** et les **angles droits**.

207ᵉ LEÇON

Périmètre du carré

Le périmètre du carré est égal à la somme des quatre côtés ou au produit d'un côté par 4.

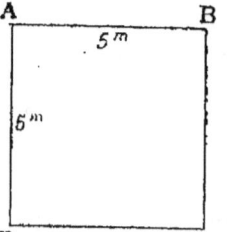

$$P = C + C + C + C$$
ou
$$P = C \times 4.$$

PROBLÈMES ORAUX. — **1783.** Quel est le périmètre d'un tapis carré ayant 3 m. de côté ?

1784. A raison de 0 fr. 50 le mètre, que coûtera le ruban nécessaire pour border un tapis carré de 2 m. de côté ?

1785. Autour d'un terrain carré de 20 m. de côté, combien peut-on planter de pieux espacés de 5 m. ?

1786. Autour d'un parterre carré de 5 m. de côté, on plante

ARITHMÉTIQUE PRATIQUE

des fleurs espacées de 0^m,50 et coûtant 0 fr. 05 l'une. Quelle est la dépense pour cette plantation?

PROBLÈMES ÉCRITS [1]. — **1787.** Pour clôturer un jardin carré de 32^m,60 de côté, on l'entoure d'une double rangée de fil de fer. Quelle est la longueur du fil de fer employé?

1788. Pour clôturer un jardin carré de 24^m,50 de côté, on l'entoure d'un treillage qui coûtera 3 fr. 25 le mètre. Quel sera le prix du treillage? (Marne.)

1789. Pour clôturer un jardin carré de 35^m,50 de côté, on a employé un treillage qui coûte 2 fr. 20 le mètre. Quelle sera la dépense totale si la main-d'œuvre a coûté 18 fr. 60?

1790. Pour clôturer un terrain carré de 42^m,50 de côté, il a fallu planter des pieux espacés de 2^m,50. Sachant qu'un pieu a été payé 0 fr. 95, dites combien on a dépensé. (Seine.)

1791. Pour clôturer un jardin carré de 73^m,50 de côté, on a planté des pieux espacés de 3^m,50, et valant 1 fr. 20 l'un, et l'on a employé un treillage qui a coûté 2 fr. 75 le mètre. Quelle est la dépense totale? (Nièvre.)

208e LEÇON
Surface du carré

La **surface** du carré s'obtient en multipliant le côté par lui-même.

$$S = C \times C.$$

PROBLÈMES ORAUX. — **1792.** Quelle est la surface d'un terrain carré de 20 m. de côté?

1793. A raison de 10 fr. le mètre carré, combien coûtera un tapis carré de 4 m. de côté?

1794. Un tapis carré de 5 m. de côté a coûté 1.000 fr. Quel est le prix du mètre carré?

1795. Un terrain carré de 20 m. de côté a coûté 400 fr. Que

1. **Recommandation très importante.** — Lorsque l'on doit résoudre un problème sur les surfaces, il faut toujours représenter la ou les surfaces en question au moyen d'un croquis fait rapidement, mais que l'on s'efforcera de rendre aussi exact que possible.

coûtera un terrain carré de même qualité ayant 200 m. de côté ?

1796. Un terrain carré de 30 m. de côté a coûté 1.800 fr. Combien coûtera un terrain carré de 60 m. de côté ?

PROBLÈMES ÉCRITS [1]. — **1797.** Quel est le prix d'un terrain carré ayant $38^m,50$ de côté, à raison de 0 fr. 65 le mètre carré ? (Pas-de-Calais.)

1798. Un terrain carré ayant $18^m,50$ de côté a coûté 1.369 fr. Quel est le prix du mètre carré de terrain ?

1799. $4^{ha}8^a25^{ca}$ de terrain coûtent 21.169 fr. 25 ; combien paiera-t-on pour un lot carré de $120^m,75$ de côté ?

1800. Deux champs ont la forme d'un carré. L'un a 65 m. de côté et l'autre 128 m. Le 1er a été payé 3.380 fr. Quel sera le prix du second ? (Nord.)

1801. Un tapis carré est formé de 4 lés, assemblés en surjet, d'une moquette veloutée ayant $0^m,80$ de large et valant 3 fr. 10 le mètre. A combien revient l'étoffe de ce tapis ?

1802. Une personne achète deux pièces de terre de même qualité : l'une a $35^a,46$ et l'autre a la forme d'un carré de 65 m. de côté. Celle-ci lui coûte 300 fr. de plus que la 1re. On demande le prix d'achat de chaque pièce de terre.

209e LEÇON

Calcul de la surface du carré connaissant le périmètre

Quand on connaît le périmètre du carré, on trouve son côté en divisant ce périmètre par 4.

$$C = \frac{P}{4}$$

PROBLÈMES ORAUX. — **1803.** Quel est le côté d'un terrain carré dont le périmètre est de 44 m. ?

1804. Un terrain carré a 240 m. de périmètre. On demande 1° la longueur du côté du carré ; 2° la surface du terrain.

---

1. Voir *recommandation importante*, p. 237.

1805. Quelle est la surface d'un terrain carré qui a 120 m. de périmètre ?

1806. Autour d'un terrain carré, on a placé une palissade qui a coûté 400 fr. à raison de 2 fr. le mètre. On demande : 1° le périmètre du terrain ; 2° la longueur du côté du carré.

1807. Autour d'un terrain carré, on a placé 40 pieux espacés de 4 m. On demande : 1° le périmètre du terrain ; 2° la longueur du côté du carré.

PROBLÈMES ÉCRITS[1]. — **1808.** Un jardin carré mesure 180 m. de périmètre. Trouver sa surface. (Nord.)

1809. Un terrain carré mesure 272 m. de périmètre. Trouver : 1° sa surface ; 2° sa valeur à 35 fr. l'are.

1810. Un jardin carré a 174^m,80 de contour. Il a été vendu à 145 fr. 80. On demande : 1° quelle est sa surface ; 2° à combien revient l'are. (Ille-et-Vilaine.)

1811. Autour d'un terrain carré, on a construit une palissade qui a coûté 319 fr. 90, à raison de 1 fr. 75 le mètre. On demande : 1° le périmètre du terrain ; 2° sa surface.

1812. Un jardin carré est entouré de pieux placés à 5 m. de distance. Sachant qu'il a fallu utiliser 72 pieux, on demande la valeur du jardin à 1 fr. 15 le mètre carré.

---

1. Voir *recommandation importante*, p. 237.

CHAPITRE XXVIII

LE RECTANGLE

Le rectangle est un quadrilatère dont les côtés sont égaux et parallèles deux à deux et les quatre angles droits.

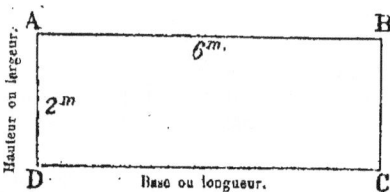

La base ou la longueur d'un rectangle est l'un des grands côtés.

La **hauteur** ou la **largeur** d'un rectangle est l'un des petits côtés.

210° LEÇON

Périmètre du rectangle

On obtient le **périmètre** du rectangle en faisant la somme des deux longueurs et des deux largeurs.

$$P = L + L + l + l = 2L + 2l.$$
$$P = (L + l) \times 2.$$

Problèmes oraux. — **1813.** Quel est le périmètre d'un rectangle qui a 10 m. de long et 5 m. de large? d'un autre qui a 20 cm. de long et 15 cm. de large? d'un troisième qui a 100 m. de long et 60 m. de large?

1814. Pour border un tapis de 4 m. de long et de 3 m. de large, on a employé du ruban qui coûte 0 fr. 50 le mètre. Quelle est la dépense?

1815. Combien de mètres de franges faut-il pour border une paire de rideaux de $2^m,50$ de long et de $0^m,50$ de large?

Problèmes écrits [1]. — **1816.** Quel est le périmètre d'une classe de $9^m,25$ de long et de $8^m,40$ de large? (Gard.) — D'une

---

1. Voir *recommandation importante*, p. 237.

cour de 58^m,60 de long et 42^m,50 de large? — D'un champ de 157^m,60 de long et de 97^m,40 de large?

1817. On veut border un tapis de 4^m,15 de long et 3^m,80 de large; la bordure coûte 0 fr. 15 le mètre. A combien s'élèvera la dépense? (Aisne.)

1818. On a bordé un tapis de 1^m,80 de longueur avec des franges coûtant 1 fr. 20 le mètre courant. La largeur du tapis est les 2/3 de la longueur. Combien a-t-on dépensé?

1819. On a bordé de franges valant 0 fr. 32 le mètre 2 paires de rideaux qui ont chacun 4^m,25 de hauteur sur 0^m,85 de largeur. Il a fallu 4 journées 1/2 à 1 fr. 80 et 0 fr. 50 de fil. A combien s'élève la dépense? (Nord.)

211e LEÇON

CALCUL DU PRIX DES CLOTURES PLACÉES AUTOUR DE TERRAINS DONT ON DONNE LES DIMENSIONS

1820. Un terrain rectangulaire dont les dimensions sont 50^m,40 et 28^m,50 a été entouré d'une haie qui revient à 0 fr. 75 le mètre linéaire. Quelle a été la dépense pour la plantation de cette haie? (Nord.)

1821. Un jardin rectangulaire a 25 m. de long et 13 m. de large. On voudrait l'entourer d'une triple rangée de ronce artificielle coûtant 0 fr. 15 le mètre courant. Combien coûtera la ronce nécessaire à ce travail? (Nord.)

1822. On veut mettre un treillage autour d'un jardin rectangulaire de 25^m,50 de long sur 18^m,30 de large. Quel sera le prix de ce treillage à raison de 3 fr. 05 le mètre courant? On paie en outre pour la pose 1/5 du prix d'achat du treillage. (Basses-Pyrénées.)

1823. Autour d'un champ de forme rectangulaire ayant 91 m. de long sur 63 m. de large, on a planté des arbres qu'on a placés à 3^m,50 les uns des autres. Quelle est la dépense, sachant que les arbres coûtent 75 fr. le 100 et que la main-d'œuvre revient à 15 francs? (Vienne.)

1824. Un particulier a un champ rectangulaire de

124 m. de long sur 86 m. de large; il le fait entourer d'une haie vive. Le plant d'aubépine lui coûte 5 fr. le mille et il emploie 6 pieds par mètre. Il donne à l'ouvrier 0 fr. 20 par décamètre. Combien lui coûte cette plantation?

1825. Un jardin rectangulaire a 45 m. de long et 32 m. de large. On veut le clore avec un treillage de fil de fer de 2 m. de hauteur. Ce treillage pèse 2 kg. 1/2 par mètre carré et revient à 45 fr. les 100 kg. Combien paiera-t-on au quincaillier qui le fournira? (Nord.)

212ᵉ LEÇON

Surface du rectangle

On trouve la **surface** du rectangle en multipliant la base par la hauteur ou la longueur par la largeur.

$$S = B \times H.$$
$$S = L \times l.$$

Problèmes oraux. — **1826.** Quelle est la surface d'un tapis de 5 m. de long et de 4 m. de large?

1827. A 5 fr. le mètre carré, que coûte un tapis de 4 m. sur 3 m.?

1828. Quelle surface peut-on couvrir avec une dalle de 20 cm. sur 10 cm.?

1829. Quelle surface peut-on couvrir avec 10 dalles de 30 cm. sur 20 cm.?

1830. Quelle est la surface d'un terrain qui a 60 m. de long et 40 m. de large?

1831. A 50 fr. l'are, que coûte un terrain de 80 m. sur 50 m.?

1832. Un tapis de 4 m. sur 2ᵐ,50 a été payé 60 fr. Que coûte le mètre carré?

1° Les mesures de surface

Problèmes écrits. — **1833.** Quelle est la surface :

1° D'un tableau de 1ᵐ,25 sur 0ᵐ,85?
2° D'un carreau de vitre de 0ᵐ,72 sur 0ᵐ,27?
3° D'une classe de 7ᵐ,45 sur 6ᵐ,00?

1834. Un terrain à bâtir de 38^m,60 de long sur 19^m,50 de large est vendu 2 fr. 50 le mètre carré. Quelle est sa valeur?

1835. Une maison a 12 fenêtres à 8 carreaux chacune. Pour faire vitrer ces fenêtres, on a dépensé 110 fr. 35^{c}2. Que coûte le mètre carré de vitre si chaque carreau mesure 0^m,55 sur 0^m,23? (Pas-de-Calais.)

1836. Une rue a 235 m. de long sur 12 m. de large. De chaque côté, il y a un trottoir de 1^m,50 de largeur. Pour la paver, la main-d'œuvre a coûté 2 fr. 50 le mètre carré pour le trottoir et 1 fr. 75 pour la chaussée. Combien a-t-on dépensé pour le pavage de cette rue?

1837. Une maison neuve compte 8 grandes fenêtres et 4 petites. Les premières ont chacune 4 carreaux de 44 cm. sur 50 cm. et un carreau formant imposte de 36 cm. sur 1^m,10. Les autres ont chacune 8 carreaux de 19 cm. sur 24. On a payé 67 fr. 45 au vitrier. A combien revient le mètre carré de verre mis en place? (Nord.)

2° Les mesures agraires

1838. Quelle est la surface :
1° Exprimée en centiares, d'un terrain de 49^m,65 sur 35^m,90?
2° Exprimée en ares, d'un terrain de 123^m,45 sur 78^m,60?
3° Exprimée en hectares, d'un terrain de 294^m,40 sur 159^m,70?

1839. Quel est le prix d'un jardin rectangulaire ayant 32^m,80 de long et 18^m,60 de large, à raison de 48 fr. 50 l'are?

1840. Une propriété rectangulaire a 177 m. de long et sa largeur 59 m. Que vaut cette propriété à raison de 2.850 fr. l'hectare? (Ardèche.)

1841. Un jardinier a bêché 8 planches de jardin de chacune 4^m,75 de long sur 2^m,10 de large. Il demande 4 fr. 20 par are. Quelle somme doit-on lui payer? (Jura.)

1842. Un terrain de forme rectangulaire, dont la base mesure 148^m,60 et la hauteur 98^m,70, a été acheté à raison de 6.580 fr. l'hectare. Combien faudra-t-il le revendre si l'on désire gagner 0 fr. 20 par centiare? (Nord.)

1843. Un propriétaire a vendu pour 7.080 fr.50 un terrain de forme rectangulaire ayant une longueur de 238 m. et dont la largeur n'est que la moitié de la longueur. On demande le prix de la mencaudée de 35ª,46.

3° Terrains traversés par des chemins

1844. Dans un jardin de 1.260 m² de surface, on prend, pour élargir une rue, une bande de terrain de 28 m. de long et de 1^m,50 de large. Quelle est la surface qui reste ?

1845. Une prairie rectangulaire de 190^m,50 de long sur 89 m. de large a été traversée dans le sens de la longueur par un sentier large de 1^m,80. A combien se trouve réduite la surface de la prairie ? (Nord.)

1846. Un champ a une superficie de 20ª,50 ; pour rectifier une route, on prend dans ce champ une bande de 138 m. de long sur 0^m,75 de large. On demande le prix du reste du champ à 4.560 fr. l'hectare. (Nièvre.)

1847. Un terrain a une contenance de 5^{ha}3ª45^{ca} ; il est évalué à 1 fr. 20 le mètre carré. On y établit un chemin de 392 m. de long sur 9^m,50 de large. On demande : 1° le prix de tout le terrain ; 2° la superficie et le prix du chemin ; 3° la contenance de la partie cultivable. (Eure-et-Loir.)

1848. Un champ a une superficie de 4^{ha}5ª. On y pratique un chemin de 138 m. de long sur 4^m,75 de large. Quelle somme doit-on rembourser au propriétaire à raison de 185 fr. l'are et quelle est la valeur de la partie restante à 6.500 fr. l'hectare ? (Seine-et-Marne.)

1849. Un champ a une superficie de 3^{ha}5ª95^{ca} et vaut 23.864 fr. 10. On y pratique un chemin de 125 m. de long sur 6^m,60 de large. Déterminer le prix du chemin et le prix de la partie cultivable. (Finistère.)

213ᵉ LEÇON

PROBLÈMES DIVERS SUR LA SURFACE DU RECTANGLE

CALCUL MENTAL. — **1850.** Un terrain à bâtir mesure 26 m. de long et 20 m. de large. A raison de 100 fr. l'are, quelle est la valeur de ce terrain ? Expliquez comment vous avez trouvé mentalement le résultat. (Pas-de-Calais.)

CALCUL MENTAL. — **1851.** Un champ qui a la forme d'un rectangle a 250 m. de longueur et 80 m. de largeur ; il a produit 40 hl. de blé. Calculez de tête la production moyenne par hectare. Indiquez la marche suivie. (Pas-de-Calais).

1852. On mesure un champ rectangulaire avec une chaîne d'arpenteur ayant $0^m,025$ de trop. On trouve que ce champ contient en longueur 12 fois cette chaîne et en largeur 8 fois ; quelles sont les dimensions et la surface véritables ? (Nord.)

1853. La toiture d'une maison est longue de $12^m,50$, et chaque versant est large de $5^m,50$. Combien en coûtera la couverture en tuile, s'il faut par mètre carré 36 tuiles à 46 fr. le 1.000 ; 6 jours de couvreur à 5 francs par jour ?

1854. Pour couvrir une maison, on emploie des tuiles plates rectangulaires de $0^m,25$ de longueur sur $0^m,17$ de largeur. Le toit est à deux pentes, et chaque pente a la forme d'un rectangle de 15 m. de long et 6 m. de large. Les tuiles, en se recouvrant, perdent la moitié de leur surface. On demande la somme dépensée pour l'achat des tuiles nécessaires, si elles coûtent 195 fr. 50 le mille. (Orne.)

214° LEÇON

SURFACE ET PÉRIMÈTRE DU RECTANGLE

1855. Calculer la surface et le périmètre :
1° D'un tapis de $3^m,80$ de long et de $2^m,75$ de large ;
2° D'un tableau de $3^m,20$ de long et de $1^m,25$ de large ;
3° D'un terrain de $42^m,60$ de long et de $36^m,50$ de large.

1856. On achète, à raison de 1 fr. 25 le mètre carré, un terrain rectangulaire de 42 m. de long et de $23^m,40$ de large. Puis on le fait entourer d'une clôture en planches qui revient à 2 fr. 50 le mètre courant. Quelle est la dépense totale ?

1857. On achète à raison de 68 francs l'are un terrain rectangulaire de 68 m. de long et de 36 m. de large. On l'entoure d'une clôture en planches qui revient à 1 fr. 75 le mètre courant. Pour soutenir cette clôture, on a planté des pieux distants de 4 m. et valant 0 fr. 40 l'un. Quelle est la dépense totale ?

1858. On achète à raison de 4.700 fr. l'hectare une pâture de 125 m. de long et de 86 m. de large. On l'a fait entourer d'une haie d'aubépine dont les pieds reviennent tout posés à 18 fr. le mille. On emploie 6 pieds par mètre. Quelle est la dépense totale ?

1859. On achète à raison de 55 fr. l'are un terrain rectangulaire de 52 m. de long et de 37 m. de large. On entoure ce terrain avec un treillage de 1 m. de hauteur et pesant 3^{kg} 1/2 par mètre carré et valant 45 fr. le quintal. Quelle sera la dépense totale ?

1860. On achète à raison de 3.600 fr. l'hectare un terrain rectangulaire de 84 m. de long et 56 m. de large. On l'entoure d'une triple rangée de fil de fer dont le mètre revient à 0 fr. 15. Pour supporter ces fils, on a placé tous les 4 m. des pieux valant 65 fr. le 100. Quelle est la dépense totale ?

215ᵉ LEÇON

Calcul de l'une des dimensions d'un rectangle, connaissant le périmètre et l'autre dimension.

$$B = \frac{P}{2} - H \qquad L = \frac{P}{2} - 1$$
$$\text{ou}$$
$$H = \frac{P}{2} - B \qquad 1 = \frac{P}{2} - L.$$

Quand on connaît le périmètre d'un rectangle et l'une de ses dimensions, on trouve **l'autre dimension** en prenant la moitié du périmètre (ce qui donne la somme des deux dimensions), puis en retranchant la dimension connue de cette moitié.

PROBLÈMES ORAUX. — **1861.** Trouver la longueur :
1° D'un rectangle ayant 32 m. de périmètre et 6 m. de largeur ;

ARITHMÉTIQUE PRATIQUE

2° D'un rectangle ayant 240 m. de périmètre et 40 m. de largeur ;
3° D'un rectangle ayant 40 m. de périmètre et 7^m,50 de largeur.

PROBLÈMES ÉCRITS. — **1862.** Trouver la largeur :

1° D'un rectangle ayant 10^m,80 de périmètre et 3^m,25 de longueur ;

2° D'un rectangle ayant 828^m,20 de périmètre et 265^m,60 de longueur ;

3° D'un rectangle ayant 286^m,60 de périmètre et 84^m,60 de longueur.

1863. Trouver la surface :

1° Exprimée en mètres carrés, d'un rectangle ayant 66^m,20 de périmètre et 14^m,60 de largeur ;

2° Exprimée en ares, d'un rectangle ayant 272 m. de périmètre et 53^m,60 de largeur ;

3° Exprimée en hectares, d'un rectangle ayant 486 m. de périmètre et 128 m. de longueur.

1864. Trouver la valeur :

1° A raison de 0 fr. 85 le mètre carré, d'un terrain rectangulaire ayant 116 m. de périmètre et 24^m,40 de longueur ;

2° A raison de 65 fr. l'are, d'un terrain rectangulaire ayant 261^m,50 de périmètre et 56^m,15 de longueur ;

3° A raison de 4.700 fr. l'hectare, d'un terrain rectangulaire ayant 554 m. de périmètre et 114 m. de largeur.

1865. Un propriétaire a dépensé 540 fr. pour entourer un jardin d'un treillage qui revient à 3 fr. 20 le mètre linéaire. Sachant que le jardin a la forme d'un rectangle et que sa longueur est de 52^m,80, on demande sa valeur à 0 fr. 95 le mètre carré.

1866. Combien faudra-t-il de mètres d'une étoffe large de 0^m,75 pour doubler un tapis rectangulaire de 4^m,80 de long et de 16^m,40 de périmètre ? (Somme.)

1867. Le périmètre d'un champ rectangulaire a une longueur de 670 m., et l'on sait que la longueur de champ a 35 m. de plus que la largeur. Quelle est la valeur de cette propriété à 2.500 fr. l'hectare? (Seine.)

1868. Un champ rectangulaire a 210 m. de périmètre ; la hauteur est le double de la base. Quelle est la valeur de ce champ à 45 fr. l'are ? (Nord.)

216ᵉ LEÇON

Calcul de l'une des dimensions d'un rectangle, connaissant la surface et l'autre dimension.

$$B = \frac{S}{H},$$

$$H = \frac{S}{B}.$$

Quand on connaît la surface d'un rectangle et l'une des dimensions, on trouve l'**autre dimension** en divisant la surface par la dimension connue.

I

1869. Trouver la longueur :

1° D'un terrain rectangulaire de 1.102 m² de surface et de 29 m. de largeur ;

2° D'un champ rectangulaire de 34ᵃ,50 de surface et de 46 m. de largeur ;

3° D'un champ rectangulaire de 1ʰᵃ,624 de superficie et de 112 m. de largeur.

1870. Trouver la largeur :

1° D'un terrain rectangulaire de 65 m. de longueur et qui a coûté 1.287 fr. à raison de 0 fr. 45 le mètre carré ;

2° D'un terrain rectangulaire de 76 m. de longueur et qui a coûté 722 fr. à 25 fr. l'are ;

3° D'un terrain rectangulaire de 178 m. de longueur et qui a coûté 13.216 fr. 50 à raison de 5.500 fr. l'hectare.

1871. Trouver le périmètre :

1° D'un terrain rectangulaire de 56 m. de longueur et d'une surface de 1.904 m² ;

2° D'un champ rectangulaire de 39ᵃ,95 de surface et d'une largeur de 74 m. ;

3° D'un champ rectangulaire de 1ʰᵃ,247 de surface et d'une largeur de 58 m.

II

1872. Combien faudra-t-il de mètres d'une étoffe de $2^m,10$ de large pour doubler un tapis de $4^m,20$ de long et de $3^m,50$ de large?

1873. Un tapis rectangulaire a $7^m,65$ de long et $5^m,40$ de large; on le double avec de la toile ayant $0^m,90$ de largeur et coûtant 1 fr. 35 le mètre. Quelle est la dépense?

1874. On a des rideaux ayant chacun $2^m,80$ de haut et $1^m,15$ de large. On veut les doubler avec de l'étoffe de $0^m,80$ de large et coûtant 1 fr. 80 le mètre. Combien dépensera-t-on pour doubler 2 paires de rideaux? (Yonne.)

1875. Pour faire une robe, on achète $8^m,50$ d'une étoffe qui a $0^m,60$ de large. On désire doubler entièrement cette étoffe avec une étoffe de $0^m,80$ de large. La 1re étoffe coûte 6 fr. 25 le mètre; la 2e, 0 fr. 90. On demande: 1° combien il faut acheter de mètres de doublure; 2° quel est le prix net des deux étoffes, si l'on obtient, en payant comptant, un escompte de 2,50 0/0. (Nord.)

1876. Votre mère veut doubler un tapis de $4^m,80$ de long sur $2^m,40$ de large. Comme elle a le choix entre deux étoffes, elle désire acheter celle qui lui reviendra le meilleur marché; elle vous demande de la lui indiquer: la 1re étoffe a $0^m,80$ de large et coûte 2 fr. le mètre; la 2e a $0^m,60$ de large et coûte 1 fr. 60. Laquelle choisirez-vous et quelle sera l'économie réalisée? (Nord.)

III

1877. On a entouré d'une palissade qui coûte 2 fr. 25 le mètre un terrain rectangulaire de 1.288 m² de surface et d'une largeur de 28 m. Quelle a été la dépense?

1878. Un terrain de 16 a. de surface ayant 20 m. de largeur est entouré de piquets placés à 5 m. les uns des autres. Quel est le nombre de ces piquets? (Loiret.)

1879. Un champ rectangulaire a une surface de $1^{ha},2936$ et une longueur de 154 m. Combien pourrait-on planter d'arbres autour de ce champ en les espaçant de $3^m,50$?

IV

1880. Un terrain rectangulaire de 36 m. de long a coûté 1.188 fr. à raison de 1 fr. 50 le mètre carré. Combien dépenserait-on pour l'entourer d'une palissade qui coûte 3 fr. 50 le mètre courant ?

1881. Un terrain rectangulaire de 55 m. de large a coûté 2.805 fr. à raison de 75 fr. l'are. On l'entoure d'une palissade qui revient à 2 fr. 80 le mètre courant. Quelle est la valeur totale du terrain entouré de la palissade ?

1882. Une pâture rectangulaire de 186 m. de long a coûté 11.764 fr. 50, à raison de 5.500 fr. l'hectare. On l'entoure d'une haie d'aubépine formée de pieds distants de $0^m,25$ et valant 8 fr. le cent. Combien a-t-on dépensé pour l'achat des pieds d'aubépine ?

217ᵉ LEÇON

SURFACES RECTANGULAIRES DONT ON AUGMENTE OU DONT ON DIMINUE LES DIMENSIONS

PROBLÈMES ORAUX. — **1883.** Une table de $2^m,80$ de long et de $1^m,80$ de large est recouverte d'un tapis qui déborde tout autour de $0^m,10$. On demande : 1° la longueur du tapis ; 2° sa largeur ; 3° son périmètre ; 4° sa surface.

1884. Autour d'une couverture de $3^m,10$ de long et de $2^m,60$ de large, on enlève une bande de $0^m,05$. On demande : 1° la longueur de la couverture ainsi réduite ; 2° sa largeur ; 3° son périmètre ; 4° sa surface.

PROBLÈMES ÉCRITS. — **1885.** On veut recouvrir une table rectangulaire de 2 m. de long sur $1^m,25$ de large, avec un tapis débordant tout autour de $0^m,25$. Quelle sera la surface du tapis ? (Cher.)

1886. Une table a $1^m,20$ de longueur et la largeur de $0^m,80$. On doit la recouvrir d'une toile cirée qui déborde tout autour de $0^m,30$. Quelle est la valeur de cette toile cirée à 2 fr. 50 le mètre carré ? (Nord.)

1887. Une feuille de papier rectangulaire mesure $0^m,70$ de long sur $0^m,58$ de large. On en détache sur les 4 côtés une bande dont la largeur est partout de 0^m,02. De combien la surface primitive a-t-elle été diminuée ? (Haute-Marne.)

1888. Votre feuille de composition a 0^m,30 de long et 0^m,20 de large. Vous enlevez tout autour une bande de 0^m,025. Quelle est, en centimètres carrés, la surface de ce qui reste ? Quel est le périmètre de la feuille ainsi réduite ?

1889. Une couverture rectangulaire a 2^m,80 de long sur 1^m,75 de large. On enlève tout autour une bande de 35 cm., puis on la borde avec de la bordure à 1 fr. 25 le mètre. Combien coûtera cette bordure ? (Nord.)

1890. Une maison a 12 m. de large sur 9 m. de profondeur; elle est entourée d'une grille placée à 5^m,30 de distance de chaque mur. On demande la longueur totale de la grille et la surface comprise entre la grille et la construction. (Nord.)

218° LEÇON

PROBLÈMES DIVERS SUR LE CARRÉ ET LE RECTANGLE

1890 bis. On échange un terrain carré de 25 m. de côté contre un terrain rectangulaire de même superficie ayant 30 m. de longueur. Déterminer la largeur de ce nouveau terrain. (Manche.)

1891. Dans une feuille de 1 m², on découpe les surfaces suivantes : 1° un carré de 0^m,12 de côté; 2° un rectangle de 25 cm. sur 44. Quelle surface reste-t-il en décimètres carrés ?

1892. Une personne achète pour 1.797 fr. deux terrains de même qualité. L'un est un rectangle de 65 m. de long sur 34 m. de large; l'autre est un carré de 45 m. de côté. A combien revient l'are ? (Isère.)

1893. Sur un côté d'une cour carrée, on établit un trottoir ayant une surface de 69^m²,60 avec 2^m,40 de large. Quelle est la surface de ce qui reste de la cour ? (Nord.)

1894. On veut couvrir d'un tapis fait avec des carrés de drap de 0^m,08 de côté une chambre de forme rectangulaire ayant 8^m,96 de long et 5^m,20 de large. On demande : 1° le nombre de carrés qu'il faudra ; 2° la longueur de la pièce de drap qu'on devra employer en supposant qu'on n'en perde pas, si la largeur du drap est 1^m,36 ; 3° le prix du tapis, si le drap coûte 15 fr. 60 et la main-d'œuvre 40 fr. (Landes.)

219° LEÇON

Le parallélogramme

Le **parallélogramme** est un quadrilatère dont les quatre côtés sont parallèles deux à deux.

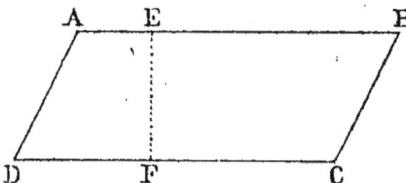

Les côtés parallèles sont égaux.

La **base** du parallélogramme est ordinairement le plus grand côté.

La **hauteur** du parallélogramme est la perpendiculaire abaissée sur la base d'un point quelconque du côté opposé.

RÈGLE. — On obtient la surface d'un parallélogramme en multipliant la base par la hauteur.

$$S = B \times H.$$

EXERCICES ORAUX. — **1895.** Trouver la surface de parallélogrammes ayant : 1° 10 m. de base et 8 m. de hauteur ; 2° 20 m. de base et 30 m. de hauteur ; 3° 40 m. de base et 40 m. de hauteur ; 4° 25 cm. de base et 8 cm. de hauteur ; 5° 98^m,75 de base et 100 m. de hauteur.

PROBLÈMES ÉCRITS. — **1896.** Trouver la surface de parallélogrammes ayant :
1° 0^m,38 de base et 0^m,28 de hauteur ;
2° 65^m,80 de base et 35^m,65 de hauteur ;
3° 18^m,60 de base et 14^m,60 de hauteur.

1897. Dans un dessin représentant un carrelage, il y a 42 parallélogrammes ayant 15 mm. de base et 8 mm. de hauteur. Quelle est la surface occupée par ces 42 parallélogrammes ?

1898. Dans un dessin représentant un carrelage, la surface occupée par des parallélogrammes de 18 mm. de base et de 12 mm. de hauteur est de $0^{dm2},736$. Combien y a-t-il de parallélogrammes ?

1899. Dans un dessin représentant un carrelage il y a : 35 parallélogrammes de 15 mm. de base et de 9 mm. de hauteur ; 2° 30 parallélogrammes de 13 mm. de base et de 8 mm. de hauteur. Quelle est la surface totale de ces parallélogrammes ?

1900. Dans un dessin représentant un carrelage, il y a : 1° 35 carrés de 11 mm. de côté ; 2° 30 parallélogrammes de 14 mm. de base et 7 mm. de hauteur. Quelle est la surface totale de ces quadrilatères ?

CHAPITRE XXIX

LE TRIANGLE

Un **triangle** est une surface limitée par trois lignes droites.

On distingue quatre sortes de triangles :

Le triangle **équilatéral**, qui a les trois côtés égaux (*fig.* 1);

Le triangle **isocèle**, qui a deux côtés égaux (*fig.* 2);

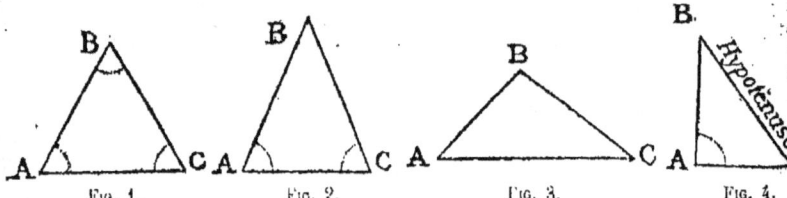

Fig. 1.   Fig. 2.   Fig. 3.   Fig. 4.

Le triangle **scalène**, qui a les trois côtés inégaux (*fig.* 3);

Le triangle **rectangle**, qui a un angle droit (*fig.* 4).

220ᵉ LEÇON

Surface du triangle

On obtient la **surface du triangle** en multipliant la base par la hauteur et en divisant le produit par 2 :

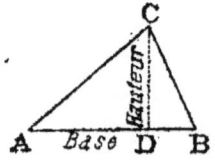

$$S = \frac{B \times H}{2},$$

ou bien en multipliant la base par la moitié de la hauteur :

$$S = B \times \frac{H}{2},$$

ou encore en multipliant la moitié de la base par la hauteur :

$$S = \frac{B}{2} \times H.$$

La **base** est un côté quelconque du triangle. On prend ordinairement pour base le côté horizontal.

La **hauteur** d'un triangle est la perpendiculaire abaissée du sommet sur la base.

EXERCICES ORAUX. — **1901.** Chercher la surface de triangles ayant : 1° 6 m. de base et 4 m. de hauteur; 2° 30 m. de base et 20 m. de hauteur; 3° 48 m. de base et 50 m. de hauteur; 4° 8^m,40 de base et 10 m. de hauteur; 5° 12 cm. de base et 5 cm. de hauteur.

PROBLÈMES ÉCRITS. — **1902.** Trouver la surface de triangles ayant :
1° 1^m,35 de base et 0^m,86 de hauteur;
2° 83 m. de base et 69^m,20 de hauteur (Haute-Garonne);
3° 158^m,80 de base et 108^m,60 de hauteur;
4° 0^m,885 de base et 0^m,656 de hauteur.

1903. Que vaut, à raison de 0 fr. 85 le mètre carré, une parcelle triangulaire de terrain ayant 12^m,80 de base et 11^m,60 de hauteur?

1904. D'un terrain ayant une surface de 65^a,28, on emploie pour bâtir une partie rectangulaire, et il reste une parcelle triangulaire de 9^m,50 de base et de 8^m,80 de hauteur. Quelle est la surface de la partie rectangulaire?

1905. Un champ a une surface de 1^{ha},58. On en vend une partie à raison de 5.600 fr. l'hectare et il reste une parcelle triangulaire de 18^m,20 de base et de 16^m,80 de hauteur. Quelle est la valeur de la partie vendue?

1906. Un champ a une surface de 1^{ha},250. On en vend une première partie à raison de 6.800 fr. l'hectare et une deuxième partie à raison de 0 fr. 45 le mètre carré. Cette deuxième partie est un triangle de 28^m,40 de base et de 22^m,60 de hauteur. Quel est le prix total de vente du champ?

1907. Un champ a la forme d'un quadrilatère; la diagonale qui le partage en deux triangles a 108^m,70; la hauteur de l'un des triangles est de 91ᵐ,50, et celle de l'autre 68ᵐ,40. Quelle est sa surface ?

1908. Un champ a la forme d'un quadrilatère ; la diagonale qui le partage en deux triangles a 92ᵐ,50 ; la hauteur de l'un des triangles est de 78ᵐ,60, et celle de l'autre 59ᵐ,50. Quelle est la valeur de ce champ à 3.800 fr. l'hectare ?

224ᵉ LEÇON
Calcul de l'une des dimensions d'un triangle

On trouve **l'une des dimensions** d'un triangle en divisant la surface par la moitié de l'autre dimension.

PROBLÈMES ORAUX. — **1909.** Trouver :
1° La hauteur d'un triangle qui a **42 m²** de surface et **12 m.** de base ;
2° La hauteur d'un triangle qui a **122 m²** de surface et **20 m.** de base ;
3° La base d'un triangle qui a **32 cm²** de surface et **8 cm.** de hauteur.

PROBLÈMES ÉCRITS. — **1910.** Trouver :
1° La hauteur d'un triangle qui a 10ᵐ²,64 de surface et 5ᵐ,60 de base ;
2° La base d'un triangle qui a 6ᵐ²,96 de surface et 4ᵐ,80 de hauteur ;
3° La base d'un terrain triangulaire qui a 9ᵃ,796 de surface et une hauteur de 49ᵐ,60.

1911. Trouver la base d'un terrain triangulaire :
1° Dont la hauteur est de 70 m. et qui a été acheté 2.576 fr. à raison de 1 fr. 60 le mètre carré ;
2° Dont la hauteur est de 75 m. et qui a été acheté 1.920 fr. à raison de 32 fr. l'are.

1912. On échange un terrain rectangulaire de 15 m. de long et de 12 m. de large contre un terrain triangulaire de même surface ayant 20 m. de base. Quelle est la hauteur de ce triangle ?

1913. Tracez en grandeur réelle un rectangle de 5 cm. de long et de 4^{cm},6 de large et un triangle de même surface ayant 8 cm. de base. Quelle hauteur donnerez-vous à ce triangle ?

222º LEÇON

RAPPORTS ENTRE LE TRIANGLE ET LE RECTANGLE

1914. Pierre a un pré triangulaire de 80 m. de base et de 60 m. de hauteur, valant 80 fr. l'are. Jean a un jardin rectangulaire de 60 m. de long et de 40 m. de large, valant 1 fr. 20 le mètre carré. Ils font un échange. Établir leur compte.

1915. On échange un terrain triangulaire de 156 m. de base et de 75 m. de hauteur contre un autre terrain rectangulaire de même surface et ayant 50 m. de largeur. Quelle est la longueur de ce rectangle ?

1916. Tracez en grandeur réelle un triangle isocèle ayant 0^m,04 de base et 0^m,06 de hauteur, et un rectangle de même surface ayant 0^m,08 de base. Quelle hauteur donnerez-vous à ce rectangle ? (Nord.)

1917. Un terrain de forme triangulaire ayant 188 m. de base et 90^m,50 de hauteur est vendu à raison de 42 fr. 75 l'are. Avec le prix, on achète à raison de 70 fr. l'are un jardin rectangulaire de 52^m,50 de longueur. Quelle est la largeur du jardin ? (Calvados.).

1918. Un terrain rectangulaire a 175^m,50 de périmètre et 75 m. de longueur ; on l'offre à 4.800 fr. l'hectare. Un autre champ de forme triangulaire a 70 m. de base et 31 m. de hauteur ; on l'offre à 460 fr. l'are. Quel est le meilleur marché des 2 champs ? (Haute-Marne.)

CHAPITRE XXXI

223ᵉ LEÇON

Le losange

Le **losange** est un quadrilatère dont les quatre côtés sont égaux et parallèles, mais dont les angles ne sont pas droits.

Les **diagonales** du losange se coupent à angle droit.

On trouve la **surface** d'un losange en faisant le produit des diagonales et en prenant la moitié du produit;

Ou en multipliant une des diagonales par la moitié de l'autre.

$$S = \frac{D \times d}{2} = D \times \frac{d}{2} = d \times \frac{D}{2}.$$

Exercices oraux. — **1938.** Trouver la surface de losanges dont les diagonales ont : 1° 9ᵐ et 8ᵐ; 2° 25ᵐ et 8ᵐ; 3° 48ᵐ et 25ᵐ; 4° 60ᵐ et 40ᵐ; 5° 15ᶜᵐ et 6ᶜᵐ.

Problèmes écrits. — **1939.** Trouver la surface de losanges dont les diagonales ont : 1° 0ᵐ,85 et 0ᵐ,50; 2° 0ᵐ,78 et 0ᵐ,45; 3° 14ᵐ,50 et 11ᵐ,60; 4° 0ᵐ,35 et 0ᵐ,28.

1940. Les vitraux d'un bâtiment se composent de 3.050 losanges dont la grande diagonale a 0ᵐ,18 et l'autre 0ᵐ,12. Quelle est la surface totale de ces vitraux ?

1941. Les 8 vitraux d'un bâtiment se composent de 1.536 losanges dont les diagonales ont 0ᵐ,15 et 0ᵐ,12. Quelle est la surface totale d'un vitrail ?

1942. Pour faire un tapis de 1ᵐ,50 de long et de 1ᵐ,20 de large, on coud ensemble des morceaux d'étoffe ayant la

1920. Combien paiera-t-on pour cimenter une cour ayant la forme d'un trapèze dont les bases ont 18ᵐ,75 et 15ᵐ,10 ; la hauteur est de 12ᵐ,50 ? Le travail est payé à raison de 4 fr. 25 le mètre carré. (Charente-Inférieure.)

1921. Un champ en forme de trapèze dont la grande base mesure 120 m., la petite 50 m. et la hauteur 40 m., a été estimé 45 fr. l'are. Dites-en le prix. (Nord.)

1922. Un terrain ayant la forme d'un trapèze présente les dimensions suivantes : grande base, 150 m.; petite base, 98 m.; distance perpendiculaire entre les bases, 75 m. Dites. le prix de ce terrain à raison de 3.800 fr. l'hectare. (Savoie.)

1923. Un champ a la forme d'un trapèze dont les bases mesurent 224 m. et 230 m. et la hauteur 52 m. On l'achète, tous frais compris, 5.920 fr. A combien revient l'are ? (Nord.)

1924. 5 ouvriers ont biné un champ de betteraves à raison de 45 fr. l'hectare. Quelle somme revient-il à chacun si ce champ a la forme d'un trapèze dont la grande base mesure 325ᵐ,75, la petite base 283ᵐ,25 et la hauteur 134 m. ? (Nord.)

224ᵉ LEÇON

PROBLÈMES DIVERS SUR LA SURFACE DU TRAPÈZE

1925. Un champ a la forme d'un trapèze dont la grande base a 124 m., la petite base 76 m. et la hauteur 92 m. Il a produit 32 l. de blé par are. Quelle est la valeur de la récolte à 16 fr. 50 l'hectolitre? (Corrèze.)

1926. Pour ensemencer 35ᵃ,46 de terrain, il faut 92 l. de blé. Quelle quantité faudra-t-il pour ensemencer un champ ayant la forme d'un trapèze dont les dimensions sont : grande base, 129 m.; petite base, 95 m.; hauteur, 78 m. ?

1927. Une cour a la forme d'un trapèze dont la grande base mesure 22 m., la petite 19 m. et la hauteur 15 m. On y répand 6 m³ de sable. Quelle sera l'épaisseur de la couche de sable? (Seine-Inférieure.)

1928. Un champ de la forme d'un trapèze a les dimensions suivantes : petite base, 120 m.; grande base, 170 m.; hauteur, 75 m. On demande combien coûtera le nitrate de soude nécessaire à la fumure du blé, sachant qu'il faut 150 kg. de nitrate à l'hectare et que cet engrais coûte 24 fr. 50 les 100 kg. (Basses-Pyrénées.)

1929. Un champ a la forme d'un trapèze ayant 186 m. de haut et dont les bases ont respectivement 384 m. et 128 m. On l'ensemence en blé et, à la moisson, on a récolté 12 gerbes par are. Chaque gerbe pèse en moyenne 8 kg. 1/2 et contient en grain 2/3 de son poids. Quelle a été en quintaux la récolte de ce champ, grain et paille séparés ?

225° LEÇON

CALCUL DE L'UNE DES DIMENSIONS D'UN TRAPÈZE

RÈGLE. — On trouve la hauteur d'un trapèze en divisant la surface par la demi-somme des bases.

On trouve la demi-somme des bases en divisant la surface par la hauteur.

EXERCICES ORAUX. — **1930.** Quelle est la hauteur du trapèze :
1° Dont la surface est de 24 m² et la demi-somme des bases de 6 m. ;
2° Dont la surface est de 35 m² ? La grande base a 9 m., et la petite, 5 m. ;
3° Dont la surface est de 64 m² ? La grande base a 10 m., et la petite, 6 m.

1931. Chercher l'une des bases dans les trapèzes ayant :
1° Surface : 72 m² ; grande base, 11 m. ; hauteur, 8 m. ;
2° Surface : 120 m² ; hauteur, 12 m. ; petite base, 8 m. ;
3° Surface : 60 m² ; hauteur, 4 m. ; grande base, 18 m.

PROBLÈMES ÉCRITS. — **1932.** Quelle est la hauteur de trapèzes :
1° Dont la surface est de 1.845 m² et la demi-somme des bases 41 m. ?
2° Dont la surface est de 360 m² ? Les bases ont 25 m. et 15 m. (Gard.)
3° Dont la surface est de 9ª,86 ? Les bases ont 32 m. et 26 m.

1933. Chercher l'une des bases dans les trapèzes ayant :
1° Surface : 1.963 m² 5 ; hauteur : 38ᵐ,50 ; grande base 68 m. ;

2° Surface : 2.122 m² 8 ; hauteur : 36m,60 ; petite base : 47m,50 ;

3° Surface : 1ha,5138 ; hauteur : 116 m. ; grande base : 158m,60.

1934. Un terrain a la forme d'un trapèze et, à raison de 60 francs l'are, il est estimé 9.702 fr. Sachant que les deux bases ont 125 m. et 105 m., déterminer la hauteur du trapèze. (Lozère.)

1935. Un champ dont la forme est celle d'un trapèze a 37a,125 de superficie. Trouver la longueur de la petite base de ce trapèze, sachant que celle de la grande base est de 105 m. et que la hauteur est de 45 m. (Eure-et-Loir.)

1936. Un trapèze, dont l'un des côtés parallèles est double de l'autre et la hauteur de 24m,50, a une superficie de 962 m² 85. On demande de calculer la longueur de chacun des côtés parallèles. (Seine-et-Oise.)

1937. La grande base d'un trapèze est égale au triple de la petite. La hauteur est de 56 m. Sachant que la surface du trapèze est égale à celle du carré construit sur la hauteur, on demande l'une et l'autre base. (Seine.)

CHAPITRE XXX

LE TRAPÈZE

Le trapèze est un quadrilatère dont deux côtés seulement sont parallèles.

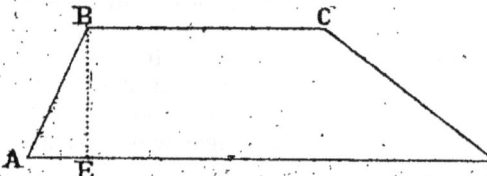

Les deux côtés parallèles sont les bases du trapèze ; le plus grand s'appelle la grande base ; le plus petit, la petite base.

La hauteur est la perpendiculaire abaissée d'une base sur l'autre.

223ᵉ LEÇON

Surface du trapèze

RÈGLE. — On obtient la surface du trapèze en multipliant la demi-somme des bases par la hauteur.

$$S = \frac{B + b}{2} \times H.$$

PROBLÈMES ÉCRITS. — **1919.** Cherchez la surface des trapèzes dont les dimensions sont :
Grande base : 1ᵐ,20 ; petite base : 0ᵐ,60 ; hauteur : 1ᵐ,10 ;
Grande base : 118 m. ; petite base : 56 m. ; hauteur : 65 m. ;
Grande base : 128ᵐ,50 ; petite base : 76ᵐ,80 ; hauteur : 72ᵐ,40 ;
Grande base : 65 cm. ; petite base : 43 cm. ; hauteur : 54 cm.

forme de losanges dont les diagonales ont $0^m,10$ et $0^m,06$. Combien faudra-t-il de morceaux d'étoffe ?

1943. Pour faire un tapis, on a cousu ensemble 56 losanges en étoffe, dont les diagonales ont $0^m,16$ et $0^m,12$, et 34 triangles en étoffe ayant $0^m,16$ de base et $0^m,06$ de hauteur. Quelle est la surface du tapis ?

1944. Pour vitrer une fenêtre de $2^m,50$ de haut, on a employé 378 losanges de verre dont les diagonales ont $0^m,12$ et $0^m,09$. Quelle est la largeur de cette fenêtre ?

CHAPITRE XXXII

LA CIRCONFÉRENCE ET LE CERCLE

Une **circonférence** est une ligne courbe fermée dont tous les points sont à égale distance d'un point intérieur appelé **centre**.

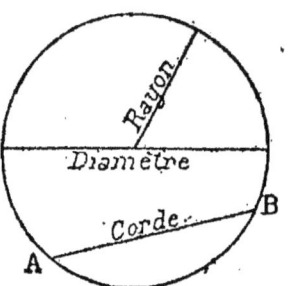

Un **rayon** est une ligne droite qui va du centre à un point quelconque de la circonférence.

Un **diamètre** est une ligne droite qui joint deux points de la circonférence en passant par le centre.

Un diamètre est le double du rayon.

Un **arc** est une portion de la circonférence.

Une **corde** est une ligne droite qui joint deux points de la circonférence sans passer par le centre.

Une circonférence se divise en 360 parties ou **degrés**.

227ᵉ LEÇON

Longueur de la circonférence

RÈGLE. — On obtient la **longueur de la circonférence** en multipliant le diamètre par **3,1416**.

On représente souvent ce nombre (3,1416) par la lettre grecque π, que l'on énonce **pi**.

$$C = D \times \pi.$$

1945. Trouver la longueur de circonférences dont le diamètre est de 8 m.; — 7ᵐ,50; — 0ᵐ,65; — 45 cm.; — 4ᵐ,75;

Trouver la longueur de circonférences dont le rayon est de 3 m.; — 2ᵐ,60; — 0ᵐ,85; — 4ᵐ,20; — 48 cm.

1946. La grande roue d'une voiture qui a 1ᵐ,50 de diamètre a fait 1.250 tours pour aller d'une localité à une autre. Quelle est la distance entre ces deux localités ?

1947. La grande roue d'une voiture fait 50 tours à la minute. La vitesse demeurant la même, combien cette voiture parcourt-elle de kilomètres en 3 heures 45 minutes, sachant que le rayon de la roue est de 0ᵐ,65 ? (Orne).

1948. Les grandes roues d'une voiture ont 1ᵐ,65 de diamètre et les petites 1ᵐ,05. Combien les petites roues font-elles de tours pendant que les grandes en font 2.560 ?

1949. Les grandes roues d'une voiture ont 0ᵐ,82 de rayon et les petites 0ᵐ,58. Combien les petites roues feront-elles de tours de plus que les grandes pour parcourir une distance de 28 km. ?

1950. La distance de Nevers à Clamecy est de 73 km. Un vélocipédiste a fait ce trajet en 6 heures 45 minutes. La grande roue ayant 0ᵐ,70 de rayon, on demande combien elle fait de tours par minute. (Nièvre).

228ᵉ LEÇON

Calcul du diamètre d'une circonférence

RÈGLE. — Pour trouver la **longueur** du diamètre, on divise la longueur de la circonférence par 3,1416 (π).

$$D = \frac{C}{\pi}.$$

1951. Trouver le diamètre de circonférences ayant : 5ᵐ,40; — 0ᵐ,65; — 12ᵐ,85; — 140 m.; — 28 m.

Trouver le rayon de circonférences ayant : 0ᵐ,45; — 3ᵐ,69; — 15ᵐ,28; — 25 m.; — 87 m.

1952. Autour d'un bassin circulaire, on a posé une grille qui, à 15 fr. le mètre, revient à 223 fr. 85. Quel est le diamètre de ce bassin ?

1953. Trois circonférences ont : la 1re, 10m,27 de longueur ; la 2e, 11m,09 ; la 3e, 11m,01. Quel serait le rayon d'une circonférence dont la longueur égalerait la somme de ces trois circonférences ? (Seine.)

1954. La longueur du méridien terrestre est de 40.000 km. Déterminer le rayon de la Terre.

1955. Pour parcourir la distance entre deux villes éloignées de 46km,7313, la grande roue d'une voiture a fait 8.500 tours. Déterminer le diamètre de cette roue.

229ᵉ LEÇON

Surface du cercle

Le cercle est la surface limitée par la circonférence. On trouve la surface du cercle en multipliant la longueur de la circonférence par la moitié du rayon :

$$S = C \times \frac{R}{2};$$

ou en multipliant le carré du rayon par π (3,1416) :

$$S = R^2 \pi.$$

1956. Chercher la surface de cercles ayant :

1° Un rayon de : 0m,40 ; — 1m,30 ; — 4m,80 ; — 12m,75 ; — 78 cm. ;

2° Un diamètre de : 0m,86 ; — 2m,70 ; — 12m,90 ; — 24m,48 ; — 88 cm. ;

3° Une circonférence de : 15m,708 ; — 23m,562 ; — 5m,20 ; — 0m,76 ; — 1m,60.

1957. Le rayon du Soleil est de 686.000 km. Déterminer la surface d'un grand cercle de cet astre. (Seine-et-Marne.)

1958. Combien coûtera un tapis de toile cirée destiné à couvrir une table ronde de 2m,60 de diamètre à 2 fr. 50 le mètre carré ? (Belfort.)

ARITHMÉTIQUE PRATIQUE 267

1959. Un bassin circulaire a une circonférence de 78ᵐ,54. Le fond a été cimenté à raison de 4 fr. 50 le mètre carré. Quelle est la dépense ?

1960. Au milieu d'un terrain carré de 25 m. de côté, on trace un cercle de 20 m. de diamètre. Calculer la surface de la portion du terrain qui reste en dehors du cercle.

1961. Un propriétaire a une prairie rectangulaire ayant 172ᵐ,75 de longueur, 80ᵐ,25 de large, au centre de laquelle se trouve un abreuvoir circulaire ayant 5ᵐ,25 de rayon. Quelle est, en hectares, ares et centiares, l'étendue du terrain réservé réellement à la prairie ? (Aisne.)

230ᵉ LEÇON

De la couronne

On appelle **circonférences concentriques** des circonférences qui ont le même centre.

On appelle **couronne** la surface comprise entre deux circonférences concentriques.

RÈGLE. — La surface d'une couronne est égale à la surface du grand cercle diminuée de celle du petit cercle.

PROBLÈMES ÉCRITS. — **1962.** Chercher la surface des couronnes dont :

1° Le rayon du grand cercle est 0ᵐ,75, et celui du petit, 0ᵐ,60 ;

2° Le rayon du grand cercle est 1ᵐ,85, et celui du petit, 0ᵐ,50 ;

3° Le diamètre du grand cercle est 2ᵐ,30, et celui du petit, 1ᵐ,95 ;

4° Le diamètre du grand cercle est 0ᵐ,78, et celui du petit, 0ᵐ,67.

1963. Un bassin circulaire de 12 m. de diamètre est entouré d'une allée circulaire de 4^m,50 de large. Cette couronne est couverte d'un carrelage qui coûte 8 fr. le mètre carré. Quel est le prix total de ce carrelage ? (Nord.)

1964. Autour d'une pelouse circulaire de 8^m,90 de rayon, on a établi une allée circulaire de 1^m,75 de large. On a mis sur cette allée une couche de gravier de 0^m,85 d'épaisseur. Combien coûtera ce gravier à 7 fr. 80 le mètre cube ?

CHAPITRE XXXIII

LE CUBE

Le **cube** est un volume dont les six faces sont des carrés égaux et parallèles.
Un **dé à jouer** est un cube.

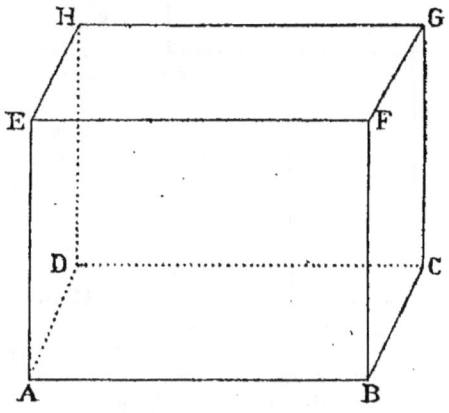

231ᵉ LEÇON
Surface du cube

Pour trouver la **surface** totale d'un cube, on multiplie par 6 la surface d'une face.

EXERCICES ORAUX. — **1964** bis. Quelle est la surface totale de cubes ayant : 1° 1 cm. d'arête; 1 dm.; 1 m.; 2° 2 cm.; 2 dm.; 2 m.; 3° 3 cm.; 5 dm.; 7 m.

PROBLÈMES ÉCRITS. — **1965.** Quelle est la surface totale de cubes ayant : 1° 4^m,20 d'arête (Somme)? 2° 0^m,50 d'arête (Meuse)? 3° 1^m,10 d'arête?

1966. Un bloc de forme cubique a 1ᵐ,20 d'arête. Le polissage de toutes ses faces coûtant 2 fr. 25 par mètre carré, combien doit-on? (Seine-Inférieure.)

1967. Un bloc de pierre cubique a 1ᵐ,35 d'arête. On a pour le tailler 0 fr. 025 par décimètre carré. Combien a coûté la taille de ce bloc? (Seine-et-Oise.)

1968. On veut recouvrir les 6 faces d'un cube de 0ᵐ,85 de côté avec de l'étoffe ayant 0ᵐ,65 de largeur et coûtant 1 fr. 20 le mètre courant. Quelle sera la dépense? (Ardennes.)

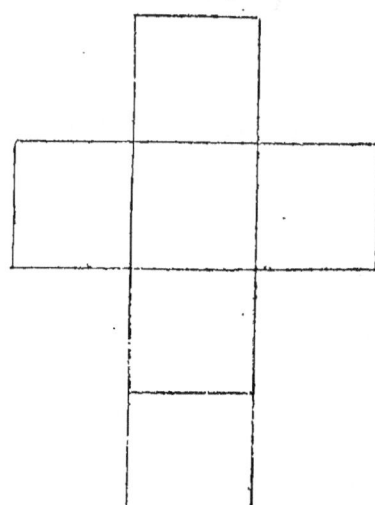

Développement de la surface du cube.

1969. Un menuisier qui a confectionné une caisse cubique ayant 1ᵐ,80 en tous sens, au prix de 5 fr. le mètre carré, couvercle compris, n'a reçu que 88 fr. 50 à cause de la malfaçon. Combien lui retient-on pour 100 sur le prix convenu? (Haute-Marne.)

232ᵉ LEÇON

Volume du cube

RÈGLE. — On trouve le **volume** du cube en faisant le produit de son côté ou arête prise 3 fois comme facteur.

$$V = C \times C \times C.$$

ARITHMÉTIQUE PRATIQUE   271

Exercices oraux. — 1970. Chercher le volume de cubes ayant :
1° 1 cm. d'arête ; 1 dm. ; 1 m. ;
2° 3 cm. ; 5 dm. ; 4 m. ;
3° 4 dm. ; 20 cm. ; 0^m,30.

Problèmes écrits. — 1971. Quel est le volume de cubes ayant : 1° 0^m,85 d'arête ? 2° 2^m,30 d'arête (résultat en hectolitres) ? 3° 0^m,72 d'arête (résultat en litres) ?

1972. Une pierre cubique a 1^m,80 de côté. Dites sa valeur à raison de 8 fr. 20 le mètre cube. (Pas-de-Calais.)

1973. On a creusé une citerne cubique de 2^m,80 de côté. L'ouvrier qui a fait le travail a reçu 10 fr. 157. A combien revient le mètre cube de terrassement ? (Charente.)

1974. Un coffre à avoine de forme cubique a intérieurement 1^m,55 de côté. Combien coûterait l'avoine qu'il peut contenir à 9 fr. 20 l'hectolitre ? (Nord.)

1975. Un réservoir cubique de 3^m,60 d'arête est plein d'huile aux 3/4 de sa hauteur. Quel est le poids de cette huile, dont la densité est 0,915 ? (Aisne.)

1976. Un pilier a été construit en superposant 6 pierres cubiques de 1^m,25 d'arête. Calculer la hauteur et le volume de ce pilier ainsi que le poids total, sachant que le décimètre cube de pierre pèse 2^{kg}7^{dag}. (Nord.)

233e LEÇON

SURFACE ET VOLUME DU CUBE

1977. Un bloc de pierre cubique a 1^m,30 de côté. Calculer : 1° son volume ; 2° sa surface totale. (Nièvre.)

1978. On confectionne avec des planches une caisse cubique qui, intérieurement, a 0^m,95 de côté. Quel est son volume ? A combien reviendra la peinture intérieure de cette caisse à raison de 0 fr. 90 le mètre carré ? (Pas-de-Calais.)

1979. A combien revient un bloc de pierre de forme cubique de 0^m,87 de côté, si la pierre vaut 16 fr. 40 le mètre cube et la taille 1 fr. 20 le mètre carré ? (Somme.)

1980. A combien revient un bloc de forme cubique de

$0^m,92$ de côté, si la pierre coûte 18 fr. 20 le mètre cube et la taille 0 fr. 035 le décimètre carré ? (Oise.)

1981. Une boîte cubique de $0^m,40$ de côté est remplie de haricots. Combien de litres renferme-t-elle ? On demande en outre quel est le prix du carton nécessaire pour la confectionner, sachant qu'elle n'a pas de couvercle et que le carton coûte 1 fr. 25 le mètre carré. (Basses-Pyrénées.)

1982. Pour construire un mur, on a acheté 520 pierres cubiques ayant $0^m,20$ de côté. Quel est le volume total de ces pierres et combien coûtera leur taille à raison de 1 fr. 40 le mètre carré ? (Cantal.)

234ᵉ LEÇON

LE CUBE : PROBLÈMES DIVERS

1983. On a payé 9 fr. 60 pour la taille d'une pierre cubique à 1 fr. 60 par mètre carré. Quelle est la surface d'un côté de cette pierre ? (Saône-et-Loire.)

1984. Quel est le poids de 36 pierres cubiques ayant $0^m,24$ d'arête, si la densité de la pierre est 2,3 ? (Côte-d'Or.)

1985. A combien revient un bloc de pierre cubique de $0^m,85$ de côté, si la pierre vaut 16 fr. 50 le mètre cube et la taille 1 fr. 25 le mètre carré ? (Alger.)

1986. On veut faire des balles de plomb pesant 29 gr. l'une avec une masse de plomb de forme cubique ayant $0^m,317$ de côté. Combien en fera-t-on si la densité du plomb est 11,33 ? (Vosges.)

1987. On verse $4^{hl}5^l$ d'eau pure dans un vase de forme cubique ayant intérieurement $1^m,1$ de côté. On demande : 1° à quelle hauteur l'eau s'élève dans le vase; 2° quel sera le poids de la quantité d'eau nécessaire pour achever de le remplir. (Haute-Marne.)

1988. On a une masse de plomb de forme cubique ayant $0^m,43$ de côté. On la transforme en une feuille ayant $1^{mm},5$ d'épaisseur. Quelle sera la surface de cette feuille ? (Paris.)

CHAPITRE XXXIV

LE CYLINDRE

Un **cylindre** est un volume qui a pour bases deux cercles égaux et parallèles.

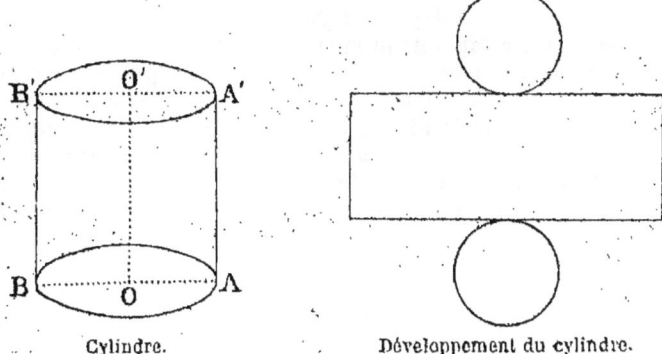

Cylindre.   Développement du cylindre.

235ᵉ LEÇON

Surface du cylindre

La **surface latérale** du cylindre s'obtient en multipliant la circonférence de la base par la hauteur du cylindre.

$$S = C \times H \quad \text{ou} \quad S = 2\pi R \times H.$$

On trouve la **surface totale** en ajoutant la surface des deux cercles de base à la surface latérale.

1989. Quelle est la surface latérale de cylindres ayant :
1° $1^m,32$ de circonférence de base et $1^m,98$ de hauteur ?
2° $1^{dm}\,1/2$ de circonférence de base et $0^m,75$ de hauteur ?

3° $0^m,18$ de diamètre de base et $3^m,25$ de hauteur?
4° $0^m,12$ de rayon de base et $2^m,95$ de hauteur?

1990. Quelle est la surface totale de cylindres ayant :
1° $0^m,28$ de diamètre de base et $2^m,90$ de hauteur?
2° $0^m,16$ de rayon de base et $1^m,70$ de hauteur?

1991. Un peintre met, à raison de 0 fr. 85 le mètre carré, une couche de peinture sur 48 colonnes cylindriques de $4^m,10$ de hauteur et de $0^m,35$ de contour. Combien lui est-il dû?

1992. On a fait vernir la surface d'une colonne de $7^m,50$ de hauteur et $0^m,90$ de diamètre, à raison de 1 fr. 10 le mètre carré. Quelle est la dépense? (Nord.)

1993. On a fait vernir la surface intérieure d'un bassin cylindrique, en même temps que le fond, au prix de 0 fr. 50 le mètre carré. Calculer la dépense, si le diamètre du bassin a $1^m,84$ et si la profondeur est égale à la moitié du diamètre.

1994. On fait peindre, à raison de 0 fr. 75 le mètre carré, la surface latérale et les deux fonds de 350 boîtes cylindriques ayant $0^m,14$ de diamètre et $0^m,12$ de hauteur. Quelle est la dépense?

236° LEÇON

Volume du cylindre

RÈGLE. — On trouve le **volume** du cylindre en multipliant la surface d'une de ses bases par sa hauteur.

$$V = B \times H$$
$$V = R^2\pi \times H.$$

Problèmes écrits. — **1995.** Chercher le volume des cylindres dont :
1° La surface de base est de $0^{m2},65$ et la hauteur de $0^m,92$;
2° La surface de base est de $1^{m2},48$ et la hauteur de $2^m,59$;
3° Le rayon de base est de $0^m,168$ et la hauteur de $0^m,78$;
4° Le diamètre de base est de $1^m,30$ et la hauteur de $2^m,75$.

1996. On fait creuser un puits de 12 m. de profondeur et de $1^m,50$ de diamètre. Quelle somme doit-on à l'ouvrier à raison de 4 fr. 25 le mètre cube? (Seine.)

ARITHMÉTIQUE PRATIQUE 275

1997. Un bassin circulaire de 5^m,20 de rayon et de 1^m,65 de profondeur est rempli aux 2/3 d'eau. Quel est, en hectolitres, le volume de cette eau? (Basses-Pyrénées.)

1998. A raison de 0 fr. 35 le litre, quel est le prix des haricots contenus dans un vase cylindrique ayant 30 cm. de diamètre et 70 cm. de profondeur? (Pas-de-Calais.)

1999. Un vase cylindrique a pour diamètre à la base 0^m,24 et une hauteur de 0^m,45. Quelle quantité d'huile pourra-t-il contenir? A raison de 115 fr. le quintal, quel sera le prix de cette huile, dont la densité est de 0,92?

2000. Quels seront le volume et le poids d'une colonne de fonte de 0^m,60 de circonférence et de 4 m. de haut, la densité de la fonte étant de 7^m,10? (Seine-et-Oise.)

237e LEÇON
Calcul de la hauteur du cylindre

RÈGLE. — On trouve la hauteur d'un cylindre en divisant son volume par la surface de sa base.

PROBLÈMES ÉCRITS. — **2001.** Trouver la hauteur de cylindres dont :

1° Le volume est de 7^{m3},010 et la surface de la base de 9^{m2},45 ;

2° Le volume est de 4^{m3},060 et la surface de la base de 5^{m2},5 ;

3° La capacité est de 18^{hl},35 et la surface de la base de 2^{m2},65 ;

4° La capacité est de 70^l,20 et la surface de la base de 6 dm^2.

2002. Trouver la hauteur de cylindres dont :

1° Le volume est de 6^{m3},865 et le rayon de la base de 1^m,20 ;

2° Le volume est de 232^{m3},48315 et le rayon de la base de 0^m,4 (Meuse) ;

3° La capacité est de 62^l,75 et le diamètre de la base de 4 dm. (Belfort).

2003. Dans un bassin circulaire de 4 m. de diamètre sont ouverts 2 robinets dont l'un fournit 30 l. et l'autre

36 l. d'eau par minute. On les laisse fonctionner ensemble pendant 2 heures. A quelle hauteur l'eau s'élèvera-t-elle alors dans ce bassin? (Paris.)

2004. Un rouleau de chêne a $0^m,035$ de rayon et pèse $39^{kg},750$. Quelle en est la longueur? La densité du bois est 1,15. (Aisne).

2005. Un bassin cylindrique de $1^m,60$ de rayon renferme pour 11.963 fr. 20 d'huile, estimée 85 fr. l'hectolitre. A quelle hauteur l'huile s'élève-t-elle dans ce bassin?

238ᵉ LEÇON [1]

Volume de la pyramide

Une **pyramide** est un volume dont la base est un polygone quelconque et dont les faces latérales sont des triangles ayant tous le même sommet.

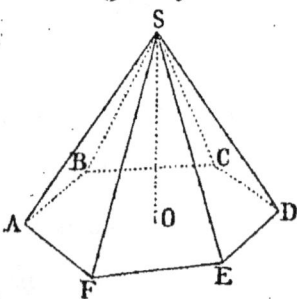

La **hauteur** d'une pyramide est la perpendiculaire abaissée du sommet sur la base.

Le **volume** de la pyramide s'obtient en multipliant la surface de sa base par le tiers de sa hauteur.

$$V = B \times \frac{H}{3}.$$

PROBLÈMES ÉCRITS. — **2006.** Trouver le volume de pyramides dont :

1° La base a $0^{m2},357$ de surface et dont la hauteur a $0^m,45$;
2° La base a $1^{m2},10$ de surface et dont la hauteur a $1^m,65$.

2007. Trouver le volume de pyramides dont :

1° La base est un carré de $0^m,58$ de côté et dont la hauteur a $0^m,84$;

---

1. Cette leçon et les suivantes ne conviennent guère qu'à un cours supérieur.

2° La base est un carré de 1^m,30 de côté et dont la hauteur a 1^m,74.

2008. Trouver le volume de pyramides dont :
1° La base est un rectangle de 0^m,76 de longueur et de 0^m,48 de largeur et dont la hauteur a 1^m,05 ;
2° La base est un rectangle de 1^m,20 de longueur et 0^m,90 de largeur et dont la hauteur a 2^m,04.

2009. Une tombe est surmontée d'une pierre ayant la forme d'une pyramide dont la base est un carré de 1^m,20 de côté et dont la hauteur est de 1^m,80. Que coûte cette pierre à 55 fr. le mètre cube ?

2010. Une pierre a la forme d'une pyramide dont la base est un rectangle de 0^m,96 de longueur et de 0^m,66 de largeur, et dont la hauteur a 1^m,35. Quel est le poids de cette pierre, dont la densité est 2,70 ?

CHAPITRE XXXV
LE CÔNE

Le **cône** est le volume produit par un triangle rectangle tournant sur l'un des côtés de l'angle droit.

Un pain de sucre est un volume en forme de cône.

La **hauteur** d'un cône est la perpendiculaire abaissée du sommet sur la base ;

L'**apothème** est la droite menée du sommet à la circonférence de base.

239° LEÇON
Surface du cône

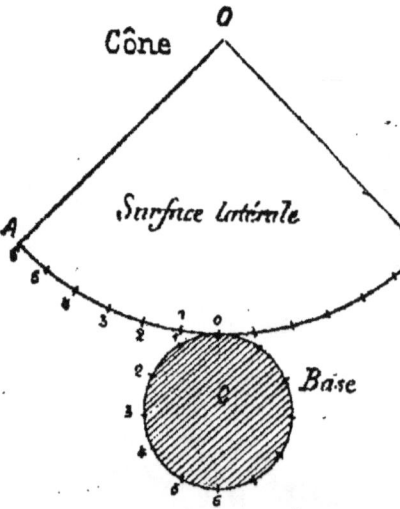

La **surface latérale** du cône s'obtient en multipliant la circonférence de la base par la moitié de l'apothème.

$$S = C \times \frac{A}{2}$$

$$S = \pi D \times \frac{A}{2}$$

Pour avoir la **surface totale**, on ajoute la surface de la base à la surface latérale.

PROBLÈMES ÉCRITS. — **2011.** Quelle est la surface latérale de cônes :

1° Dont la circonférence de la base a $1^m,57$ et l'apothème $0^m,86$?

2° Dont la circonférence de la base a $0^m,95$ et l'apothème $0^m,55$?

2012. Quelle est la surface latérale de cônes :

1° Dont le diamètre de la base a $0^m,48$ et l'apothème $0^m,65$?

2° Dont le rayon de la base a $2^m,20$ et l'apothème $3^m,70$?

2013. Quelle est la surface totale de cônes :

1° Dont le diamètre de la base est de $2^m,50$ et l'apothème de 3 m. ?

2° Dont le rayon de la base est de $0^m,15$ et l'apothème de $0^m,54$?

240° LEÇON

Volume du cône

Le **volume** du cône s'obtient en multipliant la surface de sa base par le tiers de sa hauteur.

$$V = B \times \frac{H}{3}$$

$$V = R^2 \pi \times \frac{H}{3}.$$

PROBLÈMES. — **2014.** Quel est le volume de cônes :

1° Dont la base a $58^{dm2},25$ et la hauteur $0^m,66$?

2° Dont la base a $0^{dm2},615$ et la hauteur $0^m,78$?

2015. Quel est le volume de cônes :

1° Dont la base a $0^m,20$ de rayon et dont la hauteur est de $0^m,36$?

2° Dont la base a $2^m,50$ de rayon et dont la hauteur est de $3^m,80$?

3° Dont la base a $0^m,76$ de diamètre et dont la hauteur est les 3/4 du diamètre de la base ?

2016. Quel est le poids d'un cône de $0^m,52$ de rayon et de 2^m,7 de hauteur, si la matière qui le compose pèse 3 fois et demie plus que l'eau? (Seine.)

2017. Quel est le poids d'un pain de sucre de 0^m,60 de hauteur, si le diamètre, à la base, est de 0^m,15, et la densité du sucre 1,60? (Aube.)

CHAPITRE XXXVI

LA SPHÈRE

On appelle **sphère** un volume dont tous les points de la surface sont à égale distance d'un point intérieur appelé centre.

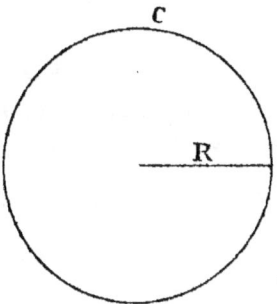

Le **rayon** d'une sphère est une ligne droite qui va du centre à un point quelconque de la surface de la sphère.

Tous les rayons d'une sphère sont égaux.

241ᵉ LEÇON

Surface de la sphère

La **surface** d'une sphère est égale :
1° Au produit de la circonférence par le diamètre.

$$S = C \times D$$
$$S = D \times D \times \pi = D^2 \pi ;$$

2° A la surface de 4 grands cercles.

$$S = 4R^2\pi.$$

Problèmes. — **2018.** Calculer la surface de sphères :
1° Dont la circonférence a 2ᵐ,67 et le diamètre 0ᵐ,85 ;
2° Dont la circonférence a 3ᵐ,929 et le diamètre 1ᵐ,25.
2019. Calculer la surface de sphères :
1° Dont le diamètre a 0ᵐ,70 ;
2° Dont le diamètre a 1ᵐ,80.

2020. Calculer la surface de sphères :
1° Dont le rayon a $0^m,30$;
2° Dont le rayon a $2^m,80$.

2021. Combien coûterait, à raison de 1 fr. 60 le mètre carré, la peinture de sphères :
1° Dont la circonférence a $2^m,35$ et le diamètre $0^m,75$;
2° Dont le diamètre a $0^m,56$;
3° Dont le rayon a $1^m,30$.

242ᵉ LEÇON
Volume de la sphère

Le **volume** de la sphère s'obtient en multipliant sa surface par le tiers de son rayon.

1° $V = S \times \dfrac{R}{3}$;

2° $V = C \times D \times \dfrac{R}{3} = D^2\pi \times \dfrac{R}{3}$;

3° $V = 4R^2\pi \times \dfrac{R}{3}$.

PROBLÈMES. — **2022.** Trouver le volume de sphères :
1° Dont la surface est de $1^{m2},13$ et le rayon de $0^m,30$;
2° Dont la surface est de $7^{m2},07$ et le rayon de $0^m,75$;

2023. Trouver le volume de sphères :
1° Dont la circonférence a $5^m,50$ et le diamètre $1^m,75$;
2° Dont la circonférence a $1^m,10$ et le diamètre $0^m,35$.

2024. Trouver le volume de sphères :
1° Dont le rayon a $0^m,45$;
2° Dont le rayon a $1^m,60$.

2025. Trouver le poids :
1° D'une sphère en plomb dont la densité est 11,35, sachant que la surface de la sphère est de $1^{m2},70$ et le rayon de $0^m,40$;
2° D'une sphère en marbre dont la densité est 2,70, sachant que la circonférence de la sphère est $2^m,04$, et le diamètre, $0^m,65$;
3° D'une sphère en fonte de $0^m,12$ de rayon, dont la densité est 7,8.

TABLE DES MATIÈRES

PREMIÈRE PARTIE

Leçons.	Pages.
1. Notions préliminaires	5
2. Numération des unités simples, des dizaines et des centaines	6
3. Les classes d'unités	7
4. Écriture et lecture des nombres	8
5. Les nombres décimaux	10
6. Numération romaine	12
7. Rendre un nombre 10, 100, 1.000,... fois plus grand	13
8. Rendre un nombre 10, 100, 1.000,... fois plus petit	15
9. L'addition	17
10. Problèmes sur l'addition	18
11. La soustraction	20
12. Problèmes sur la soustraction	21
13. L'addition et la soustraction combinées	22
14. La multiplication	25
15. Étude de la table de multiplication	26
16. Calcul mental. — Multiplication par 5, 50, 25	27
17. Multiplication par 15, 75, 125	28
18. Multiplication par 0,25 ; 0,50 ; 0,75 ; 0,125	29
19. Problèmes divers sur le calcul mental	29
20. Problèmes sur la multiplication	30
21. L'addition et la multiplication combinées	31
22. La soustraction et la multiplication combinées	32
23. L'addition, la soustraction et la multiplication combinées	33
24. La division	34
25. Division par 5, 50, 25, 125	35
26. Division par 0,5 ; 0,25 ; 0,75 ; 0,125	36
27. Problèmes sur la division	37
28. L'addition et la division combinées	38
29. La soustraction et la division combinées	39
30. La multiplication et la division combinées	40
31. Les quatre opérations combinées	41
32. Calcul du gain annuel	42
33. Calcul de l'économie annuelle	43
34. Calcul de la dépense par jour	44
35. Calcul du gain par jour	44

TABLE DES MATIÈRES

Leçons.	Pages.
36. Calcul du nombre de jours de travail	45
37. Calcul du prix de vente total	46
38. Calcul du prix de vente de l'unité	47
39. Calcul du bénéfice total	48
40. Calcul du bénéfice par unité	49
41. Calcul du prix d'achat total	50
42. Calcul du prix d'achat de l'unité	51
43. Achat et vente à la douzaine	52
44. — — (13ᵉ en sus)	53
45. Achat et vente à la douzaine et à la centaine	54
46. Problèmes sur les avaries	54
47. Problèmes sur les partages inégaux	56
48. Confection des chemises	57
49. Problèmes récapitulatifs sur les quatre opérations	59

DEUXIÈME PARTIE

Le système métrique

50. Notions préliminaires	61
51. **Les mesures de longueur**	62
52. Exercices sur les mesures de longueur	64
53. 1° Le mètre trop court; 2° la chaîne d'arpenteur trop longue	65
54. Calcul du temps	66
55. Chemin parcouru par les piétons	67
56. Distance parcourue par des trains	68
57. Vitesse des trains	69
58. Temps nécessaire pour parcourir une distance déterminée	69
59. Les trains	70
60. Problèmes divers sur les mesures de longueur	72
61. **Les mesures de surface**	73
62. Exercices sur les mesures de surface	74
63. Problèmes sur la peinture	76
64. Peinture des quatre murs d'une salle	76
65. Peinture des quatre murs et du plafond d'une salle	77
66. Pose du papier peint dans les appartements	78
67. Carrelage des appartements	79
68. Les allées des jardins	80
69. **Les mesures agraires**	83
70. Problèmes sur les mesures agraires	84
71. Les mesures de surface et les mesures agraires	85
72. Calcul du prix des terrains	86
73. Les parts inégales	87
74. Problèmes divers sur les mesures agraires	87
75. **Les mesures de volume**	89
76. Exercices sur les mesures de volume	90
77. Problèmes sur les volumes	90

TABLE DES MATIÈRES

Leçons.	Pages.
78. Empierrement des routes	92
79. La maçonnerie en briques	93
80. Hauteur d'une salle	95
81. Emploi des engrais	95
82. Les bois de chauffage	98
83. Le commerce du bois	99
84. Hauteur d'un tas de bois	101
85. Problèmes divers sur les bois de chauffage	102
86. Les mesures de capacité	103
87. Problèmes sur les capacités	104
88. Le vin mis en bouteilles	105
89. Bénéfice réalisé dans le commerce des liquides	106
90. Les avaries des marchandises	107
91. Problèmes divers	107
92. Les mesures de volume et de capacité	108
93. L'éclairage au gaz	109
94. Capacité d'un bassin	110
95. Prix de la marchandise contenue dans une caisse	111
96. Profondeur d'une citerne	112
97. Remplir ou vider un bassin	112
98. Les mesures de poids	114
99. Problèmes sur les mesures de poids	116
100. Prix de vente de l'unité	117
101. Bénéfice total	118
102. Vente du bois au poids	118
103. Prix d'un tas de blé	119
104. L'éclairage à l'huile	120
105. Poids d'un vase rempli d'eau	121
106. Contenance d'un vase rempli d'eau	122
107. Vases remplis en partie	123
108. Vases contenant un liquide quelconque	124
109. Problèmes sur le lait	124
110. Densité des corps	125
111. Poids de l'air d'une salle	127
112. Farine, son et pain	127
113. Lait, crème et beurre	129
114. Problèmes divers sur les mesures de poids	131
115. Les monnaies	133
116. Les monnaies de bronze	134
117. Les monnaies d'argent	135
118. Monnaies d'argent et de billon	136
119. Les monnaies d'or	137
120. Monnaies d'or et d'argent	138
121. Monnaies d'or, d'argent et de billon	139
122. Cuivre, étain et zinc contenus dans la monnaie de billon	140
123. Argent et cuivre contenus dans les pièces de 5 francs	140
124. Argent et cuivre contenus dans les pièces divisionnaires	141
125. Argent contenu dans les pièces de 5 francs et les pièces divisionnaires	142

TABLE DES MATIÈRES

Leçons.	Pages.
126. Or pur et cuivre contenus dans l'or monnayé..................	143
127. Métal précieux et cuivre contenus dans les monnaies d'or, d'argent et de billon..	144
128. Problèmes divers sur les monnaies............................	144
129. Problèmes récapitulatifs....................................	145

TROISIÈME PARTIE

Les fractions ordinaires

130. Écriture et lecture des fractions............................	148
131. Expressions et nombres fractionnaires.......................	149
132. Principes relatifs aux fractions.............................	151
133. Caractères de divisibilité...................................	152
134. Simplification des fractions................................	153
135. Réduction des fractions au même dénominateur...............	154
136. Comparaison des fractions..................................	155
137. Addition des fractions......................................	156
138. Soustraction des fractions..................................	158
139. Multiplication d'une fraction par un nombre entier............	161
140. Multiplication d'un nombre fractionnaire par un nombre entier.	162
141. Multiplication d'un nombre entier par une fraction............	163
142. Multiplication d'un nombre entier par un nombre fractionnaire.	164
143. Multiplication d'une fraction par une fraction................	166
144. Multiplication de nombres fractionnaires.....................	167
145. Prix de vente de l'unité....................................	167
146. Addition et multiplication des fractions.....................	168
147. Addition, soustraction et multiplication des fractions........	169
148. Division d'une fraction par un nombre entier.................	171
149. Division d'un nombre entier par une fraction.................	172
150. Mise du vin en bouteilles...................................	173
151. Division d'un nombre entier par un nombre fractionnaire......	173
152. Division de nombres fractionnaires..........................	174
153. Gain annuel des ouvriers...................................	175
154. Économie annuelle des ouvriers.............................	176
155. Fontaines qui remplissent ou vident un bassin................	177
156. Ouvriers travaillant au même travail........................	178
157. Trouver un nombre, connaissant une fraction de ce nombre...	179
158. Prendre une fraction du reste...............................	182
159. Application aux mesures agraires............................	183
160. Trouver un nombre, connaissant la valeur de la différence entre deux fractions de ce nombre...............................	184
161. Les achats et les ventes....................................	185
162. Budget des ouvriers..	186
163. Avaries des marchandises...................................	187
164. Les parts inégales..	188
165. Problèmes récapitulatifs....................................	188

TABLE DES MATIÈRES

QUATRIÈME PARTIE

La règle de trois et ses applications

Leçons.	Pages.
166. Règle de trois simple directe...................................	190
167. Règle de trois simple inverse..................................	191
168. Règle de trois composée directe................................	192
169. Règle de trois composée inverse................................	193
170. Problèmes divers sur la règle de trois........................	193
171. Calcul de l'intérêt annuel.....................................	195
172. Intérêt pour plusieurs années.................................	196
173. Intérêt pour plusieurs mois...................................	197
174. Intérêt pour plusieurs jours..................................	198
175. Intérêt pour plusieurs années et fractions d'année...........	199
176. Problèmes divers...	199
177. Calcul du montant d'un capital................................	200
178. Calcul du temps..	201
179. Calcul du taux : 1° le capital est placé pendant une ou plusieurs années..	202
180. 2° Pendant une fraction d'année................................	203
181. Problèmes divers sur les intérêts.............................	204
182. Revenu des propriétés : 1° calcul du prix de location.......	205
183. 2° Calcul du taux..	207
184. Rentes sur l'État..	208
185. Escompte des billets...	211
186. Taux de l'escompte...	212
187. Montant des billets..	212
188. Échéance des billets...	213
189. Tant pour cent : 1° remise et prix net.......................	214
190. 2° Remise pour cent..	215
191. 3° Prix d'achat...	216
192. 4° Prix de vente de l'unité....................................	217
193. 5° Bénéfice pour cent..	217
194. 6° Achat et vente à la douzaine : 13° en plus et remise pour cent.	218
195. 7° Trouver un nombre connaissant le tant pour cent de ce nombre..	219

Partages proportionnels

196. Répartition du gain des ouvriers.............................	220
197. Règle de société..	222

Règles de mélange

198. Prix moyen de l'unité de mélange.............................	224
199. Proportions d'un mélange......................................	225

Règles d'alliage

200. Titre d'un alliage..	227
201. 1° Abaisser le titre ; 2° élever le titre ; 3° former un alliage déterminé..	228
202. Problèmes divers sur les alliages.............................	230

TABLE DES MATIÈRES

Leçons.   Pages.

Mouillage des vins

203. Calcul du prix de revient.................................... 231
204. Quantité d'eau à ajouter..................................... 232
205. Problèmes divers... 233
206. Problèmes récapitulatifs..................................... 233

CINQUIÈME PARTIE

Géométrie pratique

207. Périmètre du **carré**... 236
208. Surface du **carré**.. 237
209. Surface du carré, connaissant le périmètre................... 238
210. Périmètre du **rectangle**................................... 240
211. Clôtures placées autour des terrains......................... 241
212. Surface du rectangle... 242
213. Problèmes divers... 244
214. Surface et périmètre du rectangle............................ 245
215. Calcul de l'une des dimensions d'un rectangle : 1° connaissant le périmètre et l'autre dimension.......................... 246
216. 2° Connaissant la surface et l'autre dimension............... 248
217. Surfaces rectangulaires dont on augmente ou dont on diminue les dimensions... 250
218. Le carré et le rectangle..................................... 251
219. Le **parallélogramme**....................................... 252
220. Surface du **triangle**...................................... 254
221. Calcul de l'une des dimensions d'un triangle................. 256
222. Le triangle et le rectangle.................................. 257
223. Surface du **trapèze**....................................... 258
224. Problèmes divers... 259
225. Calcul de l'une des dimensions d'un trapèze.................. 260
226. Le **losange**... 262
227. Longueur de la **circonférence**............................. 264
228. Diamètre de la circonférence................................. 265
229. Surface du cercle.. 266
230. De la couronne... 267
231. Surface du cube.. 269
232. Volume du cube... 270
233. Surface et volume du cube.................................... 271
234. Problèmes divers sur le cube................................. 272
235. Surface du **cylindre**...................................... 273
236. Volume du cylindre... 274
237. Hauteur du cylindre.. 275
238. Volume de la **pyramide**.................................... 276
239. Surface du **cône**.. 278
240. Volume du cône... 279
241. Surface de la **sphère**..................................... 28
242. Volume de la sphère.. 28

Tours. — Imp. Deslis Frères, 6, rue Gambetta.

www.ingramcontent.com/pod-product-compliance
Lightning Source LLC
Chambersburg PA
CBHW070821170426
43200CB00007B/861